计算机热门软件入门与提高丛书

U0148476

中文版
Photoshop CS4
入门与提高

广丰工作室　编著

科学出版社
www.sciencep.com

北京希望电子出版社
Beijing Hope Electronic Press
www.bhp.com.cn

·北京·

内 容 简 介

这是一本专门介绍 Photoshop CS4 图像处理与制作技术的普及类图书。

书中按照基础篇、进阶篇、滤镜篇、动作与动画篇和实战篇 5 部分内容来展开,从 Photoshop 的入门基础知识到完整商业案例的设计与完成,使用了大量经典实例来引导读者,并以通俗易懂、生动活泼的语言,全同、系统、由浅入深地介绍了 Photoshop CS4 的基本功能、使用方法以及平面设计的高级技巧。

本书还专门提供了具有针对性的上机练习,以帮助读者练习、实践和检验所学的内容,以便更快、更好地掌握各种平面设计技术。

本书适合作为各大、中专院校相关专业学生自学和参考用书,以及 Photoshop CS4 平面设计的基础培训班教程和进阶教程,另外也可以作为广大 Photoshop 爱好者、中小学教师的自学及参考用书。

本书附赠光盘包括了书中部分实例的源文件和素材、上机练习题的源文件和素材及部分视频教学,供读者练习使用和参考。

需要本书或技术支持的读者,请与北京清河 6 号信箱(邮编:100085)发行部联系,电话:010-62978181(总机)转发行部、010-82702675(邮购),传真:010-82702698,E-mail:tbd@bhp.com.cn。

图书在版编目(CIP)数据

中文版 Photoshop CS4 入门与提高 / 智丰工作室编著.

北京:科学出版社,2009

(计算机热门软件入门与提高丛书)

ISBN 978-7-03-025896-0

Ⅰ. 中… Ⅱ. ①智… Ⅲ. 图形软件,Photoshop CS4

Ⅳ. TP391.41

中国版本图书馆 CIP 数据核字(2009)第 198125 号

责任编辑:刘 芯 　　/责任校对:周 玉
责任印刷:双 青 　　/封面设计:青青果园

科 学 出 版 社 出版

北京东黄城根北街16号

邮政编码:100717

http://www.sciencep.com

双青印刷厂 印刷

科学出版社发行　各地新华书店经销

*

2010 年 1 月第　1　版	开本:787mm×1092mm 1/16
2010 年 1 月第 1 次印刷	印张:25(彩插 8 页)
印数:1-3 000 册	字数:570 千字

定价:39.00 元(配 1 张 DVD)

中文版
Photoshop CS4 入门与提高

实例：制作嫁接水果…… 第 3 章

例主要使用自由变形与各种选择工具，打造水果的"改头换面"特效。

实例：首饰广告设计…… 第 5 章

本例主要使用画笔工具来美化广告。

实例：制作超市 POP 海报…… 第 6 章

使用不同字体和变形效果，以及各种色彩和图案的搭配，使画面更具视觉冲击力。

实例：段落文字效果…… 第 6 章

当改变段落文字定界框时，定界框中的文本会根据定界框的位置自动换行。

实例：制作时尚插画

使用渐变工具、矩形选框工具，配合填充与描边等命令制作。见第 4 章。

实例：颜色模式的相互转换…… 第 4 章

RGB 模式　　　　　灰度模式　　　　　双色调模式

为了在不同的场合正确输出图像，有时需要将图像从一种模式转换为另一种模式。在 Photoshop 中可以通过执行【图像】→【模式】子菜单命令，来转换需要的颜色模式。

❀ **图像修改工具应用示例** ⋯⋯ 第 5 章

使用图案图章工具复制图像所得到的两种不同效果

使用污点修复画笔工具清除人物面部的污点　　　　　使用修复画笔工具去除人物眼袋

使用颜色替换工具改变花朵和叶子的颜色

使用海绵工具增加花朵和叶子颜色的饱和度　　　　　使用模糊工具制作景深效果

实例：梦幻图像效果 …… 第 8 章

本实例主要利用图像调整命令，配合图层混合模式制作完成。

控制图像色调与色彩应用示例 …… 第 8 章

应用【自动颜色】命令调整图像的偏色　　　　　　　应用【阴影 / 高光】命令调整图像的亮度

应用【色相 / 饱和度】命令调整图像的色彩

原图像　　　　　　　　　　应用【自然饱和度】命令　　　　　　　应用【色相 / 饱和度】命令

应用【色阶】命令增加图像的亮度

应用【替换颜色】命令替换花朵的颜色

中文版
Photoshop CS4 入门与提高

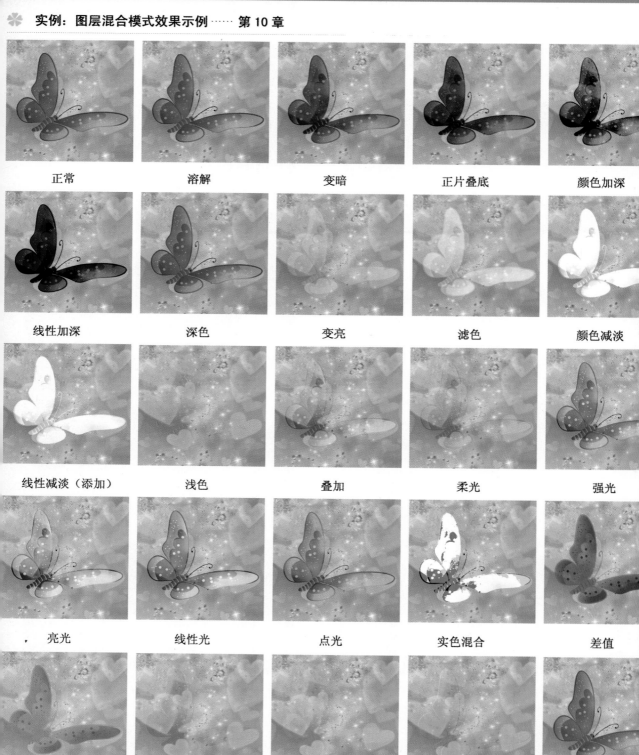

| 正常 | 溶解 | 变暗 | 正片叠底 | 颜色加深 |

| 线性加深 | 深色 | 变亮 | 滤色 | 颜色减淡 |

| 线性减淡（添加） | 浅色 | 叠加 | 柔光 | 强光 |

| 亮光 | 线性光 | 点光 | 实色混合 | 差值 |

| 排除 | 色相 | 饱和度 | 颜色 | 明度 |

图层混合模式效果示例

中文版
Photoshop CS4 入门与提高

实例：儿童数码相册设计 …… 第 9 章

本例运用模板，配合图层蒙板技术制作儿童数码相册。使用下载的模板制作相册，既可减少制作的难度，又可获得美观的视觉效果。

实例：蝴蝶视觉效果设计 …… 第 10 章

用调整图层与图层蒙版为图像添加色彩，然后使用画笔会制闪光小点，最后添加蝴蝶，配合图层样式，进一步画面。

实例：圣诞贺卡设计 …… 第 11 章

本案例综合应用了图层样式、图层蒙版与滤镜等功能进行制作。为了增加节日气氛，使用了形状工具绘制星星，画笔工具绘制雪花，使贺卡显得更加温馨、浪漫。

实例：POP 广告设计——宏达彩显

本案例是为宏达彩显新推出的节能健康型显示器而设计的 POP 宣传广告。整个画面色调以绿色调为主，营造了一种清新、健康的视觉效果，很好地突出了产品的特点。见第 16 章。

中文版
Photoshop CS4 入门与提高

❀ 实例：抠出人物的头发 …… 第 12 章

本实例主要利用通道，配合曲线调整命令抠出人物的头发，从而更换图像的背景。

❀ 实例：数码照片的美容 …… 第 13 章

❀ 实例：背景马赛克效果 …… 第 13 章

通过颜色通道调整图像的整体色调，并结合高斯模糊滤镜及图层蒙版，最终使人物脱胎换骨。

本例综合运用了滤镜功能、图层混合模式和图层蒙版，配合历史记录画笔工具完成制作。

❀ 实例：散点效果 …… 第 12 章

❀ 实例：应用批处理打造照片梦幻晶莹效果 …… 第 14 章

  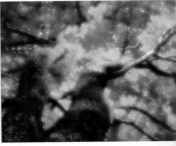

本实例主要利用通道功能，配合高斯模糊和彩色半调滤镜完成制作。

先录制一个"梦幻晶莹效果"的动作，然后在【批处理】命令中为要处理图像指定这个动作，从而快速实现图像特效的成批制作。

中文版
Photoshop CS4 入门与提高

实例：房地产报纸广告设计 …… 第 16 章

本案例是为东建房地产开发有限公司开发的东方明珠房产项目而做的报纸宣传广告，以促进该房产项目的销售。整个画面色调以金色为主，营造了一种华丽、浪漫的视觉境界，很容易让人们联想到华丽而舒适的居家生活，从而产生购买欲望。

实例：海报设计 …… 第 16 章

实例：DM 广告设计 …… 第 16 章

案例是为天使恋人情侣饰品店创作的宣传海报，画面以紫色调为主，营造了一种甜蜜、浪漫视觉效果。

本案例是为可百士新上市的香辣煎饼堡而创作的DM宣传单，整个画面采用了鲜明的暖色调来强调食品的美味与营养。

实例欣赏6

❀ 实例：卡通墙纸设计——雨伞娃娃

❀ 实例：贵宾卡设计 …… 第16章

先使用画笔工具画出雨伞娃娃的草图，然后使用钢笔工具勾出娃娃各部分的轮廓并上色；接着使用加深与海绵工具制作娃娃的立体效果，最后绘制背景。见第16章。

本案例是为友茗茶艺轩设计制作的贵宾卡，整个画面色调啡色为主，营造了一种静谧的视觉效果，很容易让人们联想高档、舒适的休闲生活，从而吸引更多消费者入会。

❀ 实例：饮料包装设计 …… 第16章

本案例是为一家综合性饮食品公司设计的饮料纸袋包装，设计上以绿色调为搭配黄色和红色，体现了饮料菠萝味的原汁原味，以吸引消费者产生购买欲

立体效果图

平面图

❀ 实例：企业标志设计——万弗豆

本案例是为一家综合性食品公司设计的产品标志。产品特性是草莓口味休闲食品，产品销售对象主要针对青少年这个年龄阶段，所以结合产品特性设计了拟人化的草莓卡通形象作为产品标志，进一步增强产品在目标群体心目中的认知度，提高消费者的购买欲。见第16章。

前　言

Photoshop 是 Adobe 公司推出的图形图像处理软件,因其专业的处理技术和强大的兼容能力,已经成为全球专业图像设计人员必不可少的使用工具。随着其版本的不断升级和功能的不断完善,Photoshop 的应用已覆盖广告设计、插画设计、标志设计及装帧设计等多个领域。

如果您对 Photoshop 产生了浓厚的兴趣,那么就请您立即开始行动吧。当您从书架上翻开这本书,一个让您梦想成真的机会就已经开始了,本书将带领您逐步、系统地学习 Photoshop CS4 优秀、强大的图形图像处理功能,为您介绍独到的创作技巧,用科学的学习流程,美观的图形画面,配合大量精彩的实例,激发您的创意,让您成为优秀的平面设计高手。

本书融入了作者多年平面设计经验和技巧,实例都是从作者积累的教学素材中精选出来的,具有很强的针对性和实用性。本书在为读者准备了大量的经典案例的同时,还专门提供了具有针对性的上机练习,以帮助读者练习、实践和检验所学的内容,以便更快、更好地掌握各种平面设计技术。

本书分为 5 大部分,共 16 章。首先为您展示 Photoshop CS4 的新增功能,然后从介绍 Photoshop CS4 的操作界面入手,以大量经典实例为引导,以通俗易懂、生动活泼的语言,全面、系统、由浅入深地介绍了 Photoshop CS4 的基础知识、使用方法以及平面设计的高级技巧。第 1～2 章介绍 Photoshop CS4 的基础知识以及各种基本操作;第 3～8 章详细介绍了选区的创建与编辑、色彩原理与颜色的选择方式及不同颜色模式的特点、绘图与修图工具、文字工具、调整面板、图像色调与色彩的调整以及纠正操作失误的方法等;第 9～13 章,全面、系统地介绍了图层的相关知识、蒙版面板、路径与形状、通道,以及如何应用滤镜创建图像特效;第 14～15 章,主要介绍了如何利用 Photoshop CS4 中的动作面板和自动化命令来提高工作效率,以及利用动画面板来制作 GIF 动画;第 16 章,以 8 个具有代表性的商业案例,来对读者进行综合训练,案例涵盖了企业标志设计、海报设计、报纸广告设计、DM 宣传单设计、POP 广告设计、卡通墙纸设计、贵宾卡设计、包装设计等,使读者在学习技术的同时,能够更多地了解到商业创作的行业规范与设计手法,以及 Photoshop CS4 的高级功能与操作诀窍。整个学习流程联系紧密,环环相扣,一气呵成,让您在掌握 Photoshop 各种创作技巧的同时,享受无比的学习乐趣。

本书内容丰富,知识全面,通俗易懂,操作性、趣味性和针对性都比较强,适合作为电脑图形图像处理、平面设计的基础培训教程和进阶教程,也可以作为广大 Photoshop 爱好者、中小学教师、大中专院校学生的自学教程和参考书。

本书由智丰电脑工作室邓文达、孙东生、刘小金、熊丽梅编著。另外,参与本书编著工作的还有工作室成员邓朝晖、龚勇、李元飞、张科、双洁、宋旸、冯瑶、李萍、黄武锋、陶然、谢斌、黎菊香、王慧慧、王晓冬、平春玲、汪宇、尹双凤、何江晴、唐美国、石丽莉、王勇。感谢购买本书的您,您的支持是我们最大的动力,我们将不断努力,为您奉献更为优秀的电脑教课书籍。

由于时间仓促,加之笔者水平有限,书中疏漏之处在所难免,恳请广大读者批评指正,联系方法:E-mail:dier99@qq.com,或至 http://www.flashdie.com。

智丰工作室

目　录

第1部分

基础篇

主要内容：

第1章 初识 Photoshop CS4

📖 **本章导读**

本章主要通过介绍中文版 Photoshop CS4 的工作界面、菜单、工具箱、工具选项栏和控制面板来引导读者快速了解中文版 Photoshop CS4。通过本章的学习，读者可以对 Photoshop CS4 有个初步的认识。

☞ **学习要点**

- ◢ Photoshop 的应用领域
- ◢ Photoshop CS4 的菜单
- ◢ Photoshop CS4 的面板
- ◢ Photoshop CS4 的工作界面
- ◢ 工具箱和工具选项栏
- ◢ 像素、位图、矢量图和分辨率

1.1 Photoshop CS4 简介

Photoshop 是 Adobe 公司推出的一款功能十分强大、使用范围广泛的优秀图像处理软件，一直占据着图像处理软件的领袖地位。无论是平面广告设计、封面制作、室内装潢、照片编辑还是网页设计，Photoshop 都已经成为全球专业图像设计人员必不可少的使用工具。

随着计算机技术的不断更新，网络技术的迅速普及与发展，以及软件版本的升级，Photoshop 的应用领域也在不断地扩充，从原来单一的印刷出版领域逐步扩展到今天所谓的"泛网络传播"的大应用领域。Photoshop 的主要应用领域如图 1-1 所示。

(a) 平面广告设计

(b) 包装设计

(c) 数码艺术照片设计

(d) 插画设计

(e) 网页与界面设计　　　　　　　　(f) 游戏设计

图 1-1　Photoshop 的主要应用领域

1.2　Photoshop CS4 的新增功能

Photoshop CS4 主要新增和增强了以下几个方面的功能。

1．全新的用户界面

Photoshop CS4 重新设计了新的界面样式，去掉了 Windows 本身的"蓝条"，直接以"应用程序栏"代替，放置了一批应用程序按钮，常规的操作功能都在这里，如启动 Bridge、抓手工具、缩放工具、显示网格标尺、新的旋转视图工具、排列文档等。面板也取消了 CS3 那种看似豪华其实没有实际意义的阴影，改为传统的边界线，如图 1-2 所示。

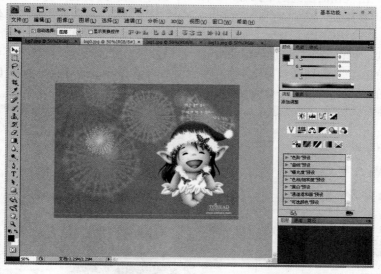

图 1-2　中文版 Photoshop CS4 的操作界面

在 Photoshop CS4 中打开多个文档后，在默认情况下会以选项卡方式来显示，单击选项卡上的文档名称，可以在各个文档之间进行切换。

2．360°旋转画布

通过"应用程序栏"中的"旋转视图工具" ，还可以 360°旋转画布，特别适合使用 Photoshop 绘画的用户，如图 1-3 所示。需要注意的是，这项功能需要用户的显卡支持。

3．像素边缘的高亮提示

Photoshop CS4 使用了视频加速功能，在任何显示百分比下都可以无锯齿的查看图像。当图像被放大足够倍数后，会有像素边缘的高亮提示，如图 1-4 所示。这样在制作漫画或网页之类需要像素级的精确度时，非常有用。需要注意的是，这项功能同样需要用户的显卡支持。

图 1-3　随意旋转画布　　　　　　　　　　图 1-4　像素边缘的高亮提示

4．调整面板

新增的【调整】面板其功能和调整图层基本相同，其作用就是在创建调整图层时，将不再通过对应的调整命令对话框设置参数，而是转为在此面板中完成。其中色阶、曲线等调整命令均以按钮的形式出现在面板的上半部分，如图 1-5 所示。在【调整】面板的下半部分，还增加了一些常用的调整预设，比如"色阶"预设、"曲线"预设等，极大地提升了工作效率。

Photoshop CS4 还新增了一个【创建新的自然饱和度调整图层】命令，该命令和【色相/饱和度】命令类似，可以使图片更加鲜艳或暗淡，但该命令会智能地处理图像中不够饱和的部分，忽略足够饱和的颜色，使图像效果会更加细腻，如图 1-6 所示。而【色阶】和【曲线】等面板也做了一些小的更新，增加了一些方便操作的功能。

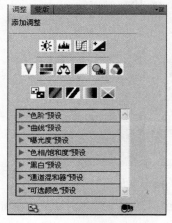

图 1-5　【调整】面板　　　　　　　　　　图 1-6　自然饱和度调整

5．【蒙版】面板

Photoshop CS4 新增了【蒙版】面板，使得蒙版的创建和修改更加轻松惬意。之前的调整边缘、颜色范围以及反相功能也以按钮的形式融入该面板中，还加入了蒙版的浓度及蒙版边缘羽化的调节选项，如图 1-7 所示。

图 1-7　使用【蒙版】面板来修饰蒙版

6．改进的仿制源

Photoshop CS4 中，不但"仿制图章工具"支持 5 个仿制源，并且"修复画笔工具"也支持了这项功能，用户可以配合【仿制源】面板来使用它，如图 1-8 所示。

7．改进的自由变换功能

通常我们使用自由变换功能压缩和扩展图片时，其中的所有元素都随之缩放，会产生变形和扭曲。而使用 Photoshop CS4 的【内容识别比例】菜单命令（图 1-9），当图像被调整为新的尺寸时，会智能地、按比例保留其中重要的区域，如图 1-10 所示。这样，缩放后不需要再做大量复杂的修补工作了。

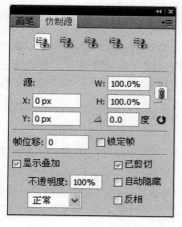

图 1-8　【仿制源】面板

图 1-9　"内容识别比例"菜单命令

图 1-10　自由变换（左）和内容识别比例（右）效果对比

8．改进的减淡、加深和海绵工具

在 Photoshop CS4 中，"减淡工具"与"加深工具"增加了"保护色调"选项，如图 1-11 所示；"海绵工具"增加了"自然饱和度"选项，如图 1-12 所示。这样在处理图片时，可更好地保留原图的颜色、色调和纹理等重要信息，避免过分处理图像的暗部和亮部，看上去会更加自然。

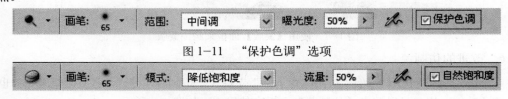

图 1-11　"保护色调"选项

图 1-12　"自然饱和度"选项

9．增强的自动对齐功能

层自动对齐一直作为合并 HDR（高动态感光范围）图像、创建全景图、处理连拍照片的前奏，用来精确快速地对齐与连接多张图片。在 Photoshop CS4 中，这一功能又得到了进一步的增强，增加了实用的对齐方式和镜头校正选项，就算不用三角架拍出的多张图片，粗略的重复区域、再加上个别图片背光也几乎能完美地合成。

10．增强的自动混合图层功能

【自动混合图层】命令原本主要用来混合全景图，如今该功能作为全景图选项单独出现，而堆叠图像作为自动混合图层命令新增的一个选项，用来融合不同曝光度、颜色和焦点的图像。比如相机以大光圈快速连拍时得到了多张焦点不同，且景深较浅（焦外模糊）的图片，那么就可以用该功能把多张图片混合为一张完全清晰（小光圈、远景深效果）并经过颜色校正的图片。

11．增强的三维功能

3D 功能是 Photoshop CS4 版本升级的亮点，与前一版本相比，可谓有了翻天覆地的变化，添加、增强了光源、纹理、3D 模型渲染及创建模型等方面的功能。在工具箱中增加了两组专门的三维工具，一组用来控制三维对象，一组用来控制摄像机。新增【3D】菜单，如图 1-13 所示，其中【从图层新建三维明信片】命令，可以把普通的图片转换为三维对象，并可以使用工具和操纵杆来调整其位置、大小和角度等。

在 CS3 中，Photoshop 已经可以方便地导入常用三维软件生成的 3D 对象，而在 CS4 中，Photoshop 本身就可以生成基本的三维形状，包括易拉罐、酒瓶、帽子，以及常用的一些基本形状，如图 1-14 所示。用户不但可以使用材质进行贴图，还可以直接使用画笔和图章在三维对象上绘画，以及与时间轴配合完成三维动画等等，进一步推进了 2D 和 3D 的完美结合。

Photoshop CS4 还特别提供了【3D】面板，如图 1-15 所示。在该面板中，可以通过众多的参数来控制、添加与修改场景、灯光、网格、材质等。

图 1-13　【3D】菜单

图 1-14　创建基本的三维形状

图 1-15　【3D】面板

12．注释面板

专门为注释工具配置了一个面板，以方便查看，如图 1-16 所示。

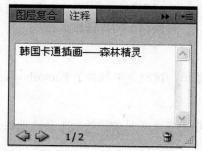

图 1-16　【注释】面板

13．快捷键设置

Photoshop CS4 新增和修改了不少快捷键的设置，比如使用【Ctrl+Tab】快捷键可在多页面的选项卡间跳转；使用【Ctrl+1】快捷键可以切换到百分百显示图片，通道选择变为【Ctrl+2】到【Ctrl+5】快捷键；切换屏幕时，从 CS3 的按四次【F】键变为按三次【F】键；快捷键临时切换到某工具后，松开后会恢复之前所使用的工具等，并且这些快捷键已经和 Flash、Illustratort 等软件统一起来。

当然，Photoshop CS4 的新增功能还有很多，需要我们在今后的学习中慢慢了解。

1.3 中文版 Photoshop CS4 的操作界面

启动 Photoshop CS4 后可以看到非常清爽的新界面，工具箱、面板有了很大的改进。打开任意一个图像文件后，中文版 Photoshop CS4 默认的操作界面如图 1-17 所示。

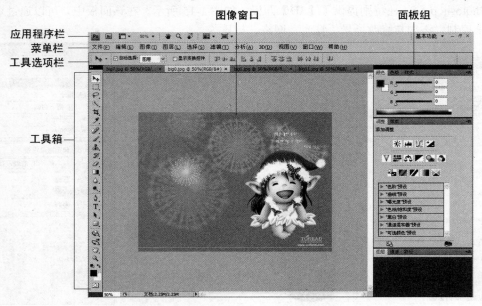

图 1-17　中文版 Photoshop CS4 的操作界面

Photoshop CS4 的操作界面包括以下几个部分。

1．应用程序栏

应用程序栏放置了一些常用的应用程序按钮。单击右侧的窗口控制按钮 ─ ₽ ×，可以实现应用程序窗口的最小化、最大化、还原、关闭等操作。

2．菜单栏

Photoshop CS4 共有 11 组菜单，这些菜单包含了 Photoshop 的大部分操作命令。

3．工具选项栏

工具选项栏用于设置工具箱中各个工具的参数。工具选项栏会随着用户选择的工具不同而发生相应的变化。

4．工具箱

工具箱包含了各种常用的工具，用于绘图和执行相关的图像操作。

5．图像窗口

即图像显示的区域，用于编辑和修改图像。有关图像窗口的详细操作请参见本书"2.2　图像的基本操作"。

6．垂直停放的3个面板组

Photoshop CS4 面板组包括了各种可以折叠、移动和任意组合的功能面板，可帮助用户完成监视和修改工作。默认情况下，将显示某些面板，折叠某些面板。大部分面板都有面板菜单，其中包含特定于面板的选项。用户可以对面板进行编组、折叠、堆叠或停放。

下面我们将简要对其进行介绍，使大家对其有一个感性认识。各部分的具体操作将在后面的章节中做详细介绍。

1.3.1　应用程序栏

应用程序栏中的大部分按钮放置了一些常用的应用程序按钮，如启动 Bridge、抓手工具、缩放工具、显示网格标尺、旋转视图工具、排列文档等，如图 1-18 所示。

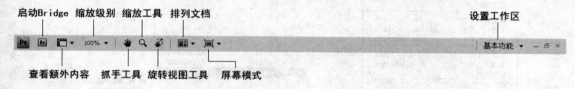

图 1-18　应用程序栏

单击"排列文档" 按钮，打开排列文档下拉面板，如图 1-19 所示，它可以控制多个文件在窗口中的显示方式；单击 基本功能 ▾ 按钮，其下拉列表如图 1-20 所示，在该下拉列表中选择任意一种预设工作区名，即可应用该工作区布局，用户还可以根据需要最大限度地自由定制用户界面。

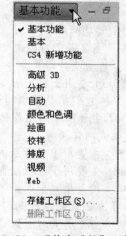

图 1-19　"排列文档"下拉面板　　　　图 1-20　"基本功能"下拉列表

1.3.2　主菜单、快捷菜单与面板菜单

Photoshop CS4 有 3 种类型的菜单，分别为主菜单（即菜单栏中的菜单）、快捷菜单和面板菜单。

1．主菜单

Photoshop CS4 共有 11 组菜单，这些菜单包含了 Photoshop 的大部分操作命令，如图 1-21 所示。

文件(F)　编辑(E)　图像(I)　图层(L)　选择(S)　滤镜(T)　分析(A)　3D(D)　视图(V)　窗口(W)　帮助(H)

图 1-21　中文版 Photoshop CS4 菜单栏

9

使用时，只要将鼠标指针移至菜单名称上单击，或者按下【Alt】键的同时在键盘上按下菜单中带下划线的字母即可打开该菜单。例如将鼠标指针移至【图像】菜单上单击，或按下【Alt】键的同时按下【I】键即可打开【图像】菜单，如图 1-22 所示。

在这些子菜单命令中，有些命令呈灰色，表示未被激活，当前不能使用。有些命令后面有按键组合，表示在键盘中按下这些键，便可执行相应的命令。有些命令后面有三角形箭头，表示其下面有子菜单，如图 1-23 所示。

图 1-22 【图像】菜单   图 1-23 【图像旋转】子菜单

下面介绍它们的主要功能：

◎ 【文件】菜单：主要用于对图像文档进行基本操作与管理，其中包括新建、打开、保存、导入、导出、自动及打印等命令。

◎ 【编辑】菜单：主要用于进行一些基本的编辑操作，如撤销、重做、拷贝、粘贴、填充及自由变换等，它们都是图像编辑过程中很常用的命令。

◎ 【图像】菜单：主要用于对图像的操作，如调整图像和画布的尺寸、分析和修改图像的色彩、图像模式的转换等。

◎ 【图层】菜单：主要用于对图层的创建、删除，以及添加图层样式、蒙版等操作。

◎ 【选择】菜单：主要用于选取图像区域，且对选择的区域进行编辑。

◎ 【滤镜】菜单：该菜单包含了众多的滤镜命令，可对图像或图像的某个部分进行模糊、渲染、素描等特殊效果的制作。

◎ 【分析】菜单：主要用于对图像进行全面分析，如为图像指定一个测量比例，并用准确的比例单位测量长度、面积、周长、密度或其他值。在测量记录中记录结果，并将测量数据导出到电子表格或数据库。

◎ 【3D】菜单：主要是用于创建 3D 模型、3D 明信片、3D 网格等三维物体。其中 3D 模型包括圆环、球面、帽子、立方体、圆柱体、易拉罐或酒瓶等 3D 物体。

◎ 【视图】菜单：主要是用于对 Photoshop CS4 的编辑屏幕进行设置，如改变文档视图的大小、缩小或放大图像的显示比例、显示或隐藏标尺和网格等。

◎ 【窗口】菜单：该菜单用于设置编辑窗口，如切换文档、隐藏和显示 Photoshop CS4 的各种面板等。

◎ 【帮助】菜单：该菜单包括了丰富的帮助信息和 Photoshop CS4 中的新功能等相关信息。

2．快捷菜单

除了主菜单外，Photoshop CS4 还提供了快捷菜单，以方便用户快速地使用软件。单击鼠标右键即可打开相应的快捷菜单，对于不同的图像编辑状态，系统所打开的快捷菜单是不同的。例如，当用户选择"移动工具"在图像窗口中单击鼠标右键时，系统将会自动打开如图 1-24（左）所示的快捷菜单；当用户选择"矩形选框工具"后，在图像窗口中单击鼠标右键，弹出的快捷菜单如图 1-24（右）所示。

（左）　　　　　　　　　　　　　　　　　　（右）

图 1-24　快捷菜单

3. 面板菜单

大部分面板都有面板菜单，其中包含特定于面板的命令选项。单击面板右上角的按钮，即可弹出相应的面板快捷菜单。如图 1-25 所示为打开的【通道】面板菜单。

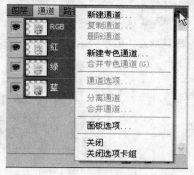

图 1-25　【通道】面板菜单

1.3.3　工具箱和工具选项栏

Photoshop CS4 的工具箱中共有数十类（上百个工具）工具可供选择，包括"选择工具"、"绘图工具"、"颜色设置工具"、"3D 工具"以及显示控制工具等。通过使用这些工具，读者可以完成绘制、编辑、观察和测量等操作。

在默认状态下，工具箱出现在屏幕的左侧，样式为长单排，如图 1-26 所示。只要单击工具箱上方的双箭头按钮，就可以切换成双排的样式，如图 1-27 所示。单击双箭头按钮可以在单排和双排之间来回切换。

当将鼠标指针移到某一工具图标上时，会显示含有该工具名称与快捷键的提示，如图 1-28 所示。要使用某种工具，只要单击工具图标或者按下工具快捷键即可，如要选择"画笔工具"，则单击此工具图标或在键盘上按下【B】键即可。

11

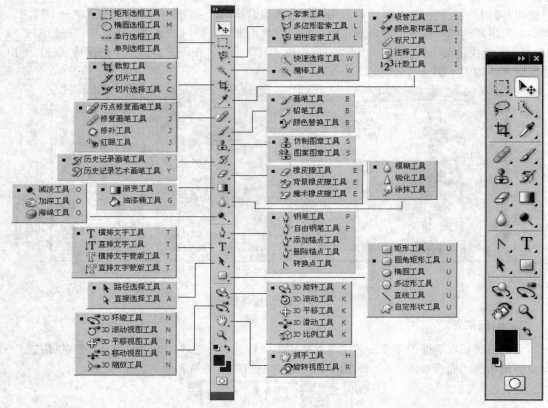

图1-26　默认状态下的单排工具箱　　　　　　　　图1-27　双排工具箱

图 1-28　显示工具提示　　　　　　　图 1-29　显示所有工具

在工具箱中某些工具的右下角有小黑三角形符号，这表示存在一个工具组，其中包含了若干隐含工具。可单击该工具并按住鼠标不放或单击右键，会显示出该工具组中所有工具，如图1-29 所示。然后将光标移至打开的工具组中，单击所需要的工具，即可将其激活成为当前使用的工具，这时该工具将出现在工具箱中。

> **提示** 按下【Alt】键不放，再单击工具箱中的工具图标，多次单击可在隐含和非隐含的工具之间循环切换。单击工具箱中的工具图标，再按【Shift+M】快捷键，也可在隐含和非隐含的工具之间循环切换。按【Tab】键可以显示或隐藏工具箱、工具选项栏和控制面板，拖动工具箱顶端的灰条可以移动工具箱。

工具选项栏的主要功能是设置各个工具的参数。当用户在工具箱中选取任意一种工具后，工具选项栏中的选项将会相应地发生变化，不同的工具有不同的参数。如图 1-30 和图 1-31 所示分别为"画笔工具" ✐ 和"渐变工具" ▣ 的选项栏。

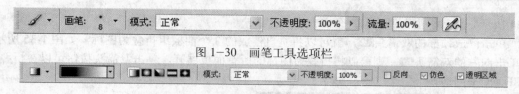

图 1-30　画笔工具选项栏

图 1-31　渐变工具的选项栏

大部分工具的功能选项显示在工具选项栏内。工具选项栏内的一些设置对于许多工具都是通用的。但是有些设置则专门用于某个工具，如用于"铅笔工具"的自动抹掉设置。

1.3.4　图像窗口

图像窗口是显示图像的区域，也是可以编辑或处理图像的区域。在图像窗口中可以实现所有 Photoshop 中的功能，也可以对图像窗口进行多种操作，如改变窗口大小、位置、对窗口进行缩放等。图像窗口一般由以下几项组成，如图 1-32 所示。

图 1-32　图像窗口　　　　　　　　　　　　　　　图 1-33　控制窗口菜单

◎　标题栏：显示图像文件名、文件格式、显示比例大小、层名称以及颜色模式。
◎　最大化、最小化和关闭按钮：单击这几个按钮可以分别将图像最大化、最小化以及关闭图像窗口。
◎　图像显示区：用于编辑图像和显示图像。当图像超出当前窗口的显示区域时，在图像窗口的右边或下边会出现垂直或水平滚动条，可以拖动滚动条在窗口移动所显示的区域。
◎　控制窗口图标 **Ps**：双击此图标可以关闭图像窗口；单击此图标，则可以打开一个控制窗口菜单，如图 1-33 所示。选择其中的命令可以用来移动、最小化、最大化和关闭窗口。
◎　状态栏：主要用于显示图像处理的各种信息，如图像窗口的显示比例、图像大小。最左边的是一个文本框，它用于控制图像窗口的显示比例，用户在此可以直接输入数值改变图像窗口的显示比例。

1.3.5　控制面板组

Photoshop CS4 面板组包括了各种可以折叠、移动和任意组合的功能面板，以方便用户进行图像的各种编辑操作和工具参数设置，如可以用于选择颜色、设置画笔、图层编辑等。Photoshop 共提供了 23 个面板，在默认状态下，面板是以组的方式整齐地停放在操作界面的右侧，如图

13

1-34 所示，显示了垂直停放的 3 个面板组。

单击停放顶部的双箭头 ，就可以将垂直停放的 3 个面板组折叠为图标，如图 1-35 所示；再单击向左的双箭头 ，则可以将折叠为图标的所有面板展开，单击双箭头按钮可以在折叠和展开之间来回切换。

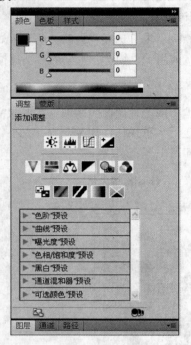

图 1-34　默认状态下的面板组　　　　图 1-35　将面板组折叠为图标

面板的基本功能如下。

◎ 【颜色】面板：用于选取或设定颜色，以便用于工具绘图和填充等操作。

◎ 【色板】面板：功能类似于【颜色】面板，用于选择颜色。

◎ 【样式】面板：用于将预设的效果应用到图像中。

◎ 【调整】面板：在为图像创建调整图层时，将不再通过对应的调整命令对话框设置参数，而是转为在此面板中完成。

◎ 【蒙版】面板：用于为图像添加像素蒙版与矢量蒙版。在该面板中可以直接调整蒙版的浓度（不透明度）、边缘羽化、调整边缘、颜色范围等参数。

◎ 【3D】面板：用于对 3D 物体进行各种控制操作。在该面板中，可以通过众多的参数来控制、添加、修改场景、灯光、网格、材质等。

◎ 【图层】面板：用于控制图层的操作，可以新建层、合并层或删除层等操作。

◎ 【通道】面板：用于记录图像的颜色数据和保存蒙版内容。

◎ 【路径】面板：用于建立矢量式的图像路径。

◎ 【历史记录】面板：用于恢复图像或指定恢复某一步操作。

◎ 【动作】面板：用于录制一连串的编辑操作，以实现操作自动化。

◎ 【工具预设】面板：用于设置画笔、文本等工具的预设参数。

◎ 【画笔】面板：用于设置笔触的大小、样式，自定义画笔等参数。

◎ 【仿制源】面板：该面板和仿制图章配合使用的，允许定义多个克隆源（采样点），就好像 Word 有多个剪贴板内容一样。

◎　【字符】面板：用于控制文字的字符格式。
◎　【段落】面板：用于控制文本的段落格式。
◎　【图层复合】面板：用于在单个 Photoshop 文件中创建、管理和查看版面的多个版本。
◎　【导航器】面板：用于显示图像的缩略图，可用来缩放显示比例，迅速移动图像显示内容。
◎　【直方图】面板：用于实时显示操作区域的光谱分布的柱状图。
◎　【信息】面板：用于显示鼠标指针所在位置的坐标值，以及鼠标指针当前位置的像素的色彩数值。当前图像中选取范围或进行图像旋转变形时，还会显示出所选取的范围大小和旋转角度等信息。

用户可以同时打开多个面板，也可以将暂时用不到的面板关闭，还可以按需要显示或隐藏工作区中的面板组和面板。

1．显示/隐藏面板

按【Tab】键可以显示或隐藏所有控制面板、工具箱和工具选项栏。按【Shift+Tab】快捷键可以显示或隐藏所有控制面板。所有面板均可以通过执行【窗口】菜单命令打开。

2．移动面板

要移动面板，请拖移其标签。要移动面板组或堆叠的自由浮动面板，请拖动面板顶端的灰条。

在移动面板时，会看到蓝色突出显示的放置区域，用户可以在该区域中移动面板。例如，通过将一个面板拖移到另一个面板上面或下面的窄蓝色放置区域中，可以在停放中向上或向下移动该面板。如果拖移到的区域不是放置区域，该面板将在工作区中自由浮动。

3．处理面板组

要将面板移到组中，请将面板标签拖移到组顶部突出显示的放置区域中，操作过程如图 1-36 所示。

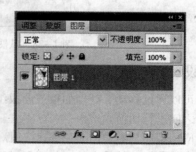

图 1-36　将面板添加到面板组中

要重新排列组中的面板，请将面板标签拖移到组中的一个新位置。要从组中删除面板以使其自由浮动，请将该面板的标签拖移到组外部。要在组前面显示面板，请单击其标签。要将编组的面板一起移动，请拖移面板顶部的灰条（位于标签上面）。

4．调整面板大小或关闭面板

要调整面板或面板组的大小，可拖移面板的任意一条边，或者拖移其右下角的大小框，如图 1-37 所示。但无法通过拖移来调整某些面板的大小，如 Photoshop 中的【颜色】面板。

如果要关闭面板或面板组，请单击其顶部灰条中的"关闭"■按钮。

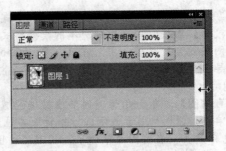

图 1-37   调整面板或面板组的大小

5．处理折叠为图标的面板

要折叠或展开所有面板，请单击面板顶部的双箭头 ▶▶。要展开折叠为图标的单个面板，请单击其图标，如图 1-38 所示。要将展开的面板重新折叠为其图标，请单击其标签、图标或面板顶面的双箭头 ▶▶。

图 1-38   从图标展开的【图层】面板

1.3.6   设置工作区

用户可以通过移动并处理面板或面板组，创建自定工作区。用户还可以存储自定工作区，并在它们之间进行切换。

单击应用程序栏右边的 基本功能 ▼ 按钮，弹出如图 1-20 所示的下拉列表，从中选择"存储工作区"命令，在打开的【存储工作区】对话框（图 1-39）中输入工作区的名称，即可存储自定工作区。

图 1-39   【存储工作区】对话框

在该下拉列表中选择任意一种预设工作区名，即可应用该工作区布局。在下拉列表中选择

16

"基本功能"命令,即可恢复至默认工作区布局。

1.4 图像处理的基本概念

在使用 Photoshop 处理图像前,首先要对图像基础知识有所了解,操作起来才会得心应手。本节将对图像基础知识进行大致的介绍。

1.4.1 像素

在 Photoshop 中,像素是组成图像的最基本单元。可以把像素看成是一个极小的方形的颜色块。一个图像通常由许多像素组成,这些像素被排成横行或纵列,每个像素都是方形的。当你用缩放工具将图像放到足够大时,就可以看到类似马赛克的效果,每个小方块就是一个像素。每个像素都有不同的颜色值。单位面积内的像素越多,分辨率越高,图像的效果就越好。

如图 1-40 所示图(a)是显示器上正常显示的图像,当放大到一定比例后,就会看到图(b)类似马赛克的效果。每个小方块为一个像素,也可称为栅格。

 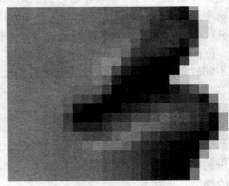

(a)原始图像   (b)放大后出现马赛克效果

图 1-40 正常显示和放大一定比例后的对比

1.4.2 矢量图与位图

计算机绘图分为点阵图(又称位图或栅格图像)和矢量图形两大类,认识他们的特色和差异,有助于创建、输入、输出编辑和应用数字图像。位图图像和矢量图形没有好坏之分,只是用途不同而已。因此,整合位图图像和矢量图形的优点,才是处理数字图像的最佳方式。

1. 矢量图

所谓矢量图是由诸如 Illustrator、CorelDraw、Flash 等一系列软件产生的,如图 1-41 所示。它由一些用数学方式描述的直线或曲线组成,其基本组成单位是锚点和路径。无论放大多少倍,它的边缘都是平滑的。矢量图的内容以线条和填充色块为主,例如一条线段的数据只需记录两上端点的坐标、线段的粗细和色彩等,因此它的文件所占容量小,也可以很容易地进行放大、缩小或旋转操作,且不会失真。即不论放大或缩小多少倍,效果一样清晰,精确度较高并可以制作 3D 图像。但这种图像有一个缺陷,不易制作色调丰富或色彩变化太多的图像,同时也不易在不同的软件间交换文件。

图 1-41 矢量图不论放大或缩小多少倍，效果一样清晰

2．位图

位图是由诸如 PhotoShop、Painter 等软件产生的，如果将该类图像放大到一定程度，就会发现它是由一个个像素组成的，如图 1-40 所示。因此位图也称为像素图。位图的质量由分辨率决定，单位面积内的像素越多，分辨率越高，图像的效果就越好。用于制作多媒体光盘的图像分辨率通常为 72 像素／英寸（ppi）就可以了，而用于彩色印刷品的图像则需 300 像素／英寸（ppi）左右，印出的图像才不会缺少平滑的颜色过渡。

位图图像弥补了矢量图像的缺陷，可以制作出色彩和色调变化丰富的图像，同时也很容易在不同软件间交换文件，但文件较大，也无法制作真正的 3D 图像。

1.4.3 图像分辨率

正确理解图像分辨率和图像之间的关系对于了解 PhotoShop CS4 的工作原理非常重要。在前面讲到像素概念的时候，已经提到图像分辨率的单位是像素／英寸（ppi）（pixels per inch），即每英寸所包含的像素数量。图像分辨率越高，意味着每英寸所包含的像素越多，图像就有越多的细节，图像越清晰。

图像分辨率和图像大小之间有着密切的关系。图像分辨率越高，所包含的像素越多，也就是图像的信息量就越大，因而文件也就越大。通常文件的大小是以"字节"（byte）为单位的。一般情况下，一个幅 A4 大小的 RGB 模式的图像，若分辨率为 300 像素/英寸（ppi）），则文件大小约为 20MB 左右。

1.4.4 常用图像文件格式

1．PSD/PSB格式

PSD 格式是 Photoshop 的专用格式 Photoshop Document。PSD 其实是 Photoshop 进行平面设计的一张"草稿图"，它里面包含有各种图层、通道、遮罩等多种设计的样稿，以便于下次打开文件时可以修改上一次的设计。在 Photoshop 所支持的各种图像格式中，PSD 的存取速度比其他格式快很多，功能也很强大。

PSB 格式属于大型文档格式，除了具有 PSD 格式文件的所有属性外，最大的特点就是支持宽度或高度最大为 300000 像素的文档。

2．BMP格式

BMP 是英文 Bitmap（位图）的简写，它是 Windows 操作系统中的标准图像文件格式，能够被多种 Windows 应用程序所支持。随着 Windows 应用程序的开发与流行，BMP 位图格式理所当然地被广泛应用。这种格式的特点是包含的图像信息较丰富，几乎不进行压缩，但由此导致了它与生俱生来的缺点——占用磁盘空间过大。所以，目前 BMP 在单机上比较流行。

3．GIF格式

GIF 是英文 Graphics Interchange Format（图形交换格式）的缩写。顾名思义，这种格式是用来交换图片的。事实上也是如此，20 世纪 80 年代，美国一家著名的在线信息服务机构 CompuServe 针对当时网络传输带宽的限制，开发出了这种 GIF 图像格式。

GIF 格式的特点是压缩比高，占用磁盘空间较少，所以这种图像格式迅速得到了广泛应用。最初的 GIF 只是简单地用来存储单幅静止图像（称为 GIF87a），后来随着技术发展，可以同时存储若干幅静止图像进而形成连续的动画，使之成为当时支持 2D 动画为数不多的格式之一（称为 GIF89a），而在 GIF89a 图像中可指定透明区域，使图像具有非同一般的显示效果，这更使 GIF 风光十足。目前 Internet 上大量采用的彩色动画文件多为这种格式的文件，也称为 GIF89a 格式文件。

GIF 格式只能保存最大 8 位色深的数码图像，所以它最多只能用 256 色来表现物体，对于色彩复杂的物体就力不从心了。尽管如此，这种格式仍在网络上大行其道地应用，这和 GIF 图像文件短小、下载速度快、可用许多具有同样大小的图像文件组成动画等优势是分不开的。

4．JPEG格式

JPEG 也是常见的一种图像格式，它由联合照片专家组（Joint Photographic Experts Group）开发并命名为 "ISO 10918-1"，JPEG 仅仅是一种俗称而已。JPEG 文件的扩展名为.jpg 或.jpeg，其压缩技术十分先进，它用有损压缩方式去除冗余的图像和彩色数据，获取极高压缩率的同时能展现十分丰富生动的图像，换句话说，就是可以用最少的磁盘空间得到较好的图像质量。由于 JPEG 格式的压缩算法是采用平衡像素之间的亮度色彩来压缩的，因而更有利于表现带有渐变色彩且没有清晰轮廓的图像。

同时 JPEG 还是一种很灵活的格式，具有调节图像质量的功能，允许用户用不同的压缩比例对文件进行压缩，比如最高可以把 1.37MB 的 BMP 位图文件压缩至 20.3KB，是完全可以在图像质量和文件尺寸之间找到平衡点。

由于 JPEG 优异的品质和杰出的表现，它的应用也非常广泛，特别是在网络和光盘读物上。目前各类浏览器均支持 JPEG 这种图像格式，因为 JPEG 格式的文件尺寸较小，下载速度快，使得 Web 页有可能以较短的下载时间提供大量美观的图像，JPEG 同时也就顺理成章地成为网络上最受欢迎的图像格式。

当使用 JPEG 格式保存图像时，Photoshop 给出了多种保存选项，用户可以选择用不同的压缩比例对 JPEG 文件进行压缩，即压缩率和图像质量都是可选的。

5．TIFF格式

TIFF 是 Tagged Image File Format（标记图像文件格式）的缩写，文件的后缀名是.TIF，这是现阶段印刷行业使用最广泛的文件格式。这种文件格式是由 Aldus 和 Microsoft 公司为存储黑白图像、灰度图像和彩色图像而定义的存储格式，现在已经成为出版多媒体 CD-ROM 中的一个重要文件格式。虽然 TIFF 格式的历史比其他的文件格式长一些，但现在仍是使用最广泛的行业标准位图文件格式，这主要是由于 TIFF 格式的规格经过多次改进。TIFF 位图可具有任何大小的尺寸和分辨率。在理论上它能够有无限位深，即：每样本点 1～8 位、24 位、32 位（CMYK 模式）或 48 位（RGB 模式）。TIFF 格式能对灰度、CMYK 模式、索引颜色模式或 RGB 模式进行编码。几乎所有工作中涉及位图的应用程序，都能处理 TIFF 文件格式——无论是置入、打印、修整还是编辑位图。

6．PNG格式

它有两种格式——PGN-8 和 PGN-24。PNG-8 格式是一种 8 位色格式，类似于 GIF 格式，它最多能保存 256 种颜色，也能保存透明信息，而且透明特性比 GIF 格式更好；PGN-24 格式是一种真色彩格式，可保留多达 1.67 千万种颜色。要注意的是，并不是所有的浏览器都支持这种格式。

PNG 是目前保证最不失真的格式，它汲取了 GIF 和 JPG 二者的优点，存储形式丰富，兼有 GIF 和 JPG 的色彩模式；它的另一个特点能把图像文件压缩到极限以利于网络传输，但又能保留所有与图像品质相关的信息，因为 PNG 是采用无损压缩方式来减少文件的大小，这一点与牺牲图像品质以换取高压缩率的 JPG 有所不同；它的第三个特点是显示速度很快，只需下载 1/64 的图像信息就可以显示出低分辨率的预览图像；第四，PNG 同样支持透明图像的制作，透明图像在制作网页图像的时候很有用，我们可以把图像背景设为透明，用网页本身的颜色信息来代替设为透明的色彩，这样可让图像和网页背景很和谐地融合在一起。

PNG 的缺点是不支持动画应用效果，如果在这方面能有所加强，简直就可以完全替代 GIF 和 JPEG 了。Adobe 公司的 Fireworks 软件的默认格式就是 PNG。现在，越来越多的软件开始支持这一格式，而且在网络上也越来越流行。

7．EPS格式

EPS 是 PC 用户较少见的一种格式，而苹果 Mac 的用户则用得较多。它是用 PostScript 语言描述的一种 ASCII 码文件格式，主要用于排版、打印等输出工作。

1.5 思考与练习

1．填空题

（1）要隐藏工具栏和控制面板，可以按下_____键；要隐藏控制面板但不隐藏工具箱，可以按下_____键。

（2）按下_____键不放，再单击工具箱中的工具图标，多次单击可在隐含和非隐含的工具之间循环切换。

（3）常见图像文件格式有_____、_____、_____、_____、_____等。其中 Photoshop 的专用格式是_____。

2．问答题

（1）什么是矢量图？什么是位图？两者各有何优缺点？

（2）什么是分辨率？分辨率与图像的质量有何关系？

（3）要将工作区布局恢复至默认状态，应该如何操作？

3．上机练习

（1）浏览 Photoshop CS4 的操作界面，对照书本，熟练掌握各组成部分的主要功能。

（2）将鼠标指针指向工具箱的各个按钮图标上，查看一下各个工具的名称和组合键。

（3）打开一幅图像，在工具箱中选择各个工具按钮，然后在图像窗口中右击（即单击鼠标右键），看一看打开的快捷菜单是否相同，或者看看工具栏中都有哪些参数选项设置。

第2章 Photoshop CS4 基础操作

📄 本章导读

俗话说"万丈高楼平地起",学习 Photoshop 也一样,要掌握好 Photoshop 的绘图和图像处理技能,必须先学习 Photoshop 的各种基本操作,以及使用 Photoshop 的各种辅助工具,才能在后面的学习中得心应手。

🖱 学习要点

- ◢ 文档的基本操作
- ◢ 观察图像
- ◢ 图像的基本操作
- ◢ 辅助工具的应用

2.1 文档的基本操作

在 Photoshop 中对图像进行各种编辑操作,首先应新建一个空白的图像或者打开已有的图像,然后进行编辑。而当完成了一个图像的创作时,需要将其保存,以便进行编辑或者使用。下面,我们将分别介绍文件的打开、新建以及存储的具体操作方法。

2.1.1 创建新图像文件

新建图像文件的操作方法如下。

1 执行菜单【文件】→【新建】命令或按下【Ctrl+N】快捷键,弹出【新建】对话框,如图 2-1 所示。

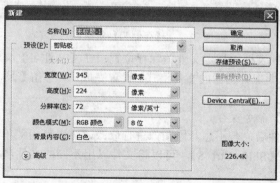

图 2-1 【新建】对话框

2 在【名称】文本框中输入新文件的名字,如果不输入任何名称则系统自动使用默认名,文件名按顺序命名为"未标题-X"(X 为系统自动产生的自然数)。

3 在【预设】选项栏中进行图像设置,即设置图像的宽度、高度、分辨率、颜色模式和背景内容。其中的宽度、高度、分辨率的单位,以及颜色模式和背景色的选择均可以通过下拉列表来完成。

4 设置完成后,单击【确定】按钮,即可创建一个空白的图像文件。接下来,便可在新图像窗口中进行图像的编辑处理了。

2.1.2 保存图像文件

当编辑完成一幅图像后，必须将图像保存起来，便于以后查看或使用这幅图像。在编辑过程中，一般 5～10 分钟需要保存一次，以防止因停电或死机等意外而丢失文件。

保存图像文件有以下 3 种方式。

（1）使用【存储】命令保存。

执行菜单【文件】→【存储】命令或按快捷键【Ctrl+S】，即可将当前文件保存起来。若保存的文件是第一次存储，则会弹出【存储为】对话框，如图 2-2 所示。

图 2-2 【存储为】对话框

在【保存在】下拉列表框中指定文件的保存位置；在【文件名】文本框中输入文件名；在【格式】下拉列表中选择要保存图像的文件格式。设置完成后，单击【保存】按钮或按下【Enter】键即可完成图像的保存。

（2）使用【存储为】命令保存。

编辑完一幅图像文件后，若不想对原图像进行修改，可以使用菜单栏中的【文件】→【存储为】命令或按快捷键【Shift+Ctrl+S】，可以将文件以用不同的文件名、不同的格式和不同的选项另存为一个图像副本。

（3）使用【存储为 Web 和设备所用格式】命令保存。

Photoshop CS4 提供了最佳处理网页图像文件的工具与方法，它可以输出包含了点阵网页图像文件的 JPEG、GIF 与 PNG。

执行菜单【文件】→【存储为 Web 和设备所用格式】命令，弹出【存储为 Web 和设备所用格式】对话框，如图 2-3 所示。在该对话框中，可以根据需要对图像进行优化处理。以这种方式存储的图片主要用于网页和移动设备。

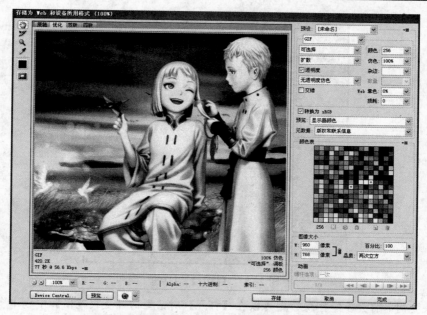

图 2-3 【存储为 Web 和设备所用格式】对话框

2.1.3 恢复和关闭图像文件

当我们对当前图像执行若干操作后，还希望恢复到上一次存储的状态，则可以使用菜单栏中的【文件】→【恢复】命令完成。

如果不需要再对当前的图像进行编辑，可以将其关闭，以节省内存空间，提高软件的运行速度。关闭文件的方法很多，常见的有如下 4 种。

（1）双击图像窗口左上角的系统■图标。

（2）单击图像窗口右上角的"关闭"✕按钮。

（3）单击菜单栏中的【文件】→【关闭】命令。

（4）使用快捷键【Ctrl+W】或【Ctrl+F4】。

如果要关闭打开的所有图像窗口，则可以使用菜单栏中的【文件】→【关闭全部】命令或使用快捷键【Alt+Ctrl+W】，即可关闭打开的全部图像窗口。

若关闭的文件进行了修改而没有保存，则系统会打开一个提示对话框询问用户是否在关闭文件前保存文件，如图 2-4 所示。

图 2-4 提示对话框

2.1.4 打开图像文件

要对旧图像进行编辑，首先要打开该图像，常见打开图像的方法有如下几种。

（1）使用"打开"命令打开。

执行菜单【文件】→【打开】命令或按快捷键【Ctrl+O】，在弹出的【打开】对话框中选择要打开的图像文件，如图 2-5 所示。然后单击【打开】按钮，即可打开该图像文件。

图 2-5　【打开】对话框

> **Tips 提示**　如果要同时打开多个图像，则可以在【打开】对话框的【查找范围】中选中多个文件。方法如下。

　　单击第 1 个文件，然后按住【Shift】键不放，再单击另一个文件，则可选中这两个文件之间连续的多个文件。按住【Ctrl】键不放，单击要选择的文件，则可选中多个不连续的文件。然后单击【打开】按钮，即可打开多个图像文件。

　　（2）打开指定格式的图像。

　　通过执行菜单【文件】→【打开为】命令，可以打开用户所指定格式的图像文件。这时弹出【打开为】对话框，如果用户要打开 PNG 格式的图像，则可在【打开为】下拉列表中选择 PNG 格式，如图 2-6 所示。

> **Tips 提示**　在该对话框中选择打开的文件格式必须和【打开为】列表中选择的文件格式相同，否则会弹出一个提示信息，提示选择的文件不能被打开，如图 2-7 所示。

图 2-6　【打开为】对话框　　　　　　　　　　图 2-7　提示信息

（3）打开最近打开过的图像。

为了方便用户，Photoshop CS4 将用户最近打开过的几个图像文件的文件名列于【文件】→【最近打开文件】子菜单中，如图 2-8 所示。用户只需要选择其中任何一个文件的文件名，即可快速打开该文件。

Photoshop CS4 默认在【最近打开文件】子菜单中保留最近打开过的 10 个图像文件的文件名，如果要另外指定保留的文件数目，可以执行菜单【文件】→【首选项】→【文件处理】命令，打开【首选项】对话框，在【近期文件列表包含】文本框中输入需要的文件数目即可，如图 2-9 所示。

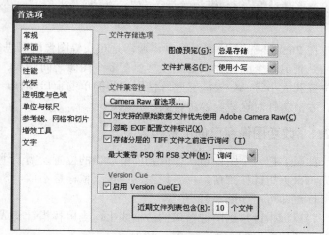

图 2-8　【最近打开文件】子菜单　　　　　图 2-9　【首选项】对话框

2.1.5　置入图像

Photoshop 是一个位图软件，但它同样也具备了支持矢量图的功能。使用【置入】命令可以将矢量图文件（EPS、AI 和 PDF 格式的文件）插入到 Photoshop 中使用。操作方法如下：

1 创建或打开一个要往其插入图形的图像文件。

2 执行菜单【文件】→【置入】命令，弹出的【置入】对话框。在【查找范围】下拉列表中找到文件存放的位置，并选定要插入的文件，然后单击【置入】按钮。

3 这时会出现一个浮动的对象控制框，如图 2-10 所示。

图 2-10　浮动的对象控制框　　　　　　　图 2-11　【置入 PDF】对话框

在没有确认之前，可以任意改变置入图像的位置、大小和方向，图像质量不受影响。调整好后，在框线范围内双击，或单击工具选项栏中的 ✔ 按钮确认置入；如果单击 ⊘ 按钮则取消图像的置入。

如果用户选择置入的文件格式是 AI 或 PDF，将会出现如图 2-11 所示的【置入 PDF】对话框，在对话框中选择 PDF 文件指定的一页内容，然后单击【确定】按钮即可。

注意　在置入图像后，在【图层】面板中会自动增加一个新的图层，置入的图像则自动成为一个智能对象。

2.2　图像窗口的基本操作

在 Photoshop 中处理图像时，通常是对几幅图像同时进行的，如将某一图像中局部内容复制粘贴到另一个图像中，因此经常要在多个图像之间切换、缩放图像窗口，以及改变图像窗口的位置和大小等。如果能够熟练使用这些简单的窗口操作，将简化编辑图像操作，提高工作效率。本节将针对这些内容进行具体介绍。

2.2.1　改变图像窗口的位置和大小

如果要把一个图像窗口摆放到屏幕适当的位置，需要进行窗口移动。移动的方法很简单，首先将鼠标指针移到窗口标题栏上，并按下鼠标键不放，然后拖动图像窗口到适当的位置后松开鼠标键即可，如图 2-12 所示。

将鼠标指针移到图像窗口的边框线上，当鼠标指针变成双箭头形状时，按下鼠标键拖动即可改变图像窗口的大小，如图 2-13 所示。

图 2-12　移动图像窗口　　　　　　　　　图 2-13　改变图像窗口的大小

2.2.2　图像窗口的切换

在进行图像处理时，常常需要同时打开多个图像文件，但每次只能对一个图像窗口（该窗口称为活动窗口或当前窗口）中的文件进行编辑处理，这时便需要在图像窗口之间进行切换。

在 Photoshop CS4 中打开多个文档后，默认状态下图像窗口会以选项卡式来显示文档，单击选项卡上的文档名称，可以在各个文档之间进行切换，如图 2-14 所示。

| 4158858.jpg @... × | 4158859.jpg @... × | 4158860.jpg @ 66.7%(RGB/8#) × | 4158862.jpg @... × | 4158857.jpg @... × |

图 2-14　单击选项卡上的文档名称进行切换

当多个图像文件同时打开时，单击任何一个图像窗口的标题栏，即可将其激活，使之成为当前活动的窗口。另外，在【窗口】菜单的底部就会显示当前已经打开的图像文件清单，如图 2-15 所示，单击上面的文件名也可切换到该图像窗口，使之成为当前活动的窗口。其中打"√"号的表示当前活动的窗口。

```
1  4ae8cf0202000ntq_0.jpg
2  4bfde33402000w3p.jpeg
✓ 3  4ae8cf0202000ntp_0.jpg
4  4ae8cf0202000ntr_0.jpg
5  4ae8cf0202000ntu_0.jpg
6  4ae8cf0202000ntx_0.jpg
7  4ae8cf0202000nu0_0.jpg
8  4ae8cf0202000nu2_0.jpg
9  4ae8cf0202000nu4_0.jpg
```

图 2-15　打开的图像文件清单

 注意　任何 Photoshop 的编辑功能，都只对当前活动的图像窗口有效。

另外，使用快捷键【Ctrl+Tab】或【Ctrl+F6】可切换至下一个图像窗口；使用快捷键【Shift+Ctrl+Tab】或【Shift+Ctrl+F6】可切换至上一个图像窗口。

2.3　观察图像

在编辑图像的过程中，我们经常需要观察或编辑图像的细节部分，或观察图像的整体效果，这时就需要调整图像的显示比例，以满足我们的需求。利用工具栏中的"缩放工具" 或【视图】菜单中的相关选项，可以根据编辑的需要放大或缩小图像。

2.3.1　使用缩放工具

使用"缩放工具" ，在图像窗口中单击可将图像放大一倍显示；使用"缩放工具" ，按住【Alt】键的同时单击图像窗口，可将图像缩小一 50%显示；使用"缩放工具" ，在图像窗口中拖动选择要放大的区域，可将选定的区域放大至整个窗口，如图 2-16 所示。

（a）选择要放大的区域

（b）放大至整个窗口

图 2-16　放大选定的区域

2.3.2 使用【视图】菜单

在【视图】菜单中有 5 个命令选项：放大、缩小、按屏幕大小缩放、实际像素和打印尺寸，分别用于改变图像的显示比例，如图 2-17 所示。

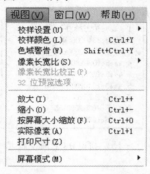

图 2-17 【视图】菜单

请读者注意掌握各命令选项的快捷键，如按下【Ctrl+"+"】快捷键或按下【Ctrl+"-"】快捷键可以放大或缩小图像显示等。

2.3.3 使用【导航器】面板

打开【导航器】面板，将鼠标指针定位在【导航器】面板的缩放滑块上左右拖动，即可改变图像窗口的显示比例，如图 2-18 所示。

图 2-18 使用【导航器】面板改变显示比例

2.3.4 全屏幕显示图像

执行菜单【视图】→【屏幕模式】命令，在弹出的子菜单中选择相应的命令，可以实现图像的标准屏幕模式（默认）、带菜单栏的全屏幕显示和真正的全屏幕显示等。

2.3.5 观察多幅图像

有时候需要对多幅图像同时进行观察，除了自动调整各图像窗口的大小外，还可以使用【窗口】→【排列】子菜单命令（图 2-19），或应用程序栏中的"排列文档"下拉面板（图 2-20）来实现。如图 2-21 所示分别为几种模式排列窗口的方式。

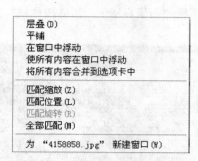

图 2-19　【排列】子菜单　　　　　　　　图 2-20　"排列文档"下拉面板

平铺

使所有内容在窗口中浮动

四联

将所有内容合并到选项卡中（默认）

图 2-21　排列窗口的不同模式

2.3.6　使用抓手工具

当图像超出当前窗口的显示区域时，在图像窗口的右边或下边会出现垂直或水平滚动条，可以拖动滚动条在窗口移动所显示的区域，这一点与文字处理软件 Word 相似。

也可以使用工具箱中的"抓手工具" 来移动显示区域。选择该工具后，鼠标指针变成手型，在图像窗口中按住并拖动鼠标可改变显示的区域，如图 2-22 所示。

使用【导航器】面板也能改变显示区域，且无论当前选择的是什么工具均可随时改变显示区域。操作时，先将鼠标指针移动到【导航器】面板的图像显示区，然后按住鼠标并拖动即可，如图 2-23 所示。

图 2-22　使用"抓手工具"移动显示区域

图 2-23　使用【导航器】面板改变显示区域

2.4　图像的基本操作

不管是打印输出还是在屏幕上显示的图像，制作时都需要设置图像的尺寸和分辨率、调整画布的大小等以适应相应的要求，同时也能节省硬盘空间或内存，提高工作效率。这是因为图像的分辨率和尺寸越大，其文件也就越大，处理速度也越慢。

2.4.1　修改图像的尺寸和分辨率

通过第 1 章的学习我们知道，图像的质量好坏与图像的分辨率和尺寸大小之间有着密切的关系。图像分辨率越高，单位尺寸含有的像素数目越多，也就是图像的信息量就越大，因而文件也就越大。

同样大小的图像分辨率越高，图像越清晰。在像素数目固定的情况下，当分辨率变动时，尺寸也必定跟着改变；同样，图像尺寸变动时，分辨率也必定随之变动。但是，在实际中，通常需要在不改变分辨率的情形下调整图像尺寸，或者是固定尺寸而增减分辨率，像素数目也就会随之改变。当固定尺寸而增加分辨率时，Photoshop 必定会增加像素数目；反之，当固定尺寸而减少分辨率时，则会删除部分像素。这时，ppi 就会在图像中重新取样，以便在失真最少的情况下增减图像中的像素数目。

无论是改变图像尺寸、分辨率还是增减像素数目，都需要使用【图像大小】对话框来完成。执行菜单【图像】→【图像大小】命令，打开【图像大小】对话框，如图 2-24 所示。

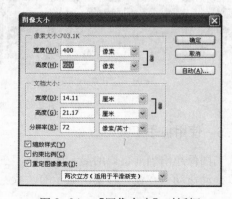

图 2-24　【图像大小】对话框

◎ "像素大小"：用于显示图像的宽度和高度的像素值，在文本框中可以直接输入数值进行设置。若在其右侧的下拉列表中选择"百分比"选项，则以占原图的百分比为单位显示图像的宽度和高度。

◎ "文档大小"：用于设置更改图像的宽度、高度和分辨率，可在文本框中直接输入数字进行更改。其右侧的下拉列表框可设置单位。

◎ "缩放样式"：选择该选项后，对图像进行放大或缩小时，当前图像中所应用的图层样式也会随之放大或缩小，从而保证缩放后的图像效果保持不变。

◎ "约束比例"：选中此复选框可以约束图像高度与宽度的比例，即改变宽度的同时高度也随之改变。当取消选中该复选框后，"宽度"和"高度"下拉页面的"连接符"会消失，表示高度与宽度无关，即改变任一项的数值都不会影响另一项。

◎ "重定图像像素"：选择此复选框后，改变图像尺寸或分辨率时，图像的像素数目会随之改变。因此需要在"重定图像像素"下拉列表中选择一种插入像素的方式，即在增加或减少像素数目时，在图像中插入像素的方式。其中包括 5 个选项，含义如下：

➤ "邻近（保留硬边缘）"：使用这种方式插补像素时，Photoshop 会以邻近的像素颜色插入，其结果较不精确。这种方式会造成锯齿效果，在对图像进行扭曲（或缩放）时或在选取范围执行多项操作时，锯齿效果会变得更明显，但是执行速度较快，适合用于没有色调的线型图。

➤ "两次线性"：此方式介于"邻近"与"两次立方"之间。若图像放大的倍数不高，其效果与两次立方相似。对于中等品质的图像可以使用此方式。

➤ "两次立方（适用于平滑渐变）"：选择此选项，在插补像素时会依据插入点像素颜色转变的情况插入中间色。此方式可得到最平滑的色调层次，但是执行速度较慢。

➤ "两次立方较平滑（适用于扩大）"：要放大图像时可以使用此方式。

➤ "两次立方较尖锐（适用于缩小）"：要减小图像大小可能使用此方式。此方法在重新取样后的图像中保留细节。不过，它可能会过度锐化图像的某些区域。

 虽然分辨率越大图像的信息量越大，图像也就越清晰。但是，如果人为地增大一幅本身并不清晰的图像的分辨率时，这幅图像的清晰度是不会改变的。

2.4.2　改变画布大小

画布是指绘制和编辑图像的工作区域，也就是图像显示区域。使用【画布大小】命令可以在图像的四边增加指定颜色的空白区域，或者裁剪掉不需要的图像边缘。

执行菜单【图像】→【画布大小】命令，弹出【画布大小】对话框，如图 2-25 所示。

◎ "当前大小"：该选项组显示了当前图像画布的实际大小。

◎ "新建大小"：该选项组用于设置新的画布尺寸。当该值的设置大于原图像大小时，Photoshop 就会在原图像的基础上增加画布区域，如图 2-26 所示；当该值的设置小于原图像大小时，Photoshop 就会将缩小的部分裁剪掉。

图 2-25　【画布大小】对话框

图 2-26　增加画布区域

◎ "相对"：选中此选项时，在"宽度"及"高度"文本框中显示了图像新尺寸与原尺寸的差值，此时在"宽度"、"高度"数值框中与输入正值为放大图像画布，输入负值为裁剪图像画布。

◎ "定位"：单击"定位"框中的箭头，来确定图像在新的画布中的位置。默认选项为中间方块，表示扩展画布后图像将出现在画布的中央。该选项非常重要，它决定了新画布和原来图像的相对位置。如图 2-27 所示分别是将定位设置到不同位置时，所获得的画布扩展效果。

图 2-27　使用不同定位选项得到的不同效果

◎ "画布扩展颜色"：单击 ⌄ 按钮，弹出如图 2-28 所示的下拉列表，在此可以选择扩展画布后新画布的颜色。也可以单击其右侧的"色块" ☐ 按钮，在弹出的【拾色器】对话框中选择一种颜色。

 当对图像进行缩小画布大小的操作时，Photoshop 会给出如图 2-29 所示的提示对话框，单击【继续】按钮进行裁剪，单击【取消】按钮则取消操作。

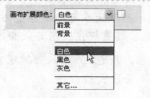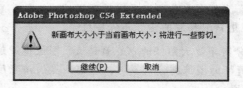

图 2-28　下拉列表　　　　　　图 2-29　提示对话框

2.4.3　裁剪图像

裁剪图像是指保留图像中的一部分，并将其余部分删除或是隐藏。虽然使用【画布大小】命令能够完成图像的裁剪操作，但此方法只是均匀裁剪图像四周的边缘，很难准确地确定裁剪的大小和位置。如果要将图像四周没有用的部分去掉，只留下有用的部分，则需要使用"裁剪工具" 口。使用"裁剪工具"不但可以自由控制裁剪的大小和位置，而且可以在裁剪的同时对图像进行旋转、变形，以及改变图像分辨率等操作。

使用"裁剪工具"裁剪图像的操作步骤如下：

1 执行菜单【文件】→【打开】命令或按【Ctrl+O】快捷键，在弹出的【打开】对话框中选中一幅要裁剪的图像，单击【打开】按钮，打开该图像。

2 单击工具箱中的"裁剪工具" 口，在图像中拖曳指针绘制一个需要保留的区域，即选取一个裁剪范围，如图 2-30 所示。

 若按下【Shift】键拖动，则可选取正方形的裁剪范围；若按下【Alt】键拖动，则可选取以开始点为中心点的裁剪范围；若按【Shift+Alt】快捷键拖动，则可选取以开始点为中心点的正方形的裁剪范围。

3 释放鼠标后，即出现一个四周有 8 个控制点的裁剪框，框外的区域会被阴影遮蔽，如图 2-31 所示。

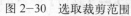

图 2-30 选取裁剪范围

图 2-31 有 8 个控制点的裁剪框

4 此时在裁剪框中的任意位置处单击鼠标左键并拖曳，可以移动裁剪框；将鼠标指针移至裁剪框的 4 个角上时，鼠标指针将显示为双向箭头，按下鼠标并拖曳，可缩放裁剪框的大小；将鼠标指针移至裁剪框外时，显示为旋转 ↻ 符号，按下鼠标并拖曳可旋转裁剪框，如图 2-32 所示。

图 2-32 缩放与旋转裁剪框

5 另外，在该工具选项栏（图 2-33）中勾选"透视"复选框，调整裁剪框各控制点的位置，可以对裁剪框进行透视变形处理，如图 2-34 所示。

图 2-33 裁剪工具选项栏

图 2-34 对裁剪框进行透视变形

6 在工具选项栏中选中"删除"单选项，可以将裁剪框外的图像删除；选中"隐藏"单选项，则将保留框外的图像而不删除，只是隐藏起来。

7 裁剪范围确定后，单击"提交" ✔ 按钮或按【Enter】（回车）键即可裁剪图像，效果如图 2-35 所示；如要取消本次裁剪操作，可单击"取消" ⊘ 按钮或是按【Esc】键。

图 2-35　裁剪后的图像效果

> **提示** 若是对图像做简单的裁剪，还可以执行菜单【图像】→【裁切】命令，方法如下。

先用选框工具选中要保留的区域，然后执行菜单【图像】→【裁切】命令，即可将选区以外的图像删除掉。

以上只是一般的裁剪操作，比较很简单。若要裁剪一个更准确的裁剪范围，则必须在选取裁剪范围之前，先设置裁剪工具的参数。单击"裁剪工具" 🔲 后，其选项栏如图 2-36 所示，在这里可以设置裁剪的宽度、高度和分辨率。在选项栏中单击"前面的图像"按钮，可显示当前图像的实际高度、宽度及分辨率；单击"清除"按钮可清除在"宽度"、"高度"和"分辨率"文本框中设置的数值。

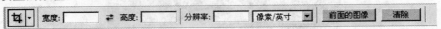

图 2-36　裁剪工具选项栏

要以固定大小和分辨率裁剪图像时，其操作方法如下：

1 打开一幅图像，然后单击"裁剪工具" 🔲 ，在工具选项栏中设置"宽度"、"高度"均为 100 像素，"分辨率"为 150 像素/英寸，如图 2-37 所示。

图 2-37　设置裁剪工具的参数

2 在图像窗口中拖出一个裁剪范围，按回车键确认裁剪。如果按【Esc】键则取消裁剪。

3 执行菜单【图像】→【图像大小】命令，在弹出的【图像大小】对话框中查看裁剪后图像的尺寸和分辨率，可以看到和我们刚才预设的一样。

2.4.4　旋转图像

在 Photoshop 中，如果要对整个图像进行旋转和翻转操作，可以使用【图像】→【图像旋转】子菜单命令（图 2-38）来完成。【图像旋转】命令可以旋转或翻转整个图像，但不能对图像中选定的区域或图层进行操作。因此，即使在图像中选取了范围，旋转或翻转操作仍然是对整个图像进行的。

图 2-38　【图像旋转】子菜单

图 2-39　【旋转画布】对话框

◎ 【180 度】：执行该命令可将整个图像旋转 180 度。

◎ 【90 度（顺时针）】/【90 度（逆时针）】：执行该命令可将整个图像顺时针或逆时针旋转 90 度。

◎ 【任意角度】：执行该命令将弹出【旋转画布】对话框（图 2-39），用户可以自由设置旋转的角度和方向，角度的范围为-359.99～-359.99。

◎ 【水平翻转画布】/【垂直翻转画布】：执行该命令可将整个图像水平或垂直翻转。

打开一幅图像，分别执行【图像旋转】子菜单中的命令，效果如图 2-40 所示。

原始图像　　　　　　　　　　180 度　　　　　　　　　　90 度（顺时针）

任意角度（逆时针 60 度）　　　　水平翻转画布　　　　　　　垂直翻转画布

图 2-40　执行【图像旋转】子菜单命令后的效果

2.5　辅助工具的应用

Photoshop 提供了标尺、网络和辅助线，可以帮助我们精确地勾画和安排图像。用户可以在文档中放置辅助线，然后让图像与这些辅助线对齐，也可以打开网格，然后让其与网格对齐。

2.5.1　使用标尺

1．显示/隐藏标尺

如果要在图像窗口中显示标尺，我们只需执行菜单【视图】→【标尺】命令或按下【Ctrl+R】快捷键，即可在图像窗口的上边缘和左边缘显示标尺，如图 2-41 所示。这时在【视图】菜单的【标尺】命令前会出现一个"√"号，表示显示标尺。如果再次执行该命令则会隐藏标尺，而【标尺】命令前面的"√"号也会消失。

35

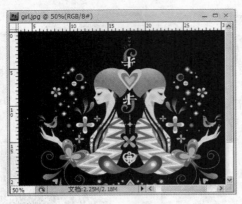

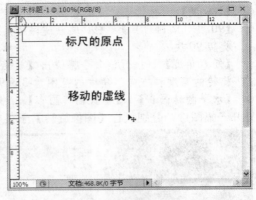

图 2-41　显示标尺　　　　　　　　　　　图 2-42　移动的虚线

在默认状态下，标尺的原点在窗口的左上角，其坐标值为（0，0）。当鼠标指针在窗口中移动时，在水平标尺和垂直标尺上会出现一条细细的虚线，该虚线标出了当前的位置坐标。如果移动鼠标指针，该虚线也会随之移动，如图 2-42 所示。

利用标尺我们可以大致估计出图像的大小和位置，有利于整个图像的统筹规划和布局。

2．设置标尺单位

在默认状态下，标尺的单位为厘米，用户可以根据需要重新设置标尺单位，方法如下。

执行菜单【编辑】→【首选项】→【单位与标尺】命令，打开【首选项】对话框，从"标尺"下拉列表框中选择需要的标尺单位即可，如图 2-43 所示。

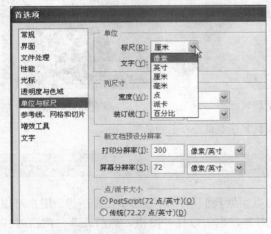

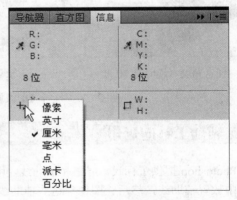

图 2-43　【首选项】对话框　　　　　　　图 2-44　【信息】面板

我们还可以直接在【信息】面板中切换标尺单位。执行菜单【窗口】→【信息】命令，打开【信息】面板，单击 ➕ 按钮，从弹出的菜单中选择标尺单位，如图 2-44 所示。

2.5.2　使用参考线

图像窗口如果显示了标尺，我们可以单击水平或垂直标尺并按住鼠标左键向下拖曳，如图 2-45 所示。拖曳到窗口的某个位置松开鼠标左键，这时图像窗口中会出现一条细线，这就是参考线，如图 2-46 所示。用鼠标选中参考线后，可以将参考线拖曳到任何位置。

图 2-45　拖曳出参考线

图 2-46　生成的参考线

1．显示/隐藏参考线

执行菜单【视图】→【显示】→【参考线】命令，即可以显示参考线，这时【参考线】命令前面会出现一个"√"号，表现显示参考线。如果再次单击该命令即可隐藏参考线。

2．锁定/对齐参考线

执行菜单【视图】→【对齐到】→【参考线】命令，鼠标在操作时会自动贴近参考线，使绘画更精确。执行菜单【视图】→【锁定参考线】命令，可以锁定参考线。参考线锁定后，就会固定在锁定的位置上，不能再移动了。如果再次单击该命令即可解锁参考线。

3．智能参考线

如果执行了菜单栏中的【视图】→【显示】→【智能参考线】命令，在移动图像时，参考线会自动出现并对齐到图像。

4．清除参考线

执行菜单【视图】→【清除参考线】命令，可以清除所有参考线；如果要清除某条参考线，我们只要将其拖出图像窗口即可自动消失。

2.5.3　使用网格

1．显示/隐藏网格

网格的主要用途是对齐参考线，以便用户在操作中对齐对象。执行菜单【视图】→【显示】→【网格】命令，这时在图像窗口中显示一系列的直线，如图 2-47 所示。如果再次单击该命令即会取消网格的显示。

2．对齐到网格

执行菜单【视图】→【对齐到】→【网格】命令，移动图像或选取范围时会自动贴近至网格。如果再次单击该命令即会取消对齐到网格。

图 2-47　显示网格

3．设置网格

执行菜单【编辑】→【首选项】→【参考线、网格、切片和计数】命令，打开【首选项】对话框，如图 2-48 所示。在该对话框中我们可以对网格的颜色、样式、网格线间隔、子网格数量等属性进行修改。

图 2-48　【首选项】对话框

2.5.4　显示额外内容

执行菜单【视图】→【显示额外内容】命令，可在图像窗口中显示额外内容，包括"选区边缘"、"网格"、"参考线"、"目标路径"、"切片"和"注释"，用于显示或隐藏多项扩展对象。

> **注意** 在执行该命令前，必须先执行【视图】→【显示】子菜单中的相应命令，才可以使用该命令来显示或隐藏各项对象。

执行菜单【视图】→【显示】→【全部】命令，可以显示所有的扩展对象，执行【视图】→【无】命令则可以隐藏所有扩展对象。

2.6　思考与练习

1．填空题

（1）打开多个图像后，按下＿＿＿＿＿＿＿键和＿＿＿＿＿＿＿键可以切换图像窗口，按下＿＿＿＿＿＿＿键或＿＿＿＿＿＿＿键可以将打开的图像窗口关闭。

（2）在 Photoshop CS4 中，要对整个图像进行旋转操作，可以使用＿＿＿＿＿菜单命令，要对图像进行裁剪，可以使用＿＿＿＿＿工具。

（3）显示网格和参考线后，按＿＿＿＿＿键可以隐藏它们。

2．问答题

（1）在 Photoshop 中，如何同时查看多幅图像？

（2）"图像大小"与"画布大小"这两个命令有什么区别？

（3）网格和参考线的作用是什么？有什么不同之处？

3．上机练习

（1）请读者新建一个大小为 600×400 像素，分辨率为 150 像素/英寸，背景色为透明的 RGB 图像。然后置入一个 AI 的文件，并将其保存起来。

（2）请读者打开一幅图像文件，显示标尺、网络和参考线，并在图像中拉出几条参考线。然后按照参考线裁剪图像。

第3章　选区的创建与编辑

📄 **本章导读**

选区是 Photoshop 中一个十分重要的概念，许多操作都是基于选区进行的。简单说，选区表示的是各种命令的操作区域，通过创建选区，约束操作发生的有效区域，从而使每一项操作都有针对性的进行。因此，选区的优劣、准确与否，都与图像编辑的成败有着密切的关系，如何在最短时间内创建有效的、精确的选区是我们经常要面临的问题。本章将详细介绍利用各种选择工具建立与编辑选区，从而创建最符合我们要求的完美选区。

💻 **学习要点**

- ◢ 规则与不规则选取工具
- ◢ 图像显示基本操作
- ◢ 图层的概念

- ◢ 创建选区
- ◢ 常用编辑命令
- ◢ 图像的变形操作

3.1　创建规则选区

使用选框工具可以创建比较规则的选区。选框工具包括"矩形选框工具" □、"椭圆选框工具" ○.、"选框工具" ▦ 和"选区工具"，如图 3-1 所示。使用这些工具可以建立 4 种基本选区：矩形、椭圆、单行和单列，如图 3-2 所示。本节将详细介绍这些工具的使用方法。

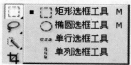

图 3-1　选框工具组　　　　　　　　　　图 3-2　4 种选区

3.1.1　矩形选框工具

在工具箱中选择"矩形选框工具" □，在图像窗口中单击鼠标左键拖动并滑过需要选择的区域，即可创建矩形选区。

"矩形选框工具"选项栏如图 3-3 所示，改更其中的选项可以改变工作模式，创建更加令人满意的选区。

图 3-3　"矩形选框工具"选项栏

选项栏各参数含义如下。

- ◎ ▣▣▣▣：用于设置建立选区的方式，详细介绍参见本章 3.3 节。
- ◎ "羽化"：设定选择范围的羽化效果，可以在选择范围的边缘产生渐变散开的柔和效果，其值为 0~255。

> Tips
> **注意**　羽化和消除锯齿的选项必须在建立选区前进行设置，否则这两项设置对选区不起作用。

- ◎ "样式"：在该下拉列表中可以设置选区绘制的方式，其中各选项含义如下。

> ➤ "正常"：默认选项，这种方式最为常用，用于建立任意大小的选区。
> ➤ "固定比例"：选择此选项，其后的"宽度"与"高度"数值输入框将被激活，在其中输入数值设置选择区域的高度与宽度的比例，可得到精确的不同宽高比的选择区域。
> ➤ "固定大小"：选择此选项，其后的"宽度"与"高度"数值输入框将被激活，在其中输入数值，可以确定新选区的高度与宽度精确数值。在此模式下只需在图像窗口中单击，即可创建大小确定、尺寸精确的选择区域。

◎ ⇄：单击该按钮可以交换宽度和高度的设置。

◎ ⇄ "调整边缘"：单击该按钮，即可在打开的【调整边缘】对话框中对现有选区进行更为深入的修改，从而帮助我们得到更为精确的选择。

3.1.2 椭圆选框工具

在工具箱中选择"椭圆选框工具"○，在图像窗口中单击鼠标左键拖动并滑过需要选择的区域，即可创建椭圆选区。其工具选项栏（图 3-4）与"矩形选框工具"选项栏基本相同，此处不再赘述。

图 3-4　"椭圆选框工具"选项栏

其中【消除锯齿】选项可防止锯齿产生，使选择范围的边缘变得更加平滑，如图 3-5 所示。

图 3-5　消除锯齿对选区的影响

> **提示** 在使用矩形与椭圆选框工具建立选区时，按住【Shift】键，可以在图像中创建正方形或圆形的选区，按住【Alt】键，可以使用中心方式建立选区；按【Shift+Alt】快捷键，可以使用中心方式建立正方形或圆形的选区。

3.1.3 单行和单列选框工具

使用"单行选框工具" ▭ 和"单列选框工具" ▯ 可以建立只有 1 个像素宽的选区，一般通过此方法进行直线的绘制。如图 3-6 所示为分别建立单行和单列的选区，并进行填充后的效果。

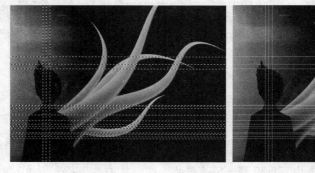

图 3-6　单行和单列选框工具应用示例

3.2　创建不规则选择区域

选框工具通常只能建立规则的选区，虽然可以通过添加、减去和相交方式建立略为特殊的形状，但远远不能满足工作的需要，这时就需要使用“套索工具”、“快速选择工具”与“魔棒工具”来创建不规则选择区域。

3.2.1　套索工具

“套索工具”的工作模式类似于“铅笔工具”，被选择的区域自由度非常大，但其精确度相对较难保证。因此，“套索工具”一般用于对图片进行精选之前的较大范围的初步选择。

使用套索工具建立选区的方法如下。

1 选择工具箱中的“套索工具”，并在其工具选项栏中设置适当的参数。

2 在图像窗口单击鼠标左键确定选区的起点，然后按住鼠标左键不放拖动鼠标指针围绕需要选择的图像进行选择。

3 最后回到起点，释放鼠标左键，即可形成一个封闭的选区（如果没有回到起点，则 PS 会自动封闭未完成的选区范围），如图 3-7 所示。

图 3-7　使用套索工具建立不规则选区

3.2.2　多边形套索工具

使用“多边形套索工具”可以创建直边的选区，使用此工具还可以选择具有直角边的物体，如三角形、梯形、五角星等。

使用“多边形套索工具”建立选区的方法如下。

1 打开配套光盘 ch03\素材\xing.jpg 文件，在工具箱中选择“多边形套索工具”，在图像中单击鼠标左键以确定选区的起点。

2 将鼠标指针移动到起点左下方的顶点位置再次单击，以建立选区的第 1 条直边。

3 围绕需要选择的五角星图像，不断单击左键以确定节点，节点与节点之间将自动连接成为选择线。

4 最后将光标放于起点上单击，即可建立封闭选区。操作过程如图 3-8 所示。

Tips 提示　在使用“多边形套索工具”时，如果选取的区域没有回到起点，可以双击结束操作，这样可以自动连接起点和终点，形成一个封闭的选区。

在建立多边形选区的过程中，如果出现误操作，按【Delete】键可删除最近确定的节点；如果需要取消选区的建立，可以按【Esc】键。

(a)　确定起点　　　　　(b)　建立第 1 条边　　　　　(c)　形成封闭选区

图 3-8　建立五角星选区

3.2.3　磁性套索工具

"磁性套索工具" 可以根据图像的对比度自动捕捉图像的边缘，并沿图像的边缘生成选择区域，特别适合于选择背景较复杂，但要选择的图像与背景有较高对比度的图像。

"磁性套索工具" 选项栏如图 3-9 所示。

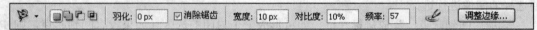

图 3-9　"磁性套索工具" 选项栏

选项栏的重要参数含义如下。

◎ "宽度"：设置该工具在多宽的范围内探测图像的边界，值越小检测越精确。

◎ "对比度"：设置套索对图像中边界选取的灵敏度，对比度越高，选取的范围越精确。

◎ "频率"：设置建立选区时的节点数目，频率越高插入的定位节点越多，得到的选择区域也越精确。

"钢笔压力"：只有在使用绘图板时才起作用，设置落笔的力度是否影响产生笔画的粗细。

当我们在边缘比较明显的图像上建立选区时，可以设置较大的"宽度"和较高的"对比度"；而在边缘较柔和的图像上时，可以设置较小的"宽度"和较低的"对比度"。较小的"宽度"、较高的"对比度"可以建立较精确的选区。

下面我们来学习磁性套索工具的使用，操作步骤如下。

1 打开配套光盘 ch03\素材\hd.jpg 文件，选择"磁性套索工具"，在其工具选项栏中保持默认设置。

2 在图像中的蝴蝶边缘单击以确定起点，然后释放左键并沿着蝴蝶的边缘移动鼠标指针，这时 Photoshop 会自动插入定位节点，如图 3-10 所示。

3 最后回到起点单击鼠标左键，以建立封闭的选区，如图 3-11 所示。

图 3-10　磁性套索的选择状态　　　　　图 3-11　生成的选区

使用该工具操作时 Photoshop 会自动插入定位节点，但如果希望手动插入定位节点，单击鼠标左键即可。如果出现误操作，按【Delete】键可删除最近绘制的线段和节点。

3.2.4　使用快速选择工具

"快速选择工具" 可以像使用画笔工具一样绘制选区，也就是说，用户可以"画"出所需的选区。"快速选择工具"选项栏如图 3-12 所示。

图 3-12　"快速选择工具"选项栏

各参数含义如下。

◎ ：用于设置建立选区的方式，分别是"新选区"、"增加到选区"、"从选区中减去"。

◎ "画笔"：单击右侧三角按钮可调出画笔参数设置框，可以对涂抹时的画笔属性（直径、硬度等）进行设置，笔刷越大选择的区域越广。

◎ "对所有图层取样"：选择此选项后，将不再区分当前选择了哪个图层，而是将所有可视图像视为在同一个图层上创建选区。

下面通过一个简单的实例，介绍"快速选择工具"的使用方法。

1 打开配套光盘 ch03\素材\flow1.jpg 文件，在本示例中要将图像中的荷花选择出来。

2 选择"快速选择工具" ，在工具选项栏中设置适当的参数及画笔大小。

3 在荷花的左上方区域单击，并按住鼠标左键不放向下拖动，在拖动的过程中就能够得到类似图 3-13 所示的选区。

4 接着在荷花以外的其他区域中单击鼠标左键，即可将选择的图像增加到原来的选区中，完成后的选区如图 3-14 所示。

图 3-13　创建的选区

图 3-14　选中的图像

5 由于选中的是荷花以外的选区，根据需要按【Ctrl+Shift+I】快捷键将选区反向，即可将荷花图像选中，如图 3-15 所示。

如图 3-16 所示是对选中的荷花图像应用"马赛克"滤镜后的效果。

快速选择工具可以使用两种方法来完成选区的创建，即拖动涂抹和单击。在实际的操作中，可以将两者结合起来使用。如在选择大范围的图像内容时，可以利用拖动涂抹的形式进行处理，而添加或减少范围时，则可以考虑使用单击的方式进行处理。

图 3-15　选中荷花图像　　　　　　图 3-16　应用滤镜后的效果

提示 在操作过程中，如果要将多余的选区减掉，可以按住【Alt】键暂时切换至减去选区模式（即从选区减去模式）；如果要增加选区，可以按【Shift】键切换至增加选区模式；或者直接单击选项栏中的 "从选区减去" 按钮 或 "添加到选区" 按钮 。

3.2.5　魔棒工具

使用 "魔棒工具" 可以选择与鼠标单击位置色调相近的区域，对于色调反差比较大或者类似颜色较多的图片，可以采用 "魔棒工具" 进行简便的选择。"魔棒工具" 的选项栏如图 3-17 所示。

图 3-17　"魔棒工具" 选项栏

其重要参数含义如下。

◎ "容差"：设置选择的精度，指颜色之间的差别，取值范围为 0～255，数值越大选择的颜色范围越大。如图 3-18 所示为设置不同容差值时用 "魔术棒工具" 单击图像同一位置时得到的选区。

（a）"容差" 为 30　　　　　　　（b）"容差" 为 60

图 3-18　应用不同容差值的选区效果

◎ "连续"：选择此选项时，只能在图像中选择与鼠标单击处像素颜色相近且相连的部分；不选择此选项时，则可以在整个图像中选择与鼠标单击处像素颜色相近的部分，如图 3-19 所示。

　(a)　未选"连续"选项的选区　　　　　　(b)　选择"连续"选项后的选区

图 3-19　"连续"选项对选区的影响

◎ "对所有图层取样"：设置魔棒工具使用的图层范围。如果选择该选项，即可在全部图
　层中选择类似的色调。如果不选择该选项，只能在当前图层中选择类似的色调。

3.2.6　使用【色彩范围】命令创建选区

　　除了使用"魔棒工具"，还可以使用【色彩范围】命令依据颜色制作选区。此方法可以一边
预览一边调整，从而能够建立更为完善的选区。

　　执行菜单【选择】→【色彩范围】命令，打开【色彩范围】对话框，如图 3-20 所示。

　　各参数含义如下。

◎ 【选择】：用于设置是通过取样颜色选择还是在颜色混合中选择部分颜色，其下拉列表
　如图 3-21 所示。只有选择"取样颜色"选项时才可以使用右侧的 3 个吸管工具来选择
　颜色。

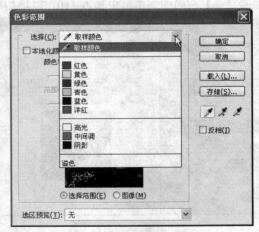

　　　图 3-20　【色彩范围】对话框　　　　　　图 3-21　"选择"下拉列表

◎ "本地化颜色簇"：用于精确控制选择区域的大小。此选项被选中后，"范围"滑块将
　被激活。在该对话框的预视区域中单击确定，选择区域的中心位置，通过拖动"范围"
　滑块可以改变光点范围，光点越大则表明选择区域越大。

◎ "颜色容差"：拖动滑块或输入一个数值来调整颜色范围。若要减小选中的颜色范围，
　请减小输入值。"颜色容差"选项通过控制相关颜色包含在选区中的程度来部分地选

择像素，而"魔棒工具"的"容差"选项和油漆桶选项增加完全选中的颜色范围。

◎ "选择范围"：显示建立的选区效果。

◎ "图像"：显示整个图像。若要在"图像"和"选择范围"之间切换，可以按【Ctrl】键。

◎ 　：吸管工具，在图像中吸取一种颜色进行选择。

◎ 　：添加到取样，通过添加颜色范围来增加选区。

◎ 　：从取样中减去，移去颜色范围，从而减小选区。

◎ "反相"：将选区反选，即选择选区外的区域。

◎ "选区预览"：设置图像窗口中的显示方式。

➢ "无"：不在图像窗口中显示任何预览。

➢ "灰度"：按选区在灰度通道中的外观显示选区。

➢ "黑色杂边"：在黑色背景上用彩色显示选区。

➢ "白色杂边"：在白色背景上用彩色显示选区。

➢ "快速蒙版"：使用当前的快速蒙版设置显示选区。

◎ 【载入】/【存储】：单击【存储】按钮可以将选择的取样颜色存储，并在以后的操作中通过【载入】按钮重新选择那些取样颜色。

下面以一个简单的实例，介绍【色彩范围】命令的使用方法。

1 打开配套光盘 ch03\素材\girl.jpg 文件，执行菜单【选择】→【色彩范围】命令，打开【色彩范围】对话框。

2 将鼠标指针移至图像中的大红色花朵上，单击鼠标左键选择大红色，如图 3-22 所示。

3 由于容差太小导致所选择的颜色范围偏小，此时可拖动"颜色容差"下的滑块或直接在【颜色容差】后面的文本框中输入 110，以增加容差，加大选择范围，如图 3-23 所示。

图 3-22　选择大红色

图 3-23　增加容差后的选区

除了可以使用图像中具体的颜色来进行选取外，还可以利用其他方式进行选择。

4 在"选择"下拉列表中选择"高光"，然后单击【确定】按钮，即可选中图像中的高光部分，如图 3-24 所示。设置前景色为黑色，按【Alt+Delete】快捷键为选区填充前景色，这时整个图像效果如图 3-25 所示。

图 3-24　选中图像的高光部分　　　　　图 3-25　填充黑色后效果

3.3　选区间的加减交运算

通常，经过一次选择操作后，往往不能建立所需要的选区，这就需要对选区进行添加、减去和交叉运算操作，从而建立满意的选区。

在工具箱中选择任一种选择"工具"，工具选项栏中都将显示 □□□□ 4 个选区工作模式按钮，下面分别介绍这 4 个不同按钮的作用。

3.3.1　新选区

系统默认的工作模式为"新选区模式" □，单击"新选区" □ 按钮在图像中操作，可以自动取消原来的选区，重新建立新的选区。

3.3.2　添加到选区

在对图像进行处理时，往往需要同时编辑多个位置的图像，这时我们可以通过增加选区的功能，选择多个选区进行操作，具体操作如下。

1 打开配套光盘 ch03\素材\car.jpg 文件，用"矩形选框工具" □ 选取图像左边的汽车。

2 单击工具选项栏中的"添加到选区"按钮 □ 或按【Shift】键，此时鼠标指针会添加一个"+"号，拖动鼠标指针就可以增加选区了，如图 3-26 所示。

图 3-26　增加选区

3.3.3 从选区中减去

在选择范围不准确时，或者建立某些特殊形状时，可以使用减去选区功能。其操作方法和增加选区相同，操作时单击工具选择栏中的"从选区减去"按钮 或按【Alt】键，这时鼠标指针旁会显示一个"-"号，如图 3-27 所示。

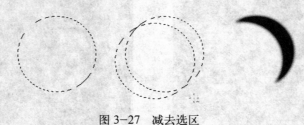

图 3-27 减去选区

3.3.4 与选区交叉

使用与选区交叉模式 建立选区，可以保留新选区范围与原选区范围之间的重叠部分，如图 3-28 所示。如果新选区范围在原选区范围之外，则会出现一个警告对话框，表示没有图像被选择。其操作方法与增加、减去选区相同，操作时按【Shift+Alt】快捷键，或者单击工具栏中的"与选区交叉"按钮 即可。

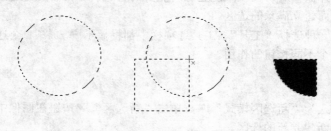

图 3-28 与选区交叉

3.4 编辑修改选区

3.4.1 全选

在 PhotoShop 中经常需要将整个图像复制到另外的文件中进行图像合成，这时就需要选择整个图像。

执行菜单【选择】→【全选】命令或按【Ctrl+A】快捷键即可选择整个图像，如图 3-29 所示。

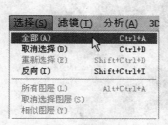

图 3-29 全选图像

3.4.2 反选

在进行选择时，可能需要选择的部分由于形状特殊不便于使用选取工具直接选择，而其他的区域却很方便选取，这时可以利用【反选】命令来选择。比如我们要选择图 3-30（a）中的口红，可按如下方法进行操作。

1 打开配套光盘 ch03\素材\口红.jpg 文件，使用"魔棒工具" ✎单击白色背景，建立的选区如图 3-30（b）所示。

2 执行菜单【选择】→【反选】命令或按【Ctrl+Shift+I】快捷键，将选区反选，即可选中图像中的 3 支口红，如图 3-30（c）所示。

　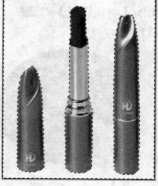　

（a）打开的图像　　　　　（a）选择背景　　　　　（b）反选后的效果

图 3-30　使用"反选"命令选中口红

3.4.3 移动选区

建立选区后，可以使用任何创建选区的工具来移动选区，操作非常简单，方法如下。

在选项栏中单击"新选区" ▫按钮，然后将鼠标指针移到选区内，当鼠标指针变成 ⌕ 形状时，拖动鼠标指针就可以移动选区，如图 3-31 所示。如果按住【Ctrl】键再拖动则可以移动选区内的图像。

图 3-31　移动选区

> **注意** 移动选区与移动选区内的图像是两种不同的操作，初学者特别要注意区别。如果选择了工具箱中的"移动工具" ⊹，再拖动选区，产生的是移动图像的效果。

3.4.4 取消选择和重新选择

当我们对选择范围内的图像处理完成后，需要对整个图像进行操作，这时就必须取消选择。

执行菜单【选择】→【取消选择】命令或按【Ctrl+D】快捷键，即可取消选区。在取消选区后，如果需要再次修改原选区中的图像效果，则可以执行菜单【选择】→【重新选择】命令或按【Ctrl+Shift+D】快捷键，可以重新载入最后一次所放弃的选区。

3.4.5 羽化选区

在 Photoshop 中实现羽化效果，可以采用两种方法。第 1 种方法是在使用选框、套索、多边形套索等工具时，在工具选项栏中的【羽化】选项中设置不为 0 的羽化值。不过这个羽化选项需要在建立选区之前进行设置，否则不起作用。

第 2 种方法是对于已经存在的选区，可以通过执行菜单【选择】→【修改】→【羽化】命令或按【Shift+F6】快捷键，在弹出的【羽化选区】对话框（图 3-32）中输入羽化半径，使当前选择区域具有羽化效果，如图 3-33 所示。

图 3-32 【羽化选区】对话框   图 3-33 羽化前后的效果对比

3.4.6 修改选区

建立了选区后，我们可以使用【选择】→【修改】子菜单（图 3-34）命令对选区范围进行放大、缩小等操作，各命令含义如下。

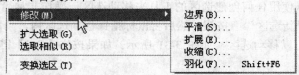

图 3-34 【修改】子菜单

◎ 【边界】：使用该命令后，新选区以原选区为中心，向外和向内偏移一定的宽度，将原来的选区范围变成环状的选区。偏移的宽度可在对话框中设置。

◎ 【平滑】：该命令可以使选区变得平滑，将尖角变成圆角，通常会缩小选区范围。

◎ 【扩展】：该命令可以在原选区的基础上向外偏移扩大选区，偏移的宽度可在对话框中设置。

◎ 【收缩】：与【扩展】命令相反，用于缩小选区。

下面以一个简单的实例介绍选区的修改方法，具体操作如下。

1 打开配套光盘 ch03\素材\amd.jpg 文件，使用"魔棒工具" 或者"快速选择工具" 选择背景，然后执行菜单【选择】→【反选】命令选中图像，如图 3-35 所示。

2 产生边界。执行菜单【选择】→【修改】→【边界】命令，打开【边界选区】对话框，设置"宽度"为 10，以产生环状的选区，如图 3-36 所示。

图 3-35 选择中图像   图 3-36 产生环状的选区

3 扩展选区。按【Ctrl+Z】快捷键撤销刚才建立的边界选区，执行菜单【选择】→【修改】→【扩展】命令，打开【扩展选区】对话框，设置"扩展量"为 5，将选区扩大 5 个像素，效果如图 3-37 所示。

图 3-37 扩展选区后的效果   图 3-38 收缩选区后的效果

4 收缩选区。执行菜单【选择】→【修改】→【收缩】命令，打开【收缩选区】对话框，设置"收缩量"为 10，将选区缩小 10 像素，效果如图 3-38 所示。

5 平滑选区。打开配套光盘 ch03\素材\xing.jpg 文件，使用"快速选择工具" 选中图像中的五角星，如图 3-39（a）所示，然后执行菜单【选择】→【修改】→【平滑】命令，打开【平滑选区】对话框，设置"取样半径"为 10，使选区平滑，效果如图 3-39（b）所示。

（a）原选择区域   （b）平滑选区后的效果

图 3-39 平滑选区

3.4.7 扩大选取

【扩展】选区是将选区范围整体向外偏移一定的宽度，从而扩大选区，但是更多的时候是需要按照颜色去扩大选区，而【扩大选取】命令就可以实现这样的效果，该命令可以选择与原选区范围相邻的并且颜色相近的区域，至于扩大范围的大小，由魔棒工具选项栏中的"容差"值来决定。

【选取相似】命令与【扩大选取】命令的功能差不多，也是按照颜色去扩大选区，所不同的是【扩大选取】命令是选择相邻的区域，而【选取相似】是针对整个图像，只要图像中有近似颜色的区域都会被选择，扩大范围的大小，也是由魔棒工具选项栏中的"容差"值来决定，如图3-40所示。

原选择区域　　　　　应用【扩大选取】命令所得选区　　　应用【选取相似】命令所得选区

图3-40　应用【扩大选取】与【选取相似】

3.4.8　调整选区边缘

调整边缘是一种用于修改选区边缘的简单灵活的方法，所有的选择工具选项栏中都包含"调整边缘"选项" 调整边缘... "按钮。

调整选区边缘，操作方法如下。

1 打开一幅图像，使用任一种"选择工具"创建选区。

2 单击工具选项栏中的" 调整边缘... "按钮或执行菜单【选择】→【调整边缘】命令，打开【调整边缘】对话框。在该对话框中可以使用滑块控件通过扩展、收缩、羽化或平滑选区边缘来对选区进行修改。在羽化选区时，可以一边调整一边预览不同羽化值的效果，如图3-41所示。

图3-41　【调整边缘】对话框

此对话框中各选项含义如下。

◎ "半径"：决定选区边界周围的区域大小，将在此区域中进行边缘调整。增加半径可以在包含柔化过渡或细节的区域中创建更加精确的选区边界，如短的毛发中的边界，或模糊边界。

- ◎ "对比度"：锐化选区边缘并去除模糊的不自然感。增加对比度可以移去由于"半径"设置过高而导致在选区边缘附近产生的过多杂色。
- ◎ "平滑"：减少选区边界中的不规则区域（"山峰和低谷"），创建更加平滑的轮廓。输入一个值或将滑块在 0～100 移动。
- ◎ "羽化"：在选区及其周围像素之间创建柔化边缘过渡。输入一个值或移动滑块以定义羽化边缘的宽度（从 0～250 像素）。
- ◎ "收缩/扩展"：收缩或扩展选区边界。输入一个值或移动滑块设置一个 0～100% 的数以进行扩展，或者设置一个 0～-100% 的数以进行收缩。这对柔化边缘选区进行微调很有用。收缩选区有助于从选区边缘移去不需要的背景色。
- ◎ 单击"选区视图"图标 ⬡⬡⬡⬡⬡ 可更改视图模式。
- ◎ 选择或取消选择"预览"可打开或关闭边缘调整预览。
- ◎ 单击"缩放工具" 🔍 可在调整选区时将其放大或缩小。
- ◎ 使用"抓手工具" ✋ 可调整图像的位置。

3 单击【确定】按钮，完成对选区所做的调整。

3.5　变换、存储与载入选区

3.5.1　变换选区

　　【变换选区】命令主要用于修改、调整已经创建的选区。在已经创建了选区的情况下，执行菜单【选择】→【变换选区】命令或按快捷键【Ctrl+T】调出自由变换控制框。在控制框中单击鼠标右键，从弹出的菜单中选择相应的命令，可以对选区进行自由变换、缩放、旋转、斜切、扭曲、透视、变形等操作，如图 3-42 所示。该操作实现对选区的二次利用，得到新的选区，从而大大降低了制作新选区的难度。

图 3-42　变换选区

注意　变换选区只对选区变形，选区内的图像不会受影响。

　　变换选区与图像的变换操作基本相似，具体操作方法请参阅本章 3.7 节，这里就不再赘述。

3.5.2 存储选区

使用【存储选区】命令可以将一个创建好的选区保存起来，方便以后重复使用，以免在下次使用同一个选区时，再次花时间去重新定义选区。

先建立一个选区，然后执行菜单【选择】→【存储选区】命令，打开如图 3-43 所示的【存储选区】对话框，在"名称"文本框中输入一个名称，单击【确定】按钮，即可存储该选区。

图 3-43　【存储选区】对话框

3.5.3 载入选区

通俗地讲，载入选区就是将以前存储的选区拿出来使用，使用该命令前，必须保存过选区。

如果图像窗口中没有选区，执行菜单【选择】→【载入选区】命令，则弹出如图 3-44（a）所示的对话框，在"通道"下拉列表中选择需要载入的选区名称，然后单击【确定】按钮即可载入选区。

如果图像窗口中已经有一个选区，执行菜单【选择】→【载入选区】命令，则弹出如图 3-44（b）所示的对话框，在【操作】选项组中选择相应的选项即可。

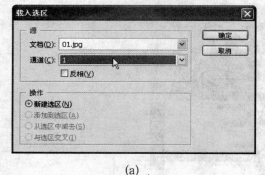 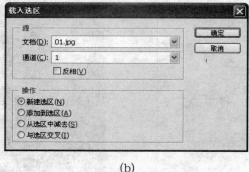

(a)　　　　　　　　　　　　　　　　　(b)

图 3-44　【载入选区】对话框

3.6　选区内图像的编辑

在对选区内图像进行各种编辑操作时，有时候会产生新的图层，因此，我们有必要先了解一下图层。

3.6.1 关于图层

Photoshop 中的图层如同一张一张叠起来的透明纸，每张透明纸上都有不同的画面，用户可以透过图层的透明区域看到下面的图层。

执行菜单【窗口】→【图层】命令或按快捷键【F7】，即可打开【图层】面板，如图 3-45 所示。【图层】面板中列出了图像中的所有图层、图层组和图层效果，每一个图层都可以进行独立的编辑和修改，而不会影响其他图层中的图像。

图 3-45　【图层】的叠放次序及【图层】的面板

用户可以通过【图层】面板来创建新图层、显示和隐藏图层、调节图层叠放顺序和图层的不透明度，以及图层混合模式等参数。

单击面板底部的"创建新图层"　按钮，可以新建一个空白图层；将已有的图层拖曳至"创建新图层"　按钮上则可以复制该图层，也可以用快捷键【Ctrl+J】复制图层，复制出来的图层和原图层的大小、位置、颜色都是一模一样的。有关图层的详细介绍参见本书第 9 章。

 背景图层总在最下层，并且是锁定的，在锁定状态下，图层不能移动位置。

3.6.2　删除选区中图像

有时候创建选区是要清除所选中部分的图像，删除选区中的图像操作非常简单，执行菜单【编辑】→【清除】命令或直接按【Delete】键即可。

3.6.3　剪切、拷贝和粘贴图像

Photoshop CS4 与其他应用程序一样提供了剪切、拷贝和粘贴等命令，让用户完成一些看似简单，实则繁杂的工作。

首先选择要剪切或拷贝的图像，然后执行菜单【编辑】→【拷贝】或【编辑】→【剪切】命令，快捷键为【Ctrl+C】或【Ctrl+X】，再执行菜单【编辑】→【粘贴】命令即可，同时将自动生成一个新的图层。

提示 还有一个较为简单的方法，只需要使用"移动工具"，在按住【Alt】键的同时拖动选区内的图像，同样可以产生复制的效果。

3.6.4　合并拷贝和贴入

【编辑】菜单还提供了【合并拷贝】和【贴入】命令，这两个命令也是用于复制和粘贴的操作，但是它们不同于【拷贝】和【粘贴】命令，其功能如下。

◎ 【合并拷贝】：该命令用于复制图像中的所有图层，即在不影响图像的情况下，将选区范围内的所有图层均复制并放入剪贴板中，其快捷键为【Shift+Ctrl+C】。

◎ 【贴入】：使用该命令，必须先选取一个范围。当执行该命令后，粘贴的图像只显示在选择范围之内，并得到一个新的图层，如图 3-46 所示。快捷键为【Shift+Ctrl+V】。

图 3-46 使用【贴入】命令粘贴图像

3.7 对象的变换

在前面的介绍中，我们已经掌握了变换选区的基本操作方法，实际上，在 Photoshop 中，我们可以对图层中的图像、选区、路径、智能对象以及文本内容等进行各种变换操作，除个别对象无法使用一部分变换功能外，各个变换方法的操作方法是完全相同的。在本节中，我们将以变换图像为例，详细介绍各个变换操作的使用方法。

3.7.1 缩放与旋转

执行菜单【编辑】→【变换】→【缩放】命令，调出变换控制框，通过调整控制点，可以将图像缩小或变大，如图 3-47 所示。执行菜单【编辑】→【变换】→【旋转】命令，然后将鼠标指针停在控制框外，当鼠标指针显示为 ↻ 旋转符号时，按下鼠标并拖曳，可以对图像进行任何角度的旋转变形，如图 3-48 所示。

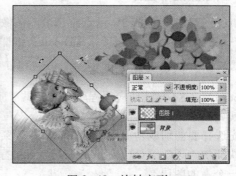

图 3-47 缩放变形   图 3-48 旋转变形

 任何一种变形命令，必须按【Enter】键确认之后才生效，按【Esc】键则取消变形。

3.7.2 斜切变形

执行菜单【编辑】→【变换】→【斜切】命令，然后将鼠标指针停在控制框的控制点上，对图像进行斜切变形，控制点停在靠角的控制点，只斜切一条边，如图 3-49 所示；控制点停在中心点上，可以控制与这个中心点同一条线的 3 个控制点一起斜切，如图 3-50 所示。

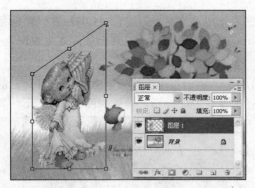

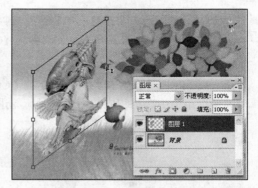

图 3-49　控制点停在右上角的斜切效果　　　　图 3-50　控制点停在右边中间点的斜切效果

3.7.3　扭曲和透视变形

执行菜单【编辑】→【变换】→【扭曲】命令，可以对图像进行扭曲变形，如图 3-51 所示。执行菜单【编辑】→【变换】→【透视】命令，可以对图像进行透视变形，如图 3-52 所示。

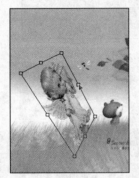

图 3-51　扭曲变形　　　　　　　　　图 3-52　垂直透视变形与水平透视变形

3.7.4　自由变形

自由变形是一种集缩放、旋转、扭曲、透视、斜切、变形、水平翻转、垂直翻转等为一体的变形方式。使用自由变形的快捷键是【Ctrl+T】，在默认情况下调整控制点表示自由缩放，停在控制框的外面出现 ↻ 符号表示自由旋转，如需斜切或扭曲之类的变形操作，必须在控制框内单击鼠标右键，弹出如图 3-53 所示的菜单，然后在菜单中选择需要的命令，接着在图像窗口中调整控制点即可，只要没有按【Enter】键确认，可以再次右击选择其他的菜单命令。

图 3-53　【自由变换】菜单　　　　　　图 3-54　打开的荷花原图

提示 在做缩放变形时，按住【Shift】键，可以进行等比例的缩放。按住【Ctrl】键，把鼠标移动到控制点上可以做扭曲变形。按住【Ctrl+Alt+Shift】快捷键，再把鼠标靠近控制点，可做透视变形。

打开一幅荷花图（图 3-54），按快捷键【Ctrl+T】，调出自由变换控制框，单击鼠标右键，从弹出的快捷菜单中选择相应的命令，对荷花进行透视与变形操作，效果如图 3-55 所示。

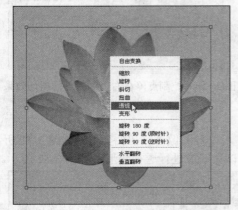

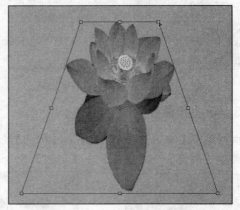

（a）在控制框上右击，选择透视命令　　　　　　（b）调整控制点进行透视变形

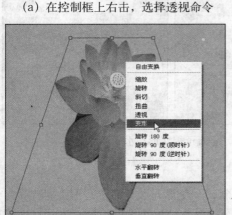

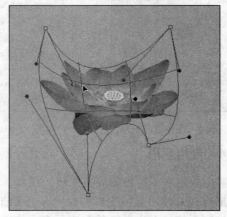

（c）在控制框上右击，选择变形命令　　　　　　（d）调整多个控制点进行变形操作

图 3-55　图像的自由变换

3.7.5　翻转变形

图像的翻转变形分为两种：水平翻转和垂直翻转，操作方法如下。

（1）如果要水平翻转图像，可以执行菜单【编辑】→【变换】→【水平翻转】命令。

（2）如果要垂直翻转图像，可以执行菜单【编辑】→【变换】→【垂直翻转】命令。

利用翻转变形命令，可以轻松地制作出一些双胞胎或倒影之类的特殊效果，如图 3-56 和图 3-57 所示。

图 3-56　水平翻转变形

图 3-57　垂直翻转变形

3.7.6　精确进行变换操作

【自由变换命令】可以对图像进行任意变形操作，但如果需要非常精确地控制变形，则必须配合工具选项栏一起使用，方能达到满意的效果。

对图像进行精确变换操作，方法如下。

1 选中要做精确变换的图像，按【Ctrl+T】快捷键调出自由变换控制框。

2 在"变换工具"选项栏（图 3-58）中设置好各项参数，按回车键完成变换。

图 3-58　"变换工具"选项栏

"变换工具"工具选项栏各项参数含义如下。

◎　参考点位置 ：在 中用户可以确定 9 个参考点位置。例如，要以图像左上角点作为参考点，单击 使其显示为 即可。

◎　精确移动图像：要精确改变图像的水平位置，分别在 X、Y 数值输入框中输入数值。

◎　如果要定位图像的绝对水平位置，直接输入数值即可，如果要使填入的数值为相对于原图像所在位置移动的一个增量，应该使 按钮处于激活状态。

◎　精确缩放图像：要精确改变图像的宽度与高度，可以分别在 W、H 数值输入框中输入数值。

◎　如果要保持图像的宽高比，应该使 按钮处于激活状态。

◎　精确旋转图像：要精确改变图像的角度，需要在 数值输入框中输入角度数值。

◎　精确斜切图像：要精确改变图像水平及垂直方向上的斜切变形，可以分别在 H、V 数值输入框中输入角度数值。在工具选项栏中完成参数设置后，可以单击 按钮确认，如果要取消操作可以单击""按钮。

◎ 变形 🖳：单击该按钮，可以在自由变形和变形模式之间切换。当🖳按钮处于激活状态时，工具选项栏如图 3-59 所示。这时可以从"变形"下拉列表中选择适当的形状选项（如波浪），进行相应的变形操作，如图 3-60 所示。

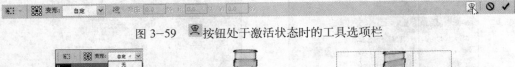

图 3-59　🖳 按钮处于激活状态时的工具选项栏

  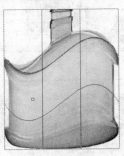

图 3-60　对图像进行波浪变形

3.7.7　再次变换

如果需要对多个对象进行同一变换操作，或者需要对同一对象分次进行相同的变换操作，则可以在进行过该变换操作后，执行菜单【编辑】→【变换】→【再次】命令或按快捷键【Ctrl+Shift+T】，以相同的参数值再次对当前操作图像进行变换操作。

如果在执行该命令时按住【Alt】键，则可以对被操作图像进行变换的同时进行复制，当需要制作多个副本的连续变换操作效果，此操作可以十分有效地提高工作效率，下面以一个简单的实例介绍此操作。

1️⃣按快捷键【Ctrl+N】新建一个图像文件，使用"椭圆选框工具" ⚬ 在图像中创建一个椭圆选区。

2️⃣按快捷键【F7】，打开【图层】面板，单击面板底部的"创建新图层"🖿按钮，新建图层1，然后设置前景色为红色，按【Alt+Delete】快捷键为选区填充前景色，并按【Ctrl+D】快捷键取消选区。

3️⃣按快捷键【Ctrl+T】调出自由变换控制框，将椭圆的中心点移至其下方，然后在工具选项栏中设置旋转角度为"20"，将椭圆旋转 20°，如图 3-61 所示。

4️⃣按【Enter】键应用变换，然后不断按快捷键【Shift+Ctrl+Alt+T】，即可得到连续复制的图像效果，如图 3-62 所示。

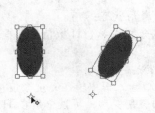 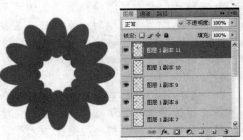

图 3-61　修改椭圆的中心点并旋转　　　　　图 3-62　连续复制变换后的效果

3.7.8　使用内容识别比例变换

【内容识别比例】变换是 Photoshop CS4 版本的新增功能。使用此功能对图像进行缩放处理时，可以在不更改图像中重要可视内容（如人物、建筑、动物等）的情况下调整图像大小。

图 3-63 所示为原图像，如图 3-64（左）所示为使用常规缩放操作的结果，如图 3-64（右）所示为使用【内容识别比例】变换对图像进行水平缩小操作后的效果，可以看出来原图像中的水果基本上没有受到影响。

图 3-63　原图像　　　　　图 3-64　常规缩放与内容识别比例变换效果对比

使用【内容识别比例】变换图像，操作方法如下。

1 选择要缩放的图像后，执行菜单【编辑】→【内容识别比例】命令。

2 在如图 3-65 所示的工具选项栏中设置相关选项。

图 3-65　"内容识别比例"工具选项栏

◎　数量：在此可以指定内容识别缩放与常规缩放的比例。

◎　保护：如果要使用 Alpha 通道保护特定区域，可以在此选择相应的 Alpha 通道。

◎　保持肤色按钮 📷：如果试图保留含肤色的区域，可以选中此按钮。

3 拖动围绕在被变换图像周围的变换控制框，则可得到需要的变换效果。

3.8　实例演练

3.8.1　制作嫁接水果

本实例主要使用各特殊选择工具与图像的自由变形制作 Photoshop "改头换面"特效——柠檬嫁接猕猴桃，完成后的效果如图 3-66 所示。

◎　素材文件：ch03\嫁接水果\柠檬.jpg、猕猴桃.jpg

◎　最终文件：ch03\嫁接水果\嫁接水果.psd

◎　学习目的：灵活使用各种选择工具与图像的自由变形合成图像

1 打开原图。按快捷键【Ctrl+O】，弹出【打开】对话框，从配套光盘中选择本章素材文件"柠檬.jpg"和"猕猴桃.jpg"文件，单击【打开】按钮打开原图，

图 3-66　实例效果

如图 3-67 所示。

图 3-67　打开的柠檬和猕猴桃原图

2 定义并存储选区。选择"柠檬.jpg"文件，用"缩放工具" 🔍 将图片放大，然后用"多边形套索工具" 🔲 将柠檬的剖面定义成为选区，如图 3-68 所示。接着执行菜单【选择】→【存储选区】命令，在弹出的【存储选区】对话框中将选区取名为"1"，如图 3-69 所示。

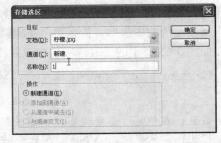

图 3-68　将柠檬剖面定义为选区　　　　　图 3-69　【存储选区】对话框

3 采用同样的方法，将柠檬的另一个剖面也定义为选区，如图 3-70 所示，同样将其存储为选区，取名为"2"。

4 复制图像。切换至"猕猴桃.jpg"图像窗口，使用"磁性套索工具" 🔲 将猕猴桃的剖面也定义为选区，如图 3-71 所示。然后使用"移动工具" ⏴⏵ 将选区内的图像拖曳至"柠檬.jpg"文件中，即可将选区内的猕猴桃图像复制到该图像窗口中，并得到图层 1，如图 3-72 所示。

图 3-70　定义柠檬剖面成为选区　　　　　图 3-71　定义选区

图 3-72　复制选区内的图像，得到图层 1

5 自由变形。按【Ctrl+T】快捷键调出自由变换控制框，将图层 1 中的图像变小以适合柠檬剖面的大小（图 3-73），然后单击鼠标右键，从弹出的菜单中选择"变形"命令，将图像变形成为一个侧面，如图 3-74 所示。

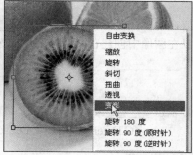

图 3-73　缩小原图　　　　　　　　图 3-74　使用变形命令对图像变形，形成侧面

6 删除多余图像。执行菜单【选择】→【载入选区】命令，在弹出的【载入选区】对话框中选择载入通道 1，如图 3-75 所示，单击【确定】按钮，载入选区。然后执行菜单【选择】→【反向】命令，反选后按【Delete】键删除多余的图像，并按【Ctrl+D】快捷键取消选区，效果如图 3-76 所示。

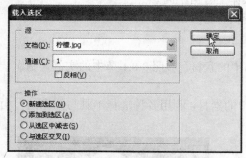

图 3-75　【载入选区】对话框　　　　　　图 3-76　删除多余图像后的效果

7 复制并水平翻转。选择"移动工具" ，在按住【Alt】键的同时拖动猕猴桃的图像，复制图像，得到图层 1 副本。然后执行菜单【编辑】→【变换】→【水平翻转】命令，将复制得到的图像水平翻转，并将其移至如图 3-77 所示的位置上。

8 载入选区。执行菜单【选择】→【载入选区】命令，在弹出的【载入选区】对话框中选择载入通道 2，如图 3-78 所示，单击【确定】按钮，退出对话框。执行菜单【选择】→【反向】命令，按【Delete】键删除多余的图像，最终效果如图 3-66 所示。

图 3-77　水平翻转图像后移动位置　　　　图 3-78　载入通道 2

3.9　思考与练习

1．填空题

（1）设定选择范围的羽化值，可以在选择范围的边缘产生_____效果。

（2）按住_____键，可以在图像中创建正方形或圆形的选区。

（3）取消选区的快捷方式是_____。

2．选择题

（1）任何一种变形命令，必须按_____快捷键确认之后才生效。

　　A.Shift　　　　　B.Ctrl　　　　　　C.Enter　　　　　　D.Esc

（2）自由变形的快捷键是：_____

　　A.Shift +T　　　B.Ctrl+T　　　　C. Alt+T　　　　　　D.以上都不是

（3）添加选区的按钮图标是_____

　　A.▢　　　　B. ▣　　　　　C.▢　　　　　D. ▢

3．问答题

（1）多边形套索工具和磁性套索工具在操作上有何不同？

（2）【自由变形】和【内容识别比例】变换有何区别？

4．上机练习

（1）请读者使用配套光盘 ch03\上机练习中的素材，参照 3.8.1 节中的实例，制作一种嫁接水果，图 3-79 仅供参考。

（2）请读者使用配套光盘 ch03\上机练习中的素材，利用各种选择工具与图像的自由变形合成图像——奔跑出相片的马，图 3-80 仅供参考

图 3-79　苹果嫁接西瓜　　　　　　　图 3-80　奔跑出相片的马

第4章 色彩原理和颜色模式

📖 **本章导读**

　　一幅成功的图像作品,首先吸引欣赏者视觉的是它良好的色彩搭配,然后欣赏者才会注意到作品的内容,由此可见色彩的运用对于作品的成功与否起到了非常重要的作用。正确地使用色彩不仅能使毫无生气的图像充满活力,还可以加强作品的表现力和感染力,使您的作品与众不同。

📑 **学习要点**

- ◤ 颜色的基本概念
- ◤ 三原色与色彩混合
- ◤ 颜色模式的相互转换
- ◤ 填充与描边

- ◤ 色相、明度与饱和度
- ◤ 颜色模式
- ◤ 颜色的选取

4.1 色彩原理

4.1.1 光与色彩

　　现代物理学证实,色彩是光刺激眼睛再传到大脑的视觉中枢而产生的一种感觉。

　　众所周知,我们所见到的大部分物体是不发光的。如果在黑暗的夜里,或者是在没有光照的条件下,这些物体是不能被人们看见的,更不可能知道它们各是什么颜色。可以想象一下,如果没有光,一切有关色彩的感觉就会全丧失。人们只有凭借光才能看见物体的形状与色彩,从而认识客观世界。因此,光和色彩是分不开的,光是色彩的先决条件。

　　比如在自然光照下,我们看到国旗是红色的,这是由于国旗表面吸收了除红色之外的其他色光,而主要反射红色光所致。红色便成了该物体的本色,即常言的"固有色"概念,我们通常把这种"固有色"特别命名为物体色。物体色是我们识别自然界各种物体的第一个根据。例如,柠檬的物体色是柠檬黄,草的物体色是绿色,石膏像的物体色是白色等等。

4.1.2 颜色的基本属性

　　自然界中的颜色可以分为非彩色和彩色两大类。非彩色指黑色、白色和各种深浅不一的灰色,而其他所有颜色均属于彩色。任何一种彩色都具有以下3种属性。

1. 色相

　　色相是色彩的相貌,即色彩的种类和名称。例如红、橙、黄、绿、蓝和紫色每个字代表一个具体的色相,如图4-1所示。

红　橙　黄　绿　蓝　紫

图 4-1　色相

65

需要注意的是：色相是由波长决定的，比如粉红色、暗红色和灰红色是同一色相（红色色相），只是彼此明度和纯度不同而已。

2．明度

明度也称为亮度，指色彩的明暗程度，体现颜色的深浅。明度是全部色彩都具有的属性，最适合表现物体的立体感和空间感。黄色最亮，即明度最高；蓝色最暗，即明度最低。不同明度的色彩，给人的印象和感受是不同的。我们先看一个简单的明度色标（图 4-2）。

图 4-2　明度色标

一般情况下，人们把明度低于 4°的颜色叫暗色，明度高于 7°的颜色叫明色，4°～7°的色叫中明色。在其他颜色中加入白色，可提高混合色的明度，加入黑色则作用相反。

3．饱和度

饱和度也叫纯度，指颜色的纯洁程度，也可以说色相感觉鲜艳或灰暗程度。光谱中红、橙、黄、绿、蓝和紫等色都是纯度最高的光。任何一个色彩加入白、黑或灰都会降低它的纯度，含量越多纯度就越低。在一个大红色里逐步添加白色或者黑色，这个大红色就会变得不像以前那么艳丽了，这是因为它的纯度下降了，如图 4-3 所示。非彩色不带任何色彩倾向，纯度为 0。

图 4-3　纯度色标

4.1.3　色彩混合

不能用其他颜色混合而成的色彩叫原色，用原色却可以调配出其他颜色。

当我们用放大镜近距离观察电脑显示器或电视机的屏幕，会看到数量极多的红、绿、蓝 3 种颜色的小点。电脑屏幕上的所有颜色，都由红、绿、蓝 3 种色光按照不同的比例混合而成的，因此这红色、绿色、蓝色又称为三原色光，用英文表示就是 R（Red）、G（Green）、B（Blue）。把这 3 种原色交互重叠，就产生了次混合色：青（Cyan）、洋红（Magenta）、黄（Yellow），如图 4-4 所示。

图 4-4　RGB 交叠产生 CMY

图 4-5　【信息】面板

屏幕上的所有颜色，也就是我们看到的所有图像内容，都是由三原色光（红、绿、蓝）调和而成的。

下面我们做一个小实验，在 Photoshop 中打开配套光盘 ch04\素材\color7.jpg 图像，然后按【F8】键打开【信息】面板，将鼠标指针移至图像上，这时在【信息】面板中会显示当前像素的颜色值，如图 4-5 所示。如果在图像中移动鼠标指针，会看到其中的数值在不断地变化。当移动到蓝色区域的时候，会看到 B 的数值高一些；移动到红色区域的时候则 R 的数值高一些。

因此，图像中的任何一个颜色都可以由一组 RGB 值来记录和表达的。我们可以用字母 R，G，B 加上各自的数值来表达一种颜色，如 R255，G255，B0，或 r255g255b0，表示黄色。

当然，还可以用十六进制的数值表示 RGB 的颜色值。RGB 每个原色的最小值是 0，最大值是 255，如果换算成十六进制表示，就是 (#00)，(#FF)。比如黄色的 RGB(255，255，0)，就用 #ffff00 表示，黑色的 RGB(0，0，0)，就用 #000000 表示。

4.2　颜色模式

为了在 Photoshop 中成功地选择和使用颜色，用户必须首先懂得颜色模式，因为颜色模式决定显示和打印电子图像的色彩模型（简单说色彩模型是用于表现颜色的一种数学算法），即一幅电子图像用什么样的方式在计算机中显示或打印输出。常见的色彩模式包括位图模式、灰度模式、双色调模式、HSB（表示色相、饱和度、亮度）模式、RGB（表示红、绿、蓝）模式、CMYK（表示青、洋红、黄、黑）模式、Lab 模式、索引色模式、多通道模式以及 8 位 / 16 位模式，每种模式的图像描述和重现色彩的原理及所能显示的颜色数量是不同的。

色彩模式除确定图像中能显示的颜色数之外，还影响图像的通道数和文件大小。这里提到的通道也是 Photoshop 中的一个重要概念，每个 Photoshop 图像具有一个或多个通道，每个通道都存放着图像中颜色元素的信息。图像中默认的颜色通道数取决于其色彩模式。例如，CMYK 图像至少有四个通道，分别代表青、洋红、黄和黑色信息。除了这些默认颜色通道，还可以将名为 Alpha 通道的额外通道添加到图像中，以便将选区作为蒙版存放和编辑，并且可添加专色通道（详细内容请参阅本书第 12 章）。一个图像有时多达 24 个通道，默认情况下，位图模式、灰度双色调和索引颜色图像中有一个通道；RGB 和 LAB 图像有 3 个通道；CMYK 图像有 4 个通道。

4.2.1　RGB颜色模式

RGB 模式是 Photoshop 中最常用的一种颜色模式。无论是扫描输入的图像，还是绘制的图像，几乎都是以 RGB 模式存储的。这是因为在 RGB 模式下处理图像较为方便，而且 RGB 图像比 CMYK 图像文件要小得多，可以节省内存和存储空间。在 RGB 模式下，用户还能够使用 Photoshop 中所有的命令和滤镜。

RGB 模式由红（R）、绿（G）和蓝（B）3 种原色组合而成，然后由这 3 种原色混合产生出成千上万种颜色。在 RGB 模式下的图像是 3 通道图像。每一个像素由 24 位的数据表示，其中 RGB 三种原色各使用 8 位。每一种原色都可以表现 256 种不同浓度的色调，当不同亮度的原色混合后便可以生成 256×256×256 种颜色，约为 1670 万种颜色，也就是我们常说的真彩色。

例如，一种明亮的红色可能 R 值为 246，G 值为 20，B 值为 50。当 3 种原色的亮度值相等时，产生灰色；当 3 种亮度值都是 255 时，产生纯白色；而当所有亮度值都是 0 时，产生纯黑色。由 RGB3 种色光混合生成的颜色一般比原来的颜色亮度值高，所以 RGB 模式产生颜色的方法又被称为色光加色法。

4.2.2　CMYK颜色模式

CMYK 模式是一种印刷模式,其中 4 个字母分别指青(Cyan)、洋红(Magenta)、黄(Yellow)、黑(Black),在印刷中代表 4 种颜色的油墨。在印刷品上看到的图像,就是 CMYK 模式表现的。比如期刊、杂志、报纸和宣传画等,都是印刷出来的,那么就是 CMYK 模式的了。和 RGB 类似,CMY 是 3 种印刷油墨名称的首字母,而 K 取的是 Black 最后一个字母,之所以不取首字母,是为了避免与蓝色(Blue)混淆。

CMYK 模式在本质上与 RGB 模式没有什么区别,只是产生色彩的原理不同,在 RGB 模式中由光源发出的色光混合生成颜色,而在 CMYK 模式中由光线照到有不同比例 C、M、Y、K 油墨的纸上,部分光谱被吸收后,反射到人眼的光产生颜色。由于 C、M、Y、K 在混合成色时,随着 C、M、Y、K4 种成分的增多,反射到人眼的光会越来越少,光线的亮度会越来越低,所以 CMYK 模式产生颜色的方法又被称为色光减色法。

在处理图像时,我们一般不采用 CMYK 模式,因为这种模式文件大,会占用更多的磁盘空间和内存。此外,在 CMYK 这种模式下,有很多滤镜都不能使用,编辑图像时有许多的不便,因此通常都是在印刷时才转换成这种模式。

在选择图像的颜色模式时,要注意,如果图像只在电脑上显示,就用 RGB 模式,这样可以得到较广的色域。如果图像需要打印或者印刷,就必须使用 CMYK 模式,才可确保印刷品颜色与设计时一致。

4.2.3　位图模式

位图模式用两种颜色(黑和白)来表示图像中的像素。位图模式的图像也叫黑白图像。由于位图模式只用黑白色表示图像的像素,在将图像转换为位图模式时会丢失大量的细节,因此 Photoshop 提供了几种算法来模拟图像中丢失的细节。

在宽度、高度和分辨率相同的情况下,位图模式的图像尺寸最小,约为灰度模式的 1/7 和 RGB 模式的 1/22 以下。

4.2.4　灰度模式

灰度模式可以使用多达 256 级灰度来表现图像,使图像的过渡更平滑细腻。灰度图像的每个像素由一个 0(黑色)~255(白色)之间的亮度值。灰度值也可以用黑色油墨覆盖的百分比来表示(0%等于白色,100%等于黑色)。使用灰度扫描仪产生的图像常以灰度模式显示。

4.2.5　双色调模式

双色调模式是在灰度图像上添加一种或几种彩色油墨,以达到彩色的效果,比起常规的 CMYK 四色印刷,其成本大大降低。

双色调模式常采用 2~4 种彩色油墨来创建由双色调(2 种颜色)、三色调(3 种颜色)和四色调(4 种颜色)混合其色阶来组成图像。而使用双色调模式最主要的用途是使用尽量少的颜色表现尽量多的颜色层次,这对于减少印刷成本是很重要的,因为在印刷时,每增加一种色调都需要更大的成本。

4.2.6　索引颜色模式

索引颜色模式在印刷中很少使用,但在制作多媒体或网页上却十分实用。因为这种模式的图像比 RGB 模式的图像小得多,大概只有 RGB 模式的 1/3,所以可以大大减少图像下载的时间。当一个图像转换成索引模式后，就会激活【图像】→【模式】→【颜色表】命令，以便编辑图像的颜色表。

　　RGB 和 CMYK 模式的图像都可以表现出完整的各种颜色使图像完美无缺，而索引模式只能表现 256 种颜色，因此会有图像失真的现象，这是索引模式的不足之处。

4.2.7　Lab颜色模式

　　Lab 模式的原型是由 CIE 协会在 1941 年制定的一个衡量颜色的标准，在 1976 年被重新定义并命名为 CIELab。此模式解决了由于不同的显示器和打印设备所造成的颜色复制的差异，也就是它不依赖于设备。

4.2.8　多通道模式

　　多通道模式对有特殊打印要求的图像非常有用。例如，如果图像中只使用了一两种或两三种颜色时，使用多通道模式可以减少印刷成本并保证图像颜色的正确输出。

4.3　颜色模式的相互转换

　　为了在不同的场合正确输出图像，有时需要把图像从一种模式转换为另一种模式。在 Photoshop 中通过执行【图像】→【模式】子菜单（图 4-6）中的命令，来转换需要的颜色模式。这种颜色模式的转换有时会永久性地改变图像中的颜色值。例如，将 RGB 模式图像转换为 CMYK 模式图像时，CMYK 色域之外的 RGB 颜色值被调整到 CMYK 色域之内，从而缩小了颜色范围。

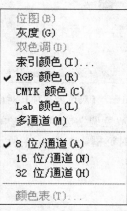

图 4-6　【模式】子菜单

　　由于一些颜色模式在转换后会损失部分颜色信息，因此在转换前最好为其保存一个备份文件，以便在必要时恢复图像。

　　下面就以将 RGB 模式的图像转换为双色调模式为例，介绍颜色模式的相互转换。操作步骤如下。

1 打开配套光盘 ch04\双色调图像\08.jpg，如图 4-7 所示，这是一张 RGB 模式的图像。

2 执行菜单【图像】→【模式】→【灰度】命令，弹出如图 4-8 所示的信息提示框，单击【扔掉】按钮，即可将图像转换为灰度模式，效果如图 4-9 所示。

图 4-7　RGB 模式的图像　　　　图 4-8　【信息】提示框　　　　图 4-9　灰度图像

提示　　要将其他模式的图像转换为双色调模式的图像，必须先将其转换成灰度模式。在将灰度图像转换为双色调模式的过程中，可以对色调进行编辑，产生特殊的效果。

3 执行菜单【图像】→【模式】→【双色调】命令，弹出【双色调选项】对话框，如图 4-10所示。

图 4-10　【双色调选项】对话框

4 在"类型"下拉列表中选择"双色调"选项，接着单击"油墨 2"右侧的颜色框，在弹出的"颜色库"中选择黄色，并返回对话框，如图 4-11 所示。单击【确定】按钮，则灰度图像被转换为双色调图像，如图 4-12 所示。

图 4-11　设置类型为"双色调"，油墨 2 为黄色　　　　图 4-12　双色调图像

注意 如果将 RGB 模式的图像转换成 CMYK 模式，图像中的颜色会产生分色，颜色的色域就会受到限制。因此，如果图像是 RGB 模式的，最好先在 RGB 模式下编辑，然后再转换成 CMYK 模式。

4.4　颜色的选取

色彩作为最先吸引人们视线的特殊视觉要素，在设计中起着非常重要的作用，很多设计作品以其成功的色彩搭配令人过目不忘。因此，我们在绘图之前必须选择适当的颜色，才能更好地表现作品的主题和内涵。

4.4.1　前景色和背景色

前景色又称为作图色，背景色也称为画布色。在 Photoshop 中选取颜色，主要是在工具箱下方的颜色选择区中进行的，颜色选择区由前景色按钮、背景色按钮、前景色与背景色交换按钮及默认前景色/背景色按钮组成，如图 4-13 所示。

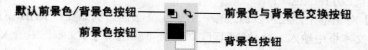

图 4-13　设置前景色和背景色

◎ 前景色按钮：用于显示和选取当前绘图工具所使用的颜色。单击该按钮，可以打开【拾色器】对话框（图 4-14）从中选取颜色。

◎ 背景色按钮：显示和选取图像的底色。单击该按钮，也可以打开【拾色器】对话框从中选取颜色。

◎ 前景色与背景色交换按钮：单击该按钮，可以使前景色和背景色互换。快捷键为【X】。

◎ 默认前景色/背景色按钮：单击该按钮可以将前景色和背景色恢复到默认状态，即前景色为黑色、背景色为白色。快捷键为【D】。

4.4.2　使用【拾色器】对话框选取颜色

在工具箱中无论单击前景色按钮还是背景色按钮，都会弹出如图 4-14 所示的【拾色器】对话框。

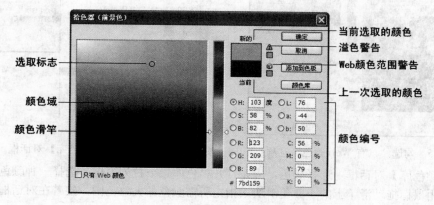

图 4-14　【拾色器】对话框

在【拾色器】对话框的"颜色域"中单击任何一点即可选择一种颜色，"颜色域"中的小圆圈是颜色选取后的标志。如果拖动颜色滑竿上的小三角形滑块▷，就可以选择不同颜色范围中的颜色，也可以通过在颜色滑竿上面单击来调整。

颜色滑竿右侧还有一块显示颜色的区域，其中分成两部分：上半部分显示的是当前所选取的颜色，下半部分是打开该对话框之前选定的颜色。其右侧有一个带感叹号的"三角形"⚠按钮，称为"溢色警告"。下面的小方块显示所选色彩中最接近 CMYK 的色彩，一般来说它比所选颜色要暗一些。当出现"溢色警告"时，说明所选择的颜色已超越打印机所能识别的颜色范围，打印机无法将其准确打印出来。在"溢色警告"按钮下方可能还会出现一个"立方体"⬡按钮，称为"Web 颜色范围警告"。它表示所选颜色已超出网页颜色所使用的范围。在该按钮下方也有一个小方块，其中显示与 Web 颜色最接近的颜色。单击"立方体"⬡按钮，即可将当前所选颜色换成与之相对应的颜色。

在对话框右下角，还有 9 个单选按钮，分别是 HSB、RGB、Lab 颜色模式的三原色按钮。当选中某单选按钮时，滑竿即成为该颜色的控制器。例如，选中"R"单选按钮，即滑竿变为控制红颜色，然后再在颜色域中选择决定 G 与 B 的颜色值。因此，通过调整滑竿并配合"颜色域"即可选择成千上万种颜色。

在【拾色器】对话框中，还可以通过输入数值定义颜色。例如要在 RGB 模式下选取颜色，那么在 R、G、B 文本框中输入一个数值即可，或者在"颜色编号"文本框中输入十六进制 RGB 颜色值来指定颜色，如"7bd159"。最后单击【确定】按钮便可完成颜色的选取。

如果在【拾色器】对话框中勾选"只有 Web 颜色"选项，在该对话框中将只显示网络安全颜色，如图 4-15 所示，在此状态下可直接选择能正确显示于互联网的颜色。

如果在【拾色器】对话框中单击【添加到色板】按钮，即可将当前选中的颜色添加至【色板】面板；如果单击【颜色库】按钮，可切换至【颜色库】对话框进行颜色的选取，如图 4-16 所示。

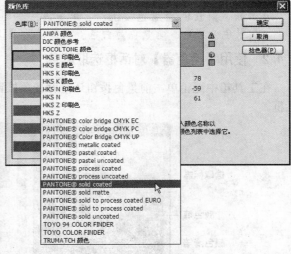

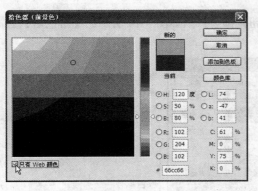

图 4-15　勾选"只有 Web 颜色"选项　　　　　图 4-16　【颜色库】对话框

在【颜色库】对话框中选择颜色，应先打开"色库"下拉列表框，选择一种颜色型号和厂牌，然后用鼠标拖动滑竿上的小三角滑块来指定所需颜色的大致范围，接着在对话框左边选定所需要的颜色，最后单击【确定】确定按钮完成选择。

4.4.3 使用【颜色】面板

使用【颜色】面板同样可以设置前景色和背景色。按下【F6】键打开【颜色】面板，如图 4-17 所示。

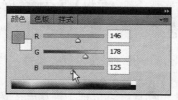

图 4-17 【颜色】面板

在【颜色】面板上同样有前景色和背景色按钮，用鼠标单击前景色或背景色按钮，拖动右边的滑块可对前景色、背景色进行设置，也可以在右边的数值输入框中输入颜色的 RGB 值。

在设置颜色时，可以通过单击面板底部的颜色条直接采取色样，此时鼠标指针变成吸管形状。如果在前景色或背景色按钮已选中的情况下，再单击该样本块，则会弹出【拾色器】对话框。

4.4.4 使用【色板】面板

使用【色板】面板同样可以设置前景色和背景色，如图 4-18 所示。但除此功能外，其最大的用途在于保存暂时不使用的颜色，以便需要时重新选择此颜色。

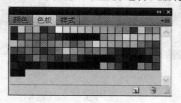

图 4-18 【色板】面板

使用【色板】面板设置前景色时，只需单击【色板】面板中的颜色；若要设置背景色，可以按住【Ctrl】键的同时单击面板中的颜色。

用户还可以在【色板】面板中加入一些常用的颜色，或将一些不常用的颜色删除，以及保存和安装色板。具体操作如下。

（1）如果要在面板中添加色板，那么单击"新建" 按钮即可，添加的颜色为当前选取的前景色，如图 4-19（a）所示。

（2）如果要在面板中删除色板，可以在要删除的色板上单击鼠标左键不放，然后将其拖动到"删除" 按钮上即可，如图 4-19（b）所示。

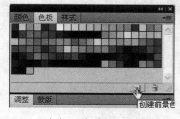 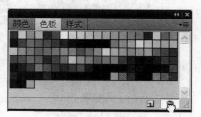

　　（a）添加色板　　　　　　　　　　　　　　（b）删除色板

图 4-19 添加与删除色板

（3）如果用户想要恢复【色板】面板为 Photoshop 默认的设置，可以单击右上角的"面板菜单" 按钮，从弹出的菜单中选择【复位色板】命令，系统会提示是否恢复，单击【确定】按钮即可。

使用面板菜单命令，还可以实现【载入色板】、【存储色板】等操作，这里就不详细介绍了。

4.4.5　使用吸管工具选取颜色

"吸管工具" 可以在图像区域中进行颜色采样，并将采样颜色设置为前景色或背景色，操作方法如下。

在工具箱中选中"吸管工具" 后，将鼠标指针移到图像上单击需要选择的颜色，就完成了前景色取色工作，如图 4-20（a）所示。另外，也可以将鼠标指针移到【颜色】面板的颜色条上，或【色板】面板的方格上选取颜色，如图 4-20（b）所示。

　　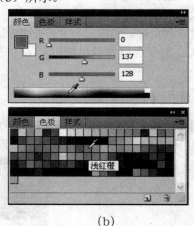

(a)　　　　　　　　　　　　　　　　(b)

图 4-20　使用吸管工具选取颜色

提示　　使用吸管工具选取颜色时，按下【Alt】键单击可以选择背景色。

4.4.6　使用颜色取样器工具

"颜色取样器工具" ，与吸管工具处于同一个工具组中使用该工具可以在图像上定位 4 个取样点，依次为#1、#2、#3、#4，如图 4-21 所示。

图 4-21　使用颜色取样器工具在图像上定位取样点

若要移动取样点，可以将光标置于取样点上，待光标变成 形状，拖动取样点即可。要删除取样点，按住【Alt】键单击取样点即可。若要隐藏取样点，可按【Ctrl+H】快捷键或执行【视图】→【显示额外内容】命令即可。

4.5　填充与描边

在编辑图像时，经常要进行填充与描边等操作，通过这些简单的操作往往可以得到一些特殊的图像效果。

4.5.1　使用渐变工具

使用"渐变工具" ![] 可以创建多种颜色间的混合过渡效果，实质上就是在图像中或图像的某一区域填入一种具有多种颜色过渡的混合色。这个混合色可以是从前景色到背景色的过渡、前景色与透明背景间的相互过渡，或者是其他颜色间的相互过渡。

选择"渐变工具"后其工具选项栏如图 4-22 所示。

图 4-22　"渐变工具"选项栏

1．使用渐变工具填充

渐变工具的使用较为简单，操作步骤如下。

1 在工具箱中选择"渐变工具" ![] 后工具选项栏中有 ![] 5 种渐变类型可供选择，选择合适的渐变类型。

2 单击渐变样本 ![] 右侧的小三角按钮，在弹出的"渐变预设"面板（图 4-23）中选择一种预设渐变填充。

3 设置渐变工具选项栏中的其他选项。

4 移动鼠标指针至图像中按下鼠标左键，设置该点为渐变的起点，然后拖曳鼠标指针以定义终点。释放鼠标后，即可创建渐变效果，如图 4-24 所示。

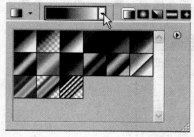
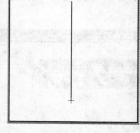

图 4-23　"渐变预设"面板　　　　图 4-24　拖动鼠标指针创建渐变效果

注意 如果要填充图像的一部分，请选择要填充的区域。否则，渐变填充将应用于整个活动图层。

提示 在拖动渐变工具的过程中，拖动的距离越长则渐变过渡越柔和，反之，则过渡越急促。如果在拖动过程中按住【Shift】键，则可以在水平、垂直或 45°方向应用渐变。

通过上述操作，相信读者对渐变工具已有了初步了解。但是要真正熟练掌握，还必须了解该工具的各参数设置，下面我们将详细介绍渐变工具选项栏各参数的功能。

◎ "渐变预设"面板：此面板显示了 Photoshop 自带的渐变颜色预览效果，可从中选择一种渐变颜色进行填充。当用户将鼠标指针移至面板中的渐变颜色上，稍候片刻后会提示该渐变颜色的名称。第 1 个为"前景色到背景色渐变"，可以产生从前景色到背景色的渐变效果；第 2 个为"前景色到透明渐变"，可以产生从前景色到透明的渐变效果。

◎ 渐变类型 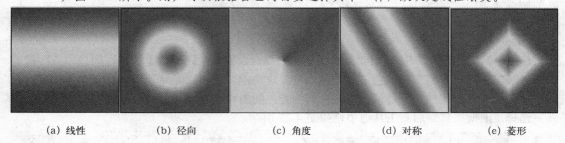 按钮：这 5 个工具按钮从左至右依次为：线性渐变、径向渐变、角度渐变、对称渐变和菱形渐变。这 5 个渐变工具可以完成 5 种不同效果的渐变填充，如图 4-25 所示。用户可以根据自己的需要选择其中一种，默认是线性渐变。

| (a) 线性 | (b) 径向 | (c) 角度 | (d) 对称 | (e) 菱形 |

图 4-25　5 种渐变效果

◎ "模式"：在该下拉列表中选择渐变填充颜色与其下面图层的混合方式。
◎ "不透明度"：指定渐变的不透明度。
◎ "反相"：选择此复选框，填充后的渐变颜色刚好与用户设置的渐变颜色相反。
◎ "仿色"：选择此复选框，可以平滑渐变中的过渡色，以防止在输出混合色时出现色带效果。
◎ "透明区域"：选择此复选框可使当前的渐变按设置呈现透明效果，反之即使此渐变具有透明效果亦无法显示出来。

2．自定义渐变色

虽然 Photoshop 自带的渐变类型比较丰富，但在有些情况下，用户还是需要自定义渐变色，以配合图像的整体效果。要自定义渐变色，操作步骤如下。

1 选择"渐变工具" ▇，在其工具选项栏中单击"渐变样本" ▇ 按钮，打开【渐变编辑器】对话框，如图 4-26 所示。

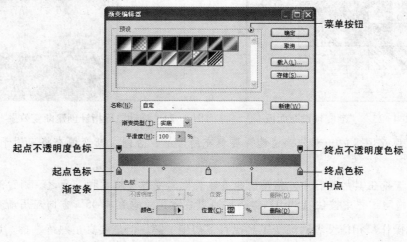

图 4-26　【渐变编辑器】对话框

2 要使新渐变基于现有渐变，可在对话框的"预设"部分选择一种渐变，如图 4-27 所示。

3 要创建实色渐变，从【渐变类型】下拉列表中选取"实底"。

4 要定义新渐变的起始颜色，请单击渐变条下方起点"色标"。这时，该色标上方的三角形将变"深色"，这表明正在编辑起始颜色，如图 4-28 所示。

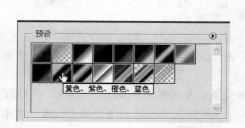

图 4-27　选择一种预设渐变

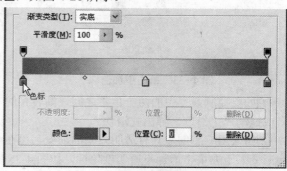

图 4-28　编辑起始颜色

5 要设置色标颜色，请执行下列操作之一。

（1）双击该色标，或在对话框的"色标"选项组中单击"颜色"右侧的色板，从弹出的【选择色标颜色】对话框中选取一种颜色，然后单击【确定】按钮。

（2）将指针定位在渐变条上（指针变成吸管状），单击以采集色样，或单击图像中的任意位置从图像中采集色样，如图 4-29 所示。

（3）在渐变条下方的"颜色"下拉菜单中选取一个选项，如图 4-30 所示。

图 4-29　采集色样

图 4-30　"颜色"下拉菜单

6 要定义终点颜色，请单击渐变条下方的终点色标，然后设置其颜色。

7 要调整起点或终点的位置，请执行下列操作之一。

（1）将相应的色标拖动到所需位置的左侧或右侧。

（2）单击相应的色标，并在对话框"色标"选项组的"位置"本文框中输入值，如图 4-31 所示。如果值是 0%，色标会在渐变条的最左端；如果值是 100%，色标会在渐变条的最右端。

8 要调整中点的位置（渐变将在此处显示起点颜色和终点颜色的均匀混合），请向左或向右拖动渐变条下面的"菱形"◇图标，或单击菱形图标并输入"位置"值，如图 4-32 所示。

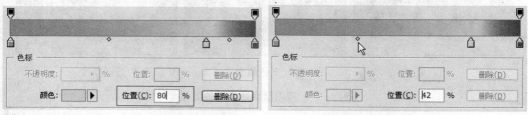

图 4-31　"位置"本文框

图 4-32　拖动菱形图标

9 如果要添加渐变色，请在渐变条下方单击，即可添加另一个色标，如图 4-33 所示。像对待起点或终点那样，为中间点指定颜色并调整位置。

10 如果要删除某个色标，选择该色标后单击"删除"按钮（图 4-34），或向下拖动此色标直到它消失，即可删除该色标。

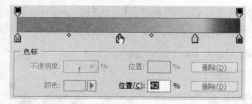 

图 4-33　单击添加色标　　　　　　　　　图 4-34　单击"删除"按钮删除色标

11 如要控制渐变中的两个色带之间逐渐转换的方式，请在"平滑度"文本框中输入一个数值，或拖动"平滑度"弹出式滑块。

12 如果用户想创建具有透明效果的渐变，可在渐变条上方选择起点或终点不透明度色标，或在渐变条上方单击增加不透明度色标，如图 4-35 所示。然后在"不透明度"和"位置"文本框中设置不透明度和位置，并且调整这两个不透明标志之间的中点位置。完成操作后，其透明效果将显示在渐变条上，如图 4-36 所示。

 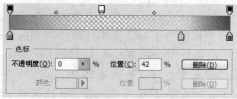

图 4-35　单击增加不透明色标　　　　　　图 4-36　透明效果

> **提示** 透明颜色也可以设置多个，与增加或删除渐变颜色的操作一样，在渐变条上方单击可增加，而将其拖出渐变条则可删除。

13 如果要将编辑好的渐变存储为预设，可在"名称"文本框中输入新渐变的名称并单击"新建"按钮，然后在打开的对话框中单击【存储】按钮，即可将其存储为预设。

14 设置好上述内容后，单击【确定】按钮即可完成渐变的编辑。编辑好渐变后，就可以进行应用了。图 4-37 分别为在图像的选区中应用实色渐变与透明渐变后的效果。

　（a）原图　　　　　　（b）实色渐变　　　　　　（c）透明渐变

图 4-37　应用渐变填充后的效果

> **提示** Photoshop 除了提供 15 种预设的渐变颜色之外，还自带了许多渐变颜色，用户只要在【渐变编辑器】对话框中单击"菜单" ▶ 按钮，在弹出的菜单中选择所需渐变即可，如图 4-38 所示。这时会弹出如图 4-39 所示信息对话框，单击【确定】按钮，则以选择的渐变替换当前的预设渐变；单击【追加】按钮，则将选择的渐变添加到当前的预设渐变中来。

图 4—38　弹出菜单　　　　　　　图 4—39　信息对话框

执行菜单【复位渐变】命令，则以默认渐变替换或追加到当前渐变中。

4.5.2　使用油漆桶工具

"油漆桶工具" 主要用于对色彩相近的颜色区域填充前景色或图案。油漆桶工具有类似于魔棒工具的功能，在填充时会先对单击处的颜色取样，确定要填充颜色的范围。"油漆桶工具" 选项栏如图 4-40 所示。

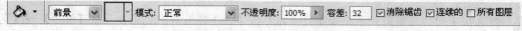

图 4—40　"油漆桶工具"选项栏

◎ 在 前景 下拉列表中选择使用前景色还是使用图案进行填充。若选取的是 "图案" 选项，则右边的 "图案" 下拉列表将显示为可选状态，从中可以选择 Photoshop 自带的图案或用户已经定义的图案进行填充。关于自定义图案的详细介绍参见本节 4.5.3 自定义图案。

◎ "模式"：在该下拉列表中选择填充颜色与其下面图层的混合方式。

◎ "不透明度"：指定填充颜色的不透明度。

◎ "容差"：确定填充的颜色范围，取值范围为 0～255。

◎ "消除锯齿"：选择此复选框，使被填充区域的边缘更光滑。

◎ "连续的"：选择此复选框，单击所要填充的基准点，所有容差范围内的像素会被前景色或图案填充。

◎ "所有图层"：选择此复选框，则该工具在拥有多层的图像中进行填充时，会对所有层中的颜色进行取样并填充。

在使用 "油漆桶工具" 填充颜色之前，需要先选定前景色或图案，然后才可以在图像中单击以填充前景色或图案，如图 4-41（a）所示。如果填充时选取了范围，则填充颜色时会被固定在选取范围之内，如图 4-41（b）所示。

（a）未选取范围进行填充　　　　　（b）选择范围进行填充

图 4—41　油漆桶工具的填充效果

4.5.3 自定义图案

使用"油漆桶工具"<img_1 icon> 填充图案时，首先要定义图案，然后才能应用已定义的图案。下面以实例说明自定义图案的过程。

1 打开配套光盘 ch04\素材\卡通人物.jpg，使用"矩形选框工具"<icon>建立一个矩形选区，如图 4-42 所示。

图 4-42　创建选区

<img_tips> **Tips 注意** 　定义图案时，选取的范围必须是一个矩形，并且不能带有羽化值，否则【编辑】→【定义图案】命令将不能使用。

2 执行菜单【编辑】→【定义图案】命令，打开【图案名称】对话框，如图 4-43 所示。

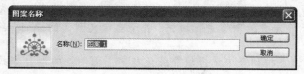

图 4-43　【图案名称】对话框

3 在"名称"文本框中设置图案名称，单击【确定】按钮，图案定义完成。

定义图案后，可以将其应用于图像中，一般是使用【填充】命令完成图案的填充。

4.5.4　使用【填充】命令

【填充】命令类似于"油漆桶工具"<icon>，可以在指定的区域内填入指定的颜色或图案。但与"油漆桶工具"<icon>不同的是，除了填充颜色和图案外，还可以使用快照内容进行填充。

填充的一般操作步骤如下。

1 在图像窗口中创建选区，如图 4-44 所示。

2 执行菜单【编辑】→【填充】命令，打开【填充】对话框，如图 4-45 所示。

图 4-44　创建选区

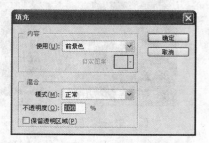

图 4-45　【填充】对话框

【填充】对话框中各参数含义如下。

◎ "内容"：在该下拉列表（图 4-46）中选择要填充的内容，如"前景色"、"背景色"、"图案"、"历史记录"等。当选择"图案"选项时，对话框中的"自定图案"下拉列表框会被激活，从中可以选择用户定义的图案进行填充，如图 4-47 所示。

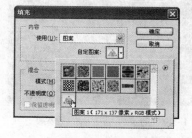

图 4-46　"内容"下拉列　　　　　图 4-47　选择自定义图案

◎ "混合"：用于设定不透明度与模式。

◎ "保留透明区域"：对图层填充颜色时，可以保留透明的部分不填入颜色。该复选框只有对透明的图层进行填充时才有效。

3 在【填充】对话框中设置好各选项后，单击【确定】按钮即可完成填充。如图 4-48 所示为填充不同内容后的效果。

（a）填充前景色　　　　　　　　　　（b）填充图案

图 4-48　填充效果

> **提示** 若要快速填充前景色，可按下【Alt+Delete】快捷键或【Alt+Backspace】快捷键；若要快速填充背景色，可按下【Ctrl+Delete】快捷键或【Ctrl+Backspace】快捷键；若按下【Shift+Backspace】快捷键，可打开【填充】对话框。

4.5.5　使用【描边】命令

使用【描边】命令可以在选取范围或图层周围绘制出边框，效果如图 4-49 所示。

【描边】命令的操作方法与【填充】命令相似，在执行此命令之前先选取一个范围，或选择一个已有内容的图层，然后执行菜单【编辑】→【描边】命令，打开如图 4-50 所示的【描边】对话框。

 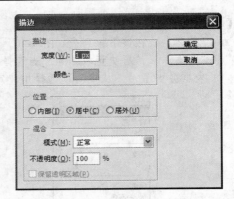

图 4-49　对选区描边后的效果　　　　　图 4-50　【描边】对话框

【描边】对话框中各参数含义如下。

◎ "描边"：在此选项组的"宽度"文本框中，可以输入一个数值（范围为 1～16 像素）以确定描边的宽度，在"颜色"框中选择描边的颜色。

◎ "位置"：设置描边的位置，分别可在选取范围边框线的内部、居中和居外进行。如图 4-51 所示分别为选择 3 个选项后所得的描边效果。

　　选择"内部"选项　　　　　　　　选择"居中"选项　　　　　　　选择"居外"选项

图 4-51　选择 3 个选项后所得的描边效果

"混合"组中各选项的功能与【填充】对话框中相同。

4.6　实例演练

4.6.1　制作时尚插画

本实例将使用"渐变工具"、"椭圆选框工具"，配合【填充】、【描边】与【定义图案】命令，以及图层功能制作时尚插画，效果如图 4-52 所示。

图 4-52　实例效果

◎　素材文件：ch04\时尚插画\时尚人物.tif

◎　最终文件：ch04\时尚插画\时尚插画.psd、圆点.psd

◎　学习目的：掌握【填充】、【描边】与【定义图案】命令，以及填充工具的使用方法
　　和技巧

1　新建文件。执行菜单【文件】→【新建】命令或按【Ctrl+N】快捷键，在弹出的【新建】
对话框中，设置"名称"为"时尚插画"，"宽度"和"高度"为 600、400 像素，"背景内容"
为白色，如图 4-56 所示。单击【确定】按钮，新建一个图像文件。

图 4-53　【新建】对话框　　　　　图 4-54　【渐变编辑器】对话框

2　填充渐变色。选择"渐变工具"，在工具选项栏中激活"径向渐变"按钮，然后单
击"渐变样本"按钮，打开【渐变编辑器】对话框，在"预设"中选择"橙，黄，橙渐变"，并
将第 1 个色标和第 3 个色标的颜色均改成黑色，如图 4-54 所示。

3　单击【确定】按钮完成设置。移动鼠标指针至图像窗口的中心位置按下鼠标，设置渐变
起始点，然后拖动鼠标指针创建径向渐变，效果如图 4-55 所示。

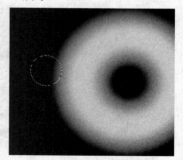

图 4-55　创建径向渐变　　　　　　图 4-56　创建圆形选区

4　创建圆形选区。按【F7】键打开【图层】面板，单击面板底部的"创建新图层"按钮，
新建图层 1。然后选择"椭圆选框工具"，按住【Shift】在图像窗口中创建一个圆形选区，
如图 4-56 所示。

5　填充颜色。执行菜单【编辑】→【填充】命令，打开【填充】对话框，设置"使用"为
白色，"不透明度"为 30%。单击【确定】按钮，完成填充，如图 4-57 所示。

 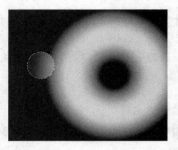

图 4-57　使用【填充】命令为选区填充颜色

6 重复步骤 4、5，制作几个大小与透明度都不相同的圆来装饰背景，效果如图 4-58 所示。按【Ctrl+S】快捷键，将文件保存为"时尚插画.psd"文件。

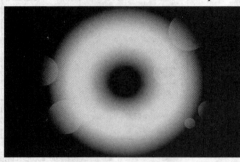 

图 4-58　背景效果及【图层】面板

7 新建文件。按【Ctrl+N】快捷键，新建一个"宽度"、"高度"为 8×8 像素，背景透明的图像文件，如图 4-59 所示。

8 制作小圆点。选择"椭圆选框工具" ，设置选项栏如图 4-60 所示，在图像窗口的中央创建一个圆形选区；设置前景色为白色，按【Alt+Delete】快捷键填充前景色，如图 4-61 所示。

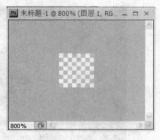 

图 4-59　新建文件　　　　　图 4-61　制作小圆点

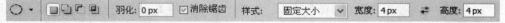

图 4-60　"椭圆选框工具"选项栏

9 定义图案。按【Ctrl+A】快捷键全选画布，然后执行菜单【编辑】→【定义图案】命令，在打开的对话框中将图案命名为"圆点"，如图 4-62 所示。单击【确定】按钮，完成定义图案。

图 4-62　【图案名称】对话框

10 填充图案。切换至"时尚插画.psd"文件，新建图层 2，执行菜单【编辑】→【填充】命令，打开【填充】对话框，设置"使用"为"图案"，在"自定图案"下拉列表中选择"圆点"图案，"不透明度"为 25%，如图 4-63 所示。单击【确定】按钮，填充后的效果如图 6-64 所示。

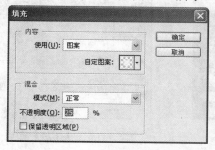

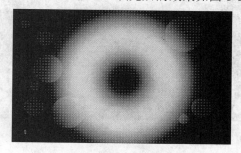

图 4-63　【填充】对话框　　　　　　　　　　图 4-64　填充后的效果

为了丰富背景，下面在背景上添加几朵小花，进一步装饰背景。

11 制作一朵花。单击【图层】面板底部的"创建新图层" 🔲 按钮，新建图层 3。使用"椭圆选框工具" ⬭ ，在工具选项栏中设置"样式"为正常，在图像中创建一个椭圆选区，并按【Alt+Delete】快捷键为选区填充白色。然后按【Ctrl+T】快捷键调出自由变换控制框，将椭圆的中心点移至其下方，在工具选项栏中将椭圆旋转 45°，操作过程如图 4-65 所示。

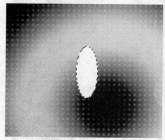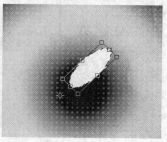

图 4-65　一朵花瓣的制作过程

12 按【Enter】键应用变换，然后不断按快捷键【Shift+Ctrl+Alt+T】，即可得到连续复制的图像效果。这样，一朵花就制作好了，效果如图 4-66 所示。

图 4-66　完成的花

> **提示** 如果将再次变换的对象激活成为选区，则复制的像素都在同一图层，本例为图层 3。

13 使用"移动工具" ➤ ，在按住【Alt】键的同时拖动花图像，复制出 4 朵花；按快捷键【Ctrl+T】调出自由变换控制框，等比例改变各个花朵的大小，错落有致地摆放在画面中，如图 4-67 所示。

图 4-67 花朵的摆放效果

图 4-68 【图层】面板

注意 在复制出 4 朵花的同时，会产生 4 个新的图层，【图层】面板如图 4-68 所示。

花朵的效果虽然漂亮，但是太过抢眼，可以通过调整其不透明度来降低其突出效果。

14 调整图层的不透明度。在【图层】面板中分别调整各个花朵图层的"不透明度"，如图 4-69 所示，调整完毕后图像效果如图 4-70 所示。

图 4-69 调整图层的不透明度

图 4-70 调整不透明度后的效果

15 添加人物。打开本例素材文件"时尚人物.tif"，如图 4-71 所示。使用"移动工具" ▶+将其拖曳至"时尚插画"文件中，得到图层 4。按【Ctrl+T】快捷键调出自由变换控制框，在选项栏中将其等比例缩放至 60%，摆放位置如图 4-72 所示。

图 4-71 素材文件

图 4-72 添加素材后的效果

16 创建人物选区。按住【Ctrl】键单击图层 4 前面的图层缩略图，得到人物选区，如图 4-73 所示。

17 描边。执行菜单【编辑】→【描边】命令，在打开的对话框中进行设置各项参数，如图 4-74 所示。单击【确定】按钮，为人物添加描边效果。按【Ctrl+D】键取消选区，最终效果参如图 4-52 所示。

图 4-73　创建人物选区

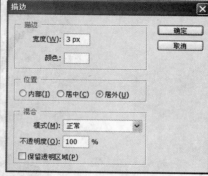
图 4-74　【描边】对话框

4.7 思考与练习

1．选择题

（1）任何一种彩色都具有＿＿＿＿、＿＿＿＿与＿＿＿ 3 个基本属性。

（2）按＿＿＿＿快捷键，可以将前景色与背景色恢复至默认状态。

（3）使用吸管工具选取颜色时，按下＿＿＿＿键单击可以选择背景色。

2．问答题

（1）Photoshop 常用的色彩模式有哪些？各有什么区别？

（2）在【拾色器】对话框中选择颜色，该如何操作？

3．上机练习

（1）请读者利用本章上机练习\卡通人物.psd 素材文件（图 4-75），参照本章的实例，制作一个时尚插画。

图 4-75　卡通人物

（2）请读者运用本章所学的知识，利用上机练习中的素材，制作三色调图像，如图 4-76 所示。

图 4-76　三色调图像

第 5 章　Photoshop 绘图与修图工具

📄 **本章导读**

Photoshop 提供了丰富的绘图与修图工具，每种工具都有它独到之处，只有扎实地掌握它们的使用方法和技巧，才能在图像处理中大做文章。本章将重点介绍 Photoshop 绘图与修图工具，通过本章的学习，希望读者能掌握正确、合理地选择与使用这些工具，为编辑出完美的图像打下坚实的基础。

🖙 **学习要点**

- ◢ 【画笔】面板
- ◢ 载入画笔与安装画笔库
- ◢ 修图工具

- ◢ 创建与设置画笔
- ◢ 绘图与擦图工具
- ◢ 图像修改工具

5.1　了解绘图工具

Photoshop CS4 提供的绘图工具有："画笔工具"、"铅笔工具"、"油漆桶工具" 和 "渐变工具"等。在第 4 章中我们学习了 "油漆桶工具" 和 "渐变工具"，下面介绍 "画笔工具" 和 "铅笔工具"。

5.1.1　画笔工具

使用 "画笔工具" ✐.不仅可以绘制边缘柔和的线条，还可以选择多种不同的画笔样式。使用画笔工具绘制图形的方法如下。

设置适当的前景色，然后选择工具箱中的 "画笔工具" ✐.，在工具选项栏（图 5-1）中设置好相关参数，在图像窗口中单击或拖曳鼠标指针进行绘制，在鼠标指针经过处会以前景色着色。若要绘制直线可在图像中单击确定起点，然后按住【Shift】键单击确定终点。

图 5-1　"画笔工具" 选项栏

- ◎ "画笔"：在 "画笔" 下拉列表中选择合适的画笔形状和大小。
- ◎ "模式"：用于设置绘图的前景色与作为画纸的背景之间的混合效果。"模式" 下拉列表中的大部分选项与图层混合模式相同，详细介绍请参阅第 9 章。
- ◎ "不透明度"：用于设置绘画颜色的不透明程度。设置范围为 1%~100%，不透明度为 100% 时完全不透明，为 0% 时完全透明。
- ◎ "流量"：用于设置画笔的绘制浓度，与不透明度是有区别的。不透明度是指整体的不透明度，而流量是指每次增加的颜色浓度。例如，设置不透明度为 90%，流量为 10%，单击鼠标绘画时，其色彩不透明度为 10%，而拖动鼠标继续绘制时，颜色的不透明度将依次增加为 20%、30%、40%……直到达到设置的不透明度数值（90%）以后，不透明度不会再增加。
- ◎ 喷枪工具：单击选项栏中的 "喷枪工具" ✍ 按钮，将渐变色调（彩色喷雾）应用到图像，模拟现实生活中的油漆喷枪，创建出雾状图案效果。

如图 5-2 所示为使用不同笔触形状、大小与不透明度的绘画效果。

图 5-2 使用不同笔触形状、大小与不透明度的绘画效果

5.1.2 铅笔工具

使用"铅笔工具" ✐ 可以绘制出硬边的直线或曲线。单击工具箱中的"铅笔工具",其选项栏如图 5-3 所示。其中,除了"自动抹除"复选框外,其余各选项参数与画笔工具基本类似。

图 5-3 "铅笔工具"选项栏

◎ "自动抹除":用于实现擦除的功能,选中此项后可将铅笔工具当橡皮使用。当用户在与前景色颜色相同的图像区域内描绘时,会自动擦除前景色而填入背景色。

特别要注意的是,当选中"铅笔工具"后,工具选项栏中的"画笔"下拉列表中的画笔全部是硬边效果,绘制效果也是硬边,如图 5-4 所示。

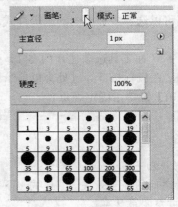 

图 5-4 铅笔工具的硬边笔刷

5.2 【画笔】面板

使用 Photoshop 之所以能够绘制出丰富、逼真的图像效果,很大原因在于它具有强大的【画笔】面板,它使绘画者能够通过控制画笔的参数,获得丰富的画笔效果。

执行菜单【窗口】→【画笔】命令或按【F5】键,即可打开【画笔】面板,如图 5-5 所示。

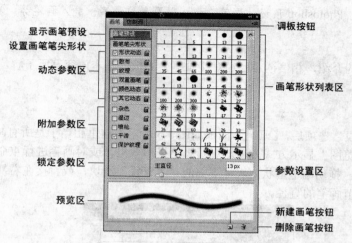

图 5-5　【画笔】面板

下面对【画笔】面板各部分的作用进行简单的介绍。

◎ "画笔预设"：用于显示预设画笔。选中该选项后，可以从右边的"画笔形状列表区"中选择预设画笔，在下方的预览区中可以看到画笔绘制的效果。拖曳"主直径"上的滑块，可以设定画笔的大小。

◎ "画笔笔尖形状"：用于设置画笔笔尖形状。选中该选项后，可以对画笔的基本属性，如直径、角度及圆度进行设置。

◎ "动态参数区"：在该区域中列出了可以设置动态参数的选项，其中包括"画笔笔尖形状"、"形状动态"、"散布"、"纹理"、"双重画笔"、"颜色动态"和"其他动态"7 个选项。

◎ "附加参数区"：在该区域中列出了一些选项，选择它们可以为画笔增加杂色及湿边等效果。

◎ "锁定参数区"：在该区域中单击锁形 🔒 图标使其变为 🔒 状态，就可以将该动态参数所做的设置锁定起来，再次单击锁形 🔒 图标使其变为 🔓 状态即可解锁。

◎ "预览区"：在该区域可以看到根据当前的画笔属性生成的预览图。

◎ "画笔形状列表区"：在该区域中可以选择要用于绘图的画笔。

◎ "参数设置区"：该区域中列出了与当前所选的动态参数相对应的参数，在选择不同的选项时，该区域所列的参数也不相同。

◎ "新建画笔" 按钮：单击该按钮，可按当前所选画笔的参数创建一个新画笔。

◎ "删除画笔" 按钮：在选择"画笔预设"选项的情况下，选中一个画笔，则该按钮就会被激活，单击该按钮即可删除选中的画笔。

◎ "面板" 按钮：单击该按钮，弹出如图 5-6 所示的【画笔】面板快捷菜单。在该菜单中可以设置"画笔形状列表区"中画笔的显示方式，

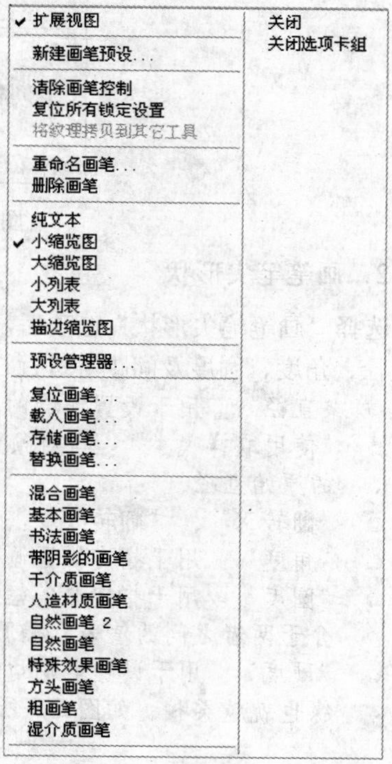

图 5-6　【画笔】面板菜单

并能够调出 Photoshop 预设的画笔类型，以及复位画笔、载入画笔等。

5.2.1 设置画笔

通过上面一节的介绍，相信读者已经对【画笔】面板的基本内容有所了解。下面详细介绍各个参数的作用。

1．画笔预设

选择"画笔预设"选项后，【画笔】面板如图 5-5 所示，这里相当于是所有画笔的控制台，可以利用"描边缩览图"显示方式方便地观看画笔描边效果，或对画笔进行重命名、删除等操作，如图 5-7 所示。拖动画笔形状列表框下面的"主直径"滑块，或直接在右侧的数值框中输入数值，均可以调节画笔的直径。

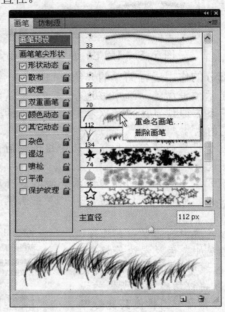

图 5-7　选中"画笔预设"选项

2．画笔笔尖形状

选择"画笔笔尖形状"选项后，【画笔】面板如图 5-8 所示，此时可以对画笔的基本属性，如直径、角度、圆度及间距等进行设置。

◎　"直径"：用于设置笔刷的大小，以像素为单位。数值越大，笔刷直径就越大。

◎　"使用取样大小"：当对预设画笔的直径进行调整后，单击此按钮，可使画笔复位到它的原始直径。

◎　"翻转 X"、"翻转 Y"：选择该选项后，画笔方向将做水平或垂直翻转。

◎　"角度"：用于指定椭圆画笔或样本画笔的长轴从水平方向旋转的角度。

◎　"圆度"：用于指定画笔短轴和长轴的比率。100%表示圆形画笔，0%表示线性画笔，介于两者之间的值表示椭圆画笔，数值越小笔刷就越扁。

◎　"硬度"：用于设置笔刷边缘的硬度，数值越大，笔刷的边缘就越清晰，数值越小，边缘也就越柔和。如图 5-9 所示为设置不同"硬度"时的绘画效果。

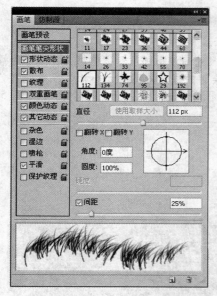

图 5-8　选中"画笔笔尖形状"选项　　图 5-9　设置不同"硬度"时的绘画效果

 在"画笔形状列表区"中有 3 种类型的画笔。硬度为 100% 的画笔称为硬边画笔，这类画笔绘制的线条不具有柔和的边缘；硬度小于 100% 的画笔称为软边画笔，这种画笔所绘制的线条可以产生柔和的边缘。还有一类画笔为不规则形状画笔，使用这种画笔可以产生类似于喷发、喷射或爆炸的效果，如图 5-10 所示为使用不同类型画笔所绘制的线条形状。

硬边画笔　　　　软边画笔　　　不规则形状画笔

图 5-10　使用不同类型画笔所绘制的线条形状

◎ "间距"：用于控制绘图时组成线段的两点间的距离，数值越大间距就越大。如图 5-11 所示为设置不同"间距"时的绘画效果。

 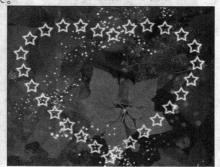

间距为 60%　　　　　　　　　　间距为 120%

图 5-11　设置不同"间距"时的绘画效果

3．形状动态

选择形状动态选项后，【画笔】面板如图 5-12 所示。

◎ "大小抖动"：此参数控制画笔在绘制过程中尺寸的波动幅度，数值越大，波动的幅度
就越大。未设置"大小抖动"参数时，画笔绘制的每一处笔触大小相等。当设置"大
小抖动"时，笔触的大小将随机缩小（缩小的程度还与"最小直径"有关），如图 5-13
所示。

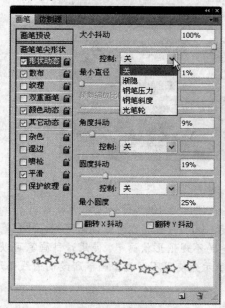

图 5-12　选中"形状动态"选项　　　　图 5-13　设置"大小抖动"为 60%

◎ "控制"：用于控制画笔波动的方式。在"控制"下拉列表中包括"关"、"渐隐"、
"钢笔压力"、"钢笔斜度"、"光笔轮" 5 个选项。其中"渐隐"选项使用最为频繁，
"渐隐"的数值越大，笔触达到消隐时经过的距离就越长，反之则笔触会消隐至无。如
图 5-14 所示为在设置"大小抖动"为 0% 的情况下，输入不同"渐隐"数值时得到的
绘画效果。

图 5-14　设置不同的"渐隐"数值时的绘画效果

◎ "最小直径"：此参数控制在尺寸发生波动时画笔的最小尺寸。数值越大，画笔笔触发
生波动的范围越小，波动的幅度也会相应变小。

◎ "角度抖动"：此参数控制画笔在角度上的波动幅度，数值越大，波动的幅度也就越大，画笔显得越紊乱。未设置"角度抖动"参数时，画笔绘制的每一个对象的旋转角度相同。

◎ "圆度抖动"：此参数控制画笔在圆度上的波动幅度。

◎ "最小圆度"：此参数可控制画笔在圆度发生波动时，画笔的最小圆度尺寸。

4. 散布

在【画笔】面板中选择"散布"选项时，【画笔】面板如图 5-15 所示。

◎ "散布"：此参数控制使用画笔绘制的笔画的偏离程度，百分数越大，偏离的程度就越大。如图 5-16 所示为在其他参数相同的情况下，设置不同的"散布"数值时的绘画效果。

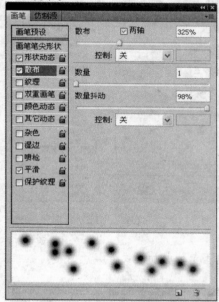

图 5-15　选择"散布"选项　　　　图 5-16　设置不同的"散布"数值时的绘画效果

◎ "两轴"：选择此选项，画笔在 x 及 y 两个轴向上发生分散；如果不选择此选项，则只在 x 轴向上发生分散。

◎ "数量"：此参数用于控制绘画时画笔的数量。如图 5-17 所示为其他参数相同的情况下，设置不同"数量"的绘画效果。

数量为"1"　　　　　　　　　　　　数量为"4"

图 5-17　设置不同"数量"值的绘画效果。

◎ "数量抖动"：此参数用于控制在绘制的笔画中画笔数量的波动幅度。

5．纹理

在【画笔】面板中选择"纹理"选项时，【画笔】面板如图 5-18 所示。在如图 5-19 所示的下拉列表框中选择要使用的纹理。

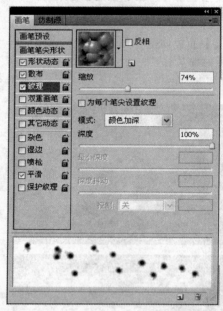

图 5-18　选择"纹理"选项　　　　图 5-19　"纹理"下拉列表框

◎ "缩放"：此参数设置纹理的缩放比例。
◎ "模式"：在此下拉列表中可选择一种纹理与画笔的叠加模式。
◎ "深度"：此参数用于设置所使用的纹理显示时的深度，数值越大，纹理效果越明显。如果数值偏小，则原来画笔的效果越清晰。
◎ "最小深度"：此参数用于设置纹理显示时的最浅浓度，数值越大，纹理显示效果的波动幅度就越小。
◎ "深度抖动"：此参数用于设置纹理显示浓淡度的波动程度，数值越大，波动的幅度也就越大。

6．双重画笔

在【画笔】面板中选择"双重画笔"选项时，【画笔】面板如图 5-20 所示。"双重画笔"选项与"纹理"选项的原理基本相同，只是前者是画笔与画笔之间的混合，而后者是画笔与纹理之间的混合。

◎ "直径"：此参数用于控制叠加画笔的大小。

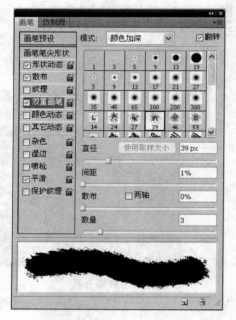

图 5-20　选中"双重画笔"选项

◎ "间距"：此参数用于控制叠加画笔的间距。
◎ "散布"：此参数用于控制叠加画笔偏离绘制线条的距离。如图 5-21 所示为在其他参数相同的情况下，设置不同的"散布"数值时在图像边缘进行绘画的效果。
◎ "数量"：此参数用于控制叠加画笔的数量。

图 5-21　设置不同的"散布"数值时的绘画效果

7．颜色动态

在【画笔】面板中选择"颜色动态"选项，【画笔】面板如图 5-22 所示。

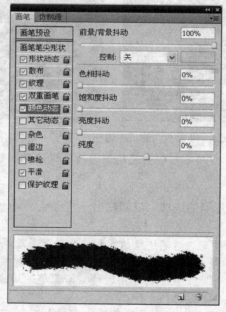

图 5-22　选择"颜色动态"选项

◎ "前景／背景抖动"：此参数控制画笔的颜色变化情况。数值越大，就越接近于背景色，数值越小，就越接近于前景色。
◎ "色相（饱和度、亮度）抖动"：此参数用于控制画笔色相的随机效果，数值越大，越接近背景色色相；数值越小，越接近于前景色色相。
◎ "纯度"：此参数控制笔画的纯度。

8．其他动态

在【画笔】面板中选择"其他动态"选项时，【画笔】面板如图 5-23 所示。

图 5-23 选择"其他动态"选项

◎ "不透明度抖动": 此参数用于控制画笔的随机不透明度效果。如图 5-24 所示为在其他参数不变的情况下,以不同"不透明度抖动"值绘制图像背景的效果。

图 5-24 设置不同的"不透明度抖动"值得到的效果

◎ "流量抖动": 此参数用于控制画笔绘制时的消退速度,数值越大,消退越明显。

9. 附加参数

在该参数区域中,选择适当的选项可以创建出一些特殊效果,下面将分别介绍各个选项的作用。

◎ "杂色": 选择该选项时,画笔边缘越柔和,杂色效果就越明显,也就是当画笔"硬度"数值为 0% 时杂色效果最明显,"硬度"值为 100% 时效果最不明显。

◎ "湿边": 选择该选项后,在进行绘图时将沿着画笔的边缘增加油彩量,从而创建出水彩画的效果。

◎ "喷枪": 选择该选项后,与在画笔工具选项栏上选中"喷枪" 按钮的作用相同。当使用"画笔工具" 并按住鼠标左键不放时,会产生颜色淤积的效果。

◎ "平滑": 选择该选项后,在绘图过程中可能产生较平滑的曲线,尤其是在使用压感笔时,选择该选项得到的平滑效果更为明显,但要注意的是,此时可能会出现轻微的滞后。

◎ "保护纹理": 选择该选项后,将对所有具有纹理的画笔预设应用相同的图案和比例。选择此选项后,在使用多个纹理画笔笔尖绘画时,可以模拟出一致的面布纹理。

5.2.2 创建自定义画笔

除了编辑画笔的形状外,用户还可以自定义画笔,以创建更丰富的画笔效果。其操作方法非常简单，只要利用选区将要定义画笔的区域选中，Photoshop 就可以将任意一种图像定义为画笔。

操作步骤如下。

1 打开配套光盘 ch05\素材\花边.psd 文件，如图 5-25 所示。

2 按下【F7】键打开【图层】面板，按住【Ctrl】键的同时单击图层 1 前面的缩略图，载入图像选区，如图 5-26 所示。

图 5-25　打开的素材图像　　　　　　　图 5-26　载入图像选区

3 执行菜单【编辑】→【定义画笔预设】命令，在弹出的【画笔名称】对话框中输入新画笔的名称，如图 5-27 所示。单击【确定】按钮完成定义画笔。

图 5-27　【画笔名称】对话框

4 在工具箱中选择"画笔工具" ✐，按【F5】键打开【画笔】面板，在"画笔形状列表区"中就可以看到刚刚定义的画笔了，如图 5-28 示。

5 在面板中单击"画笔笔尖形状"选项，设置新画笔的直径大小和间距，如图 5-29 所示。设置完成后可以在面板底部单击"创建新画笔" 按钮将设置好的笔刷进行储存。

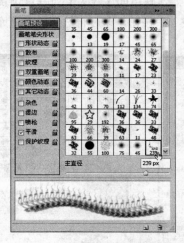
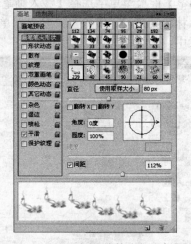

图 5-28　查看自定义的画笔　　　　　图 5-29　设置新画笔的直径和间距

按照上述方法，我们还可以将绘制的图像、输入的文字等定义为画笔。

5.2.3 删除和复位画笔

对于不需要的画笔，可以将它从面板中删除，操作方法如下。

在【画笔】面板中单击"画笔预设"选项，在"画笔形状列表区"中选择要删除的画笔，然后单击面板底部的"删除画笔"  按钮，在弹出的提示对话框（图 5-30）中单击【确定】按钮，即可删除选中的画笔。另外，还有两种删除画笔的方法：一种方法是按住【Alt】键，在面板上单击要删除的画笔；另一种方法是单击"面板" 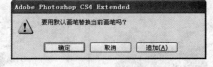 按钮，在弹出的快捷菜单中选择"删除画笔"命令。

如果要将当前【画笔】面板中的画笔种类恢复至默认的状态，可以在面板菜单中选择【复位画笔】命令，则会弹出如图 5-31 所示的提示对话框。

图 5-30　单击【确定】按钮　　　　　　图 5-31　提示对话框

◎　单击【确定】按钮就可以复位画笔预设，从而将画笔种类恢复至默认的状态。
◎　单击【取消】按钮则放弃复位画笔。
◎　单击【追加】按钮则将默认的画笔预设追加到当前的画笔预设中。

5.2.4 载入和安装画笔库

Photoshop CS4 中有多种预设的画笔，如"书法画笔"、"干介质画笔"、"自然画笔"等，在【画笔】面板快捷菜单的底部可以见到这些画笔库。在默认情况下这些画笔并未调入【画笔】面板中，要调入这些画笔，只要在【画笔】面板菜单的预设画笔区中选中相应的画笔名称，这时弹出类似如图 5-31 所示的对话框，可以覆盖现有画笔，也可以在现有画笔的基础上追加。

除了 Photoshop CS4 提供的画笔外，在互联网上也提供了许多画笔库供用户下载使用。搜集这些画笔库并将其应用到设计工作中，可以起到意想不到的特殊效果。

使用【载入画笔】命令可以将下载的画笔载入到当前的"画笔预设"中，方法如下。

在【画笔】面板菜单中选择【载入画笔】命令，在弹出的【载入】对话框中选择要载入的画笔（如丛林精灵.abr），如图 5-32 所示。单击【载入】按钮，即可将选中的画笔库载入到当前的画笔预设中，如图 5-33 所示。

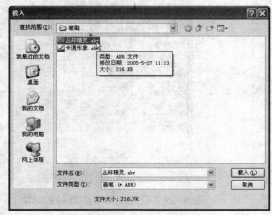

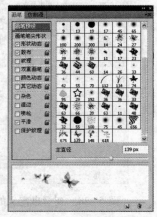

图 5-32　【载入】对话框　　　　　　　　图 5-33　载入的画笔

除了载入画笔，用户还可以安装下载的画笔库，操作方法如下。

将配套光盘 ch05\笔刷\丛林精灵.abr、卡通形象.abr 文件复制到"C:\Program Files\Adobe\Adobe Photoshop CS4\Presets\Brushes"下，如图 5-34 所示。

提示 C:\Programe Files\Adobe\Adobe Photoshop CS4\为 Photoshop CS4 默认的安装路径。

2 重新启动 Photoshop CS4，再次打开【画笔】面板，刚才复制的所有画笔库的名称将出现在面板菜单的底部，如图 5-35 所示。

图 5-34　复制画笔库文件　　　　　图 5-35　【画笔】面板菜单

3 单击相应的画笔库名称，即可将选中的画笔库载入到当前的画笔预设中。

提示 每次启动 Photoshop CS4 时，安装的画笔库的名称与系统中的其他画笔库将一起出现在面板菜单的底部。

5.2.5　保存画笔库和替换画笔

除了 Photoshop CS4 提供的画笔外，还可以根据需要将面板中的画笔保存在画笔库中，以便以后载入使用。

在【画笔】面板菜单中选择【存储画笔】命令，打开【存储】对话框，在对话框中指定画笔库文件的保存路径和文件名，并单击【保存】按钮。这样就以创建一个新的画笔库，其中包括当前面板中的所有画笔。

如果将画笔库文件保存在系统默认的文件夹中，则下次启动 Photoshop CS4 时，该画笔库的名称与系统中的其他画笔库将一起出现在快捷菜单的底部，单击名称就可以将画笔库载入到面板中。

在面板菜单中选择【替换画笔】命令，可以直接使用所选画笔将当前的画笔预设替换掉。

5.3　擦图工具

Photoshop CS4 提供的擦图工具有："橡皮擦工具"、"背景橡皮擦工具"与"魔术橡皮擦工具"。

5.3.1　橡皮擦工具

"橡皮擦工具" 主要用来擦除当前图像中的颜色。在工具箱中选择"橡皮擦工具"，将鼠标指针移至图像窗口中，在按下鼠标左键的同时拖曳鼠标，鼠标指针经过的区域将被改变为透明色或者背景色。若在【画笔】面板中设置适当的笔尖间距，便可在擦除的位置出现花边样的形状。如图 5-36 所示为打开的原图像，如图 5-37 所示为使用橡皮擦工具擦除后的图像效果。

图 5-36 原图像

图 5-37 擦除后的图像效果（间距为 85%）

在"橡皮擦工具"选项栏（图 5-38）中勾选"抹到历史记录"选项，可将受影响的区域恢复到【历史记录】面板中所选的状态，而不是透明色，这个功能称为"历史记录橡皮擦"。

图 5-38 "橡皮擦工具"选项栏

"橡皮擦工具"有 3 种模式，分别是"画笔"、"铅笔"和"块"。使用这些模式可以对橡皮擦的擦除效果进行更加细微的调整，对应不同的模式，选项栏也会发生相应的变化。

5.3.2 背景橡皮擦工具

与橡皮擦工具相比，使用"背景橡皮擦工具" 可以将图像擦除到透明色，工具选项栏如图 5-39 所示。

图 5-39 "背景橡皮擦工具"选项栏

具体设置如下。

1．设置取样方式

在工具选项栏中有 3 个按钮 ，依次为"连续"、"一次"、"背景色板"，单击任意一个按钮，可以设置取样的方式。

- ◎ 连续：鼠标指针在图像中不同颜色区域移动，则工具箱中的背景色也将相应的发生变化，并不断地选取样色。
- ◎ 一次：先选取一个基准色，然后一次把与基准色一样的颜色擦除掉，擦除工作做完。
- ◎ 背景色板：表示以背景色作为取样颜色，只擦除选区中与背景色相似或相同的颜色。

2．设置限制模式

在"限制"下拉列表中可以设置擦除边界的连续性，其中包括"不连续"、"连续"和"查找边缘" 3 个选项。

- ◎ "不连续"：擦除出现在画笔上任何位置的样本颜色。
- ◎ "连续"：擦除包含样本颜色并且相互连接的区域。
- ◎ "查找边缘"：擦除包含样本颜色连接区域，同时更好地保留形状边缘的锐化程度。

3．设置容差

"容差"项可以确定擦除图像或选取的容差范围 1%～100%，其数值决定了将被擦除的颜色范围。数值越大，表明擦除的区域颜色与基准色相差越大。

4．设置保护前景色

把不希望被擦除的颜色设为前景色，再选中此复选框，就可以达到擦除时保护颜色的目的，这正好与前面的"容差"相反。

打开配套光盘 ch05\素材\花 1.jpg，如图 5-40 所示。选择"背景橡皮擦工具"  擦除图像，在擦除过程中设置不同取样方式与限制选项，最后效果如图 5-41 所示。

图 5-40　原图　　　　　　　　图 5-41　使用"背景橡皮擦工具"擦除图像后的效果

5.3.3　魔术橡皮擦工具

"魔术橡皮擦工具"  是"魔棒工具"与"背景橡皮擦工具"的综合，它是一种根据像素颜色来擦除图像的工具。用"魔术橡皮擦工具" 在图像中单击时，所有相似的颜色区域被擦掉而变成透明的区域，其选项栏如图 5-42 所示。

图 5-42　"魔术橡皮擦工具"选项栏

◎ "消除锯齿"：选中时，会使被擦除区域的边缘更加光滑。
◎ "连续"：选中该复选框，则只擦除与临近区域中颜色类似的部分，否则，会擦除图像中所有颜色类似的区域。
◎ "对所有图层取样"：利用所有可见图层中的组合数据来采集色样，否则只采集当前图层的颜色信息。

打开配套光盘源文件 ch05\素材\荷花.jpg，选择"魔术橡皮擦工具" ，具体参数采用默认设置，在荷花左下角处单击鼠标左键，背景色被擦除，图 5-43 所示。

原图像　　　　　　　　　　　擦除效果

图 5-43　用"魔术橡皮擦工具"擦除背景

如果不选中"连续"选项，则擦除效果如图 5-44 所示。

图 5-44   不选中"连续"选项时的擦除效果

5.4   修图工具

修图工具是用来修补和修饰质量不好的图片的。修图工具包括图像修补工具和图像修饰工具。

5.4.1   仿制图章工具

"仿制图章工具" ，在修补图像时经常用到，也用于合成特技效果。其功能是以指定的像素点为复制基准点，将该基准点周围的图像复制到任何地方。

其"仿制图章工具"选项栏如图 5-45 所示，主要参数含义如下。

图 5-45   "仿制图章工具"选项栏

- ◎ "画笔"：用于设置修复画笔的直径、硬度、间距、角度、圆度等。
- ◎ "模式"：设置修复画笔绘制的像素和原来像素的混合模式。
- ◎ "对齐"：用于控制是否在复制时使用对齐功能。如果选中该复选框，则当定位复制基准点之后，系统将一直以首次单击点为对齐点，这样即使在复制的过程中松开鼠标，分几次复制全部的图像，图像也可以得到完整的复制。如果未选中该复选框，那么在复制的过程中松开鼠标后，继续进行复制时，将以新的单击点为对齐点，重新复制基准点周围的图像。
- ◎ "样本"：该下拉列表中有 3 个选项："当前图层"、"当前和下方图层"、"所有图层"，可以将其中的一个选项作为复制的样本。

使用仿制图章工具复制图像，操作方法如下。

1 在工具箱中选择"仿制图章工具" ，然后按下【Alt】键，此时光标变成中心带有"十"字准心的圆圈，单击图像中选定的位置，即在原图像中确定要复制的参考点。

2 选定参考点后，光标变成空心圆圈。将光标移动到图像的其他位置单击，此单击点就对应了前面定义的参考点。反复拖曳鼠标指针，可以将参考点周围的图像复制到单击点周围，如图 5-46 所示。

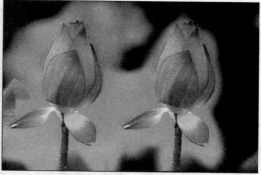

　　　(a) 原图（ch05\素材\荷花 2.jpg）　　　　(b) 使用仿制图章工具后的效果

图 5-46　用"仿制图章工具"复制图像

5.4.2　图案图章工具

　　"图案图章工具" 是以预先定义的图案为复制对象进行复制，可以将定义的图案复制到图像中。其工具选项栏如图 5-47 所示。

图 5-47　"图案图章工具"选项栏

　　：在此下拉列表中选择进行复制的图案，可以是系统预设的图案，也可以是自己定义的图案。

◎　"对齐"：用于控制是否在复制时使用对齐功能。如果选中该复选框，即使在复制的过程中松开鼠标，分几次进行复制，达到的图像也会排列整齐，不会覆盖原来的图像。如果未选中该复选框，那么在复制的过程中松开鼠标后，继续进行复制时，将重新开始复制图像，而且将原来的图像覆盖。

◎　"印象派效果"：选中该复选框，可对图案进行印象派艺术效果的处理。图案的笔触会变得扭曲、模糊。

　　使用"图案图章工具" 复制图像方法如下。

1 打开配套光盘 ch05\素材\蝴蝶.tif，使用"矩形选框工具" 选中右边的白蝴蝶，如图 5-48 所示。

图 5-48　创建选区

105

2 执行菜单【编辑】→【定义图案】命令，在弹出的【图案名称】对话框中将新图案命名为"蝴蝶"，然后单击【确定】按钮。

3 按【Ctrl+D】快捷键取消选区，在工具箱中选择"图案图章工具" ，在选项栏中设置合适的画笔大小，然后选择用于填充的"蝴蝶"图案，如图 5-49 所示。

图 5-49　设置参数

4 在图像中拖曳鼠标复制图案，效果如图 5-50 所示。若选中了"印象派效果"复选框，则产生的效果如图 5-51 所示。

图 5-50　图案图章效果 　　　　　　　　图 5-51　印象派效果

5.4.3　污点修复画笔工具

"污点修复画笔" 🖋 可以快速移去照片中的污点和其他不理想的部分，其选项栏如图 5-52 所示。

图 5-52　"污点修复画笔工具"选项栏

◎　"近似匹配"：使用选区边缘周围的像素来查找要用作选定区域修补的图像区域。如果此选项的修复效果不能令人满意，请还原修复并尝试"创建纹理"选项。

◎　"创建纹理"：使用选区中的所有像素创建一个用于修复该区域的纹理。在选区中拖动鼠标即可创建纹理，如果纹理不起作用，请尝试再次拖过该区域。

◎　"对所有图层取样"：选择此复选框，可从所有可见图层中对数据进行取样。如果取消选择"对所有图层取样"复选框，则只从当前图层中取样。

使用"污点修复画笔工具"快速移去照片中的污点，操作步骤如下。

1 打开配套光盘 ch05\素材\时尚人物.jpg，如图 5-53（a）所示。

2 从工具箱中选择"污点修复画笔工具" 🖋，在选项栏中设置画笔大小（比要修复的区域稍大一点的画笔最为适合，这样只需单击一次即可覆盖整个区域）。单击要修复的区域，或在较大的区域上涂抹即可，修复后的效果如图 5-53（b）所示。

（a）原图　　　　　　　　　　　　　（b）修复后的效果

图 5-53　使用"污点修复画笔工具"清除人物面部的污点

5.4.4　修复画笔工具

"修复画笔工具" ✐ 可用于校正瑕疵，去除照片上的皱纹、雀斑等杂点，也可以是污点、划痕等，使它们消失在周围的图像中。与仿制工具一样，使用修复画笔工具以利用图像或图案中的样本像素来绘画。但是，修复画笔工具还可以将样本像素的纹理、光照和阴影与源像素进行匹配，从而使修复后的像素不留痕迹地融入图像的其余部分。

"修复画笔工具"选项栏如图 5-54 所示。

图 5-54　"修复画笔工具"选项栏

◎ "源"：设置用于修复像素的来源。选择"取样"，则使用当前图像中定义的像素进行修复；选择"图案"，则可从后面的下拉列表中选择预定义的图案对图像进行修复。

◎ "对齐"：设置对齐像素的方式，与其他工具类似。

"修复画笔工具"的使用方法和"仿制工具"类似，这里就不再赘述。图 5-55（a）为原图像（ch05\素材\艺术照.jpg），可以看出人物有很深的眼袋，而使用"修复画笔工具"可以轻松地将它们去掉，效果如图 5-55（b）所示。

（a）原图　　　　　　　　　　　　　（b）去除眼袋后的效果

图 5-55　使用"修复画笔工具"去除人物眼袋

5.4.5 修补工具

"修补工具" ◇ 可以用其他区域或图案中的像素来修改选中的区域。与"修复画笔工具"一样，修补工具会将样本像素的纹理、光照和阴影与源像素进行匹配。其选项栏如图 5-56 所示。

图 5-56 "修补工具"选项栏

◎ "修补"：设置修补的对象，选择"源"，则将选区定义为想要修复的区域；选择"目标"，则将选区定义为进行取样的区域，选择"透明"，则被选区内的图像呈半透明状态。

◎ "使用图案"：单击该按钮，则会使用当前选中的图案对选区进行修复。

"修补工具" ◇ 的工作方式较为特殊，下面以在修补工具选项栏选择"源"选项为例，介绍该工具的使用方法，操作步骤如下。

1 打开配套光盘 ch05\素材\人物.tif，如图 5-57 所示。观察人物的头部，可以看到，人物的额头、鼻翼两处都有较为明显的皱纹，下面就使用"修补工具" ◇ 去除人物的皱纹。

2 使用"修补工具" ◇ 绘制一个选区，将人物额头的一条皱纹选中，如图 5-58 所示。

3 使用"修补工具" ◇ 拖动选区至图像中的无瑕疵区域，如图 5-59 所示。

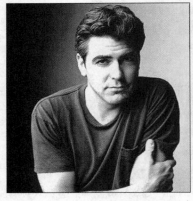 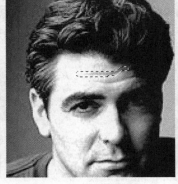 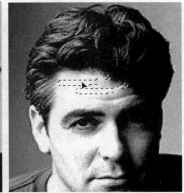

图 5-57 素材图像   图 5-58 绘制选区   图 5-59 移动选区

4 释放鼠标左键，按【Ctrl+D】快捷键取消选区，则皱纹被去除，如图 5-60 所示。

5 采用同样的方法将额头和鼻翼上的两条皱纹除掉，然后结合"修复画笔工具" ✐ 做进一步的修复，最后效果如图 5-61 所示。

图 5-60 去皱纹后的效果   图 5-61 最后效果

在使用"修补工具"进行操作前，也可以使用其他选择工具制作一个精确的选区，然后再使用此工具拖动选区中的图像至无瑕疵的图像区域。

该实例源文件参见配套光盘 ch05\素材\人物效果.jpg 文件。

5.4.6　红眼工具

玩摄影的朋友知道在夜晚用闪光灯拍照时容易产生红眼现象，使用"红眼工具" 可以移去用闪光灯拍摄的人物照片中的红眼，也可以移去用闪光灯拍摄的动物照片中的白色或绿色反光。其选项栏如图 5-62 所示。

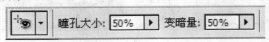

图 5-62　"红眼工具"选项栏

◎　"瞳孔大小"：设置瞳孔（眼睛暗色的中心）的大小。
◎　"变暗量"：设置瞳孔的暗度。

使用"红眼工具" 消除红眼的方法如下。

选择"红眼工具" ，设置适当的"瞳孔大小"和"变暗量"，在红眼中单击即可消除红眼，如图 5-63 所示。

　　　(a) 原图（ch05\素材\小男孩.jpg）　　　(b) 去除红眼后的效果

图 5-63　使用"红眼工具"消除红眼

5.4.7　颜色替换工具

"颜色替换工具" 能以前景色为依据替换图像颜色，例如有些作品或图像的某个部位的颜色自己不是特别满意，这时我们就可以利用颜色替换工具为图像替换颜色。

"颜色替换工具"选项栏如图 5-64 所示。

图 5-64　"颜色替换工具"选项栏

使用"颜色替换工具"去修改图像中的颜色，可以按以下步骤操作。

1 打开随书光盘 ch05\素材\花.jpg,如图 5-65（a）所示。下面我们将使用"颜色替换工具" 改变其中 3 朵花和叶子的颜色。

2 设置适当的前景色，然后选中"颜色替换工具" ，在工具选项栏中选择"颜色"模式，并根据图像中不同位置的大小设置画笔的大小，其他参数保持默认设置。

3 使用"颜色替换工具" 分别在花朵和叶子上进行涂抹，改变花朵和叶子的颜色，如图 5-65（b）所示。

109

（a）原图像   （b）使用颜色替换工具涂抹后的效果

图 5-65　使用"颜色替换工具"改变花朵和叶子的颜色

5.5　图像修改工具

5.5.1　模糊工具

使用"模糊工具" 通过将突出的色彩分解，使得僵硬的边界变得柔和，颜色过渡变平缓，起到一种模糊图像局部的效果。"模糊工具"选项栏如图 5-66 所示。

图 5-66　"模糊工具"选项栏

◎ "画笔"：设置画笔的大小、硬度，同时也可应用动态画笔选项。画笔越大，图像被模糊的区域也越大。

◎ "模式"：选择操作时的混合模式，它的意义与图层混合模式相同。

◎ "强度"：设置画笔的力度。数值越大，一次操作得到的模糊效果越明显。

◎ "对所有图层取样"：选中该复选框，则将模糊应用于所有可见图层，否则只应用于当前图层。

使用"模糊工具" 模糊图像并制作景深效果，如图 5-67 所示。

（a）原图（ch05\素材\牵牛花.jpg）   （b）模糊后的效果

图 5-67　使用"模糊工具"制作景深效果

110

5.5.2　锐化工具

"锐化工具" △ 与"模糊工具" △ .相反,它通过增加颜色的强度,使得颜色柔和的边界或区域变得清晰、锐利,用于增加图像的对比度,使图像变得更清晰。但是绝不能认为进行模糊操作后的图像再经过锐化处理就能恢复到原始状态。

"锐化工具"选项栏如图 5-68 所示,可以看到各选项与模糊工具完全相同。

图 5-68　"锐化工具"选项栏

5.5.3　涂抹工具

"涂抹工具" ﾉ 能够通过推、拉、移等操作改变图像中像素的分布位置,从而得到手指涂抹作图的效果。如果图像在颜色与颜色之间的边界比较生硬,或颜色与颜色之间过渡不好,可以使用"涂抹工具" ﾉ 将过渡颜色柔和化。"涂抹工具"选项栏如图 5-69 所示。

图 5-69　"涂抹工具"选项栏

这里需要特别介绍"手指绘画"选项,若选中此复选框,则可以使用前景色在每一笔的起点开始,向鼠标拖曳的方向进行涂抹;如果不选,则涂抹工具用起点处的颜色进行涂抹。

对图像进行涂抹的效果如图 5-70 所示。

(a) 原图 (ch05\素材\荷花 3.jpg)　　　　　(b) 涂抹后的效果

图 5-70　使用"涂抹工具"涂抹荷花花瓣

5.5.4　减淡工具

"减淡工具" ﹅.又称为加亮工具,它是传统的暗室工具。使用它可以加亮图像的某一部分,使之达到强调或突出表现的目的,同时对图像的颜色进行减淡。"减淡工具"选项栏如图 5-71 所示。

图 5-71　"减淡工具"选项栏

◎ "画笔":在其中选择一种画笔,以定义使用"减淡工具" ﹅.操作时的笔刷大小和硬度,画笔越大,操作时提高的区域也越大。

111

◎ "范围"：用于定义"减淡工具" ![icon] 应用的范围。共有 3 个选项："阴影"、"中间调"和"高光"。选择"阴影"，则只作用于图像的暗色部分；选择"中间调"，只作用于图像中暗色和亮色之间的部分；选择"高光"，则只作用于图像的亮色部分。

◎ "曝光度"：用于定义使用减淡工具操作时的淡化程度。数值越大，提亮的效果越明显。

使用"减淡工具"处理图像的前后效果对比如图 5-72 所示。

（a）原图像（ch05\素材\南瓜.jpg）　　　　（b）减淡后的效果

图 5-72　使用"减淡工具"提亮南瓜和婴儿的亮部

5.5.5　加深工具

"加深工具" ![icon] 又称为加暗工具，与"减淡工具" ![icon] 相反，它通过使图像变暗来加深图像的颜色。"加深工具"通常用来加深图像的阴影或对图像中有高光的部分进行暗化处理。"加深工具"选项栏如图 5-73 所示，与"减淡工具"的选项栏完全相同，其使用方法也与减淡工具完全相同，不过作用的效果恰好相反。

图 5-73　"加深工具"选项栏

使用"加深工具" ![icon] 处理图像的前后效果对比如图 5-74 所示。

（a）原图（ch05\素材\荷花 4.jpg）　　　　（b）加深后的图像效果

图 5-74　加深后的荷花更具立体感

5.5.6　海绵工具

"海绵工具" 可精确地更改区域的色彩饱和度。当图像处于灰度模式时，该工具通过使灰阶远离或靠近中间灰色来增加或降低对比度。"海绵工具"选项栏如图 5-75 所示。

图 5-75　"海绵工具"选项栏

在"模式"下拉列表中，可以设置海绵工具是进行"降低饱和度"还是"饱和"。选择"降低饱和度"可以降低图像颜色的饱和度，一般用它来表现比较阴沉、昏暗的图像效果。选择"饱和"可以增加图像颜色的饱和度。

"自然饱和度"选项是 Photoshop CS4 版本的新增功能，勾选该选项时，能使图像颜色的饱和度不会溢出，换言之，仅调整与已饱和的颜色相比那些不饱和的颜色和饱和度。

使用"海绵工具"增加图像的饱和度的前后效果对比如图 5-76 所示。

(a) 原图 (ch05\素材\花纹.jpg)　　　　　　(b) 增加饱和度后的图像效果

图 5-76　使用"海绵工具"增加花朵颜色的饱和度

5.6　其他工具

在 Photoshop CS4 的工具箱中还包括下列工具："裁剪工具"、"切片工具"、"切片选取工具"、"注释工具"、"语音注释工具"和"度量工具"等。

5.6.1　切片工具和切片选择工具

使用"切片工具" 可以将一个完整的图像切割成几部分。切片工具主要用于分割图像，在网站设计中使用较多。

打开配套光盘 ch05\素材\韩国网站.psd 文件，选取工具箱中的"切片工具"，将鼠标光标移动到图像窗口中进行拖曳，然后释放鼠标，从而在图像文件中创建了切片。创建的切片将自动命名为数字序号 01、02……如图 5-77 所示。左上角为该切片的名称，显示为蓝色。

(a) 创建切片前　　　　　　　　　　　　(b) 创建切片后

图 5-77　使用"切片工具"为网站创建切片

"切片选择工具" 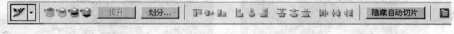 主要用于编辑切片，其选项栏如图 5-78 所示。

图 5-78　"切片选择工具"选项栏

使用"切片选择工具" ，在图像窗口中单击任一切片，即可将该切片选中。此时，将光标移至该切片的任一边缘位置，当显示为双向箭头时按下鼠标并拖曳，可调整切片的大小，如图 5-79 所示。将光标移动到选择的切片内，按下鼠标左键并拖曳，可调整切片的位置。释放鼠标后，图像中将产生新的切片。

利用工具箱中的"切片选择工具" 选择图像文件中切片名称显示为灰色的切片，然后单击选项栏中的【提升】按钮，即可将选中的切片提升到用户切片，这时左上角的切片名称会显示为蓝色。另外，单击选项栏中的【划分】按钮，在弹出的【划分切片】对话框（图 5-80）中，可以对当前选择的切片进行均匀分隔。

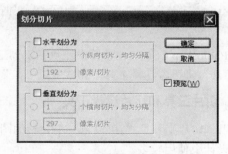

图 5-79　调整切片的大小　　　　　　　图 5-80　【划分切片】对话框

5.6.2　注释工具

"注释工具" 可以在图像上添加注释，作为图像文件的说明，从而起到提示作用。"注释工具"选项栏如图 5-81 所示。

图 5-81　"注释工具"选项栏

使用"注释工具"  为图像添加注释说明，操作方法如下。

打开一幅图像（ch05\素材\插画.jpg），在工具箱中选择"注释工具" ，在选项栏中输入作者名称，然后将光标移动到图像窗口中单击，则弹出【注释】面板，在面板中输入要说明的文字即可，如图 5-82 所示。

图 7-82　使用"注释工具"为图像添加注释说明

为图像添加注释后还可以进行如下操作。

◎　移动注释图标：将光标放置在注释图标处，按下鼠标左键拖曳鼠标即可移动注释图标的位置。

◎　删除注释：确认"注释图标" 处于选择的状态，按下【Delete】键，在弹出的询问对话框中单击【确定】按钮，即可将选择的注释删除。

5.6.3　度量工具

使用"度量工具"可以对图像的某部分长度与角度进行测量。

1．测量长度

选取工具箱中的"标尺工具" ，在图像中的任意位置拖曳鼠标指针，创建测量线，在选项栏中则会显示测量的结果，如图 5-83 所示。

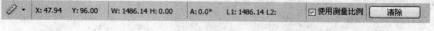

图 5-83　"标尺工具"测量长度时的选项栏

X 值与 Y 值为测量起点的坐标值。W 值、H 值为测量起点与终点的水平、垂直距离。A 值为测量线与水平方向间的角度。L1 值为当前测量线的长度。单击【清除】按钮可以清除当前测量的数值和图像窗口中的测量线。

2．测量角度

选取"标尺工具" ，在图像中的任意位置拖曳鼠标，创建一条测量线，按住【Alt】键，将光标移至刚才创建测量线的端点处，当显示为带加号角度符号时，拖曳鼠标创建第二条测量线，此时选项栏中即会显示测量角度的结果，如图 5-84 所示。

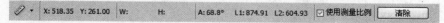

图 5-84　"度量工具"测量角度时的选项栏

X 值、Y 值为两条测量线的交点，即测量角的顶点坐标，A 值为测量角的角度。L1 值为第一条测量线的长度。L2 值为第二条测量线的长度。

5.7 实例演练

5.7.1 首饰广告设计

本实例主要使用画笔工具，配合【画笔】面板，制作如图 5-85 所示的首饰广告效果。

图 5-85 实例效果

◎ 素材文件：ch05\首饰广告\首饰广告.psd
◎ 最终效果：ch05\首饰广告\首饰广告效果.psd
◎ 学习目的：灵活运用画笔工具，配合【画笔】面板制作首饰广告效果

1 打开素材文件。按【Ctrl+O】快捷键，弹出【打开】对话框，从配套光盘中选择本例的素材文件"首饰广告效果.psd"，单击【打开】按钮打开该文件，如图 5-86 所示。

图 5-86 打开的素材文件

图 5-87 新建图层 1

2 新建图层。按【F7】键打开【图层】面板，选择图层 10 为当前层，然后单击面板底部的"创建新图层" ▣ 按钮，新建图层 1，如图 5-87 所示。

3 设置画笔。选择"画笔工具" ✎，按【F5】键打开【画笔】面板，选择"画笔笔尖形状"选项，从"画笔形状列表"中选择一种"蝴蝶"形状的画笔，设置"直径"为 45 像素，"间距"为 130%，如图 5-88 所示。

 如果读者在"画笔形状列表"列找不到此"蝴蝶"画笔，请使用"载入画笔"命令，载入配套光盘 ch05\笔刷\丛林精灵.abr 文件即可。

4 在【画笔】面板中选择"形状动态"选项，设置"大小抖动"为 40%，"控制"为"渐隐"，值为 25，设置"最小直径"为 25%，"角度抖动"为 40%，如图 5-89 所示。

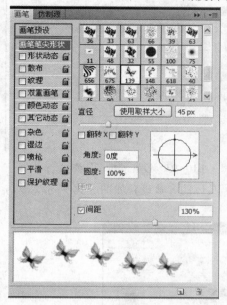
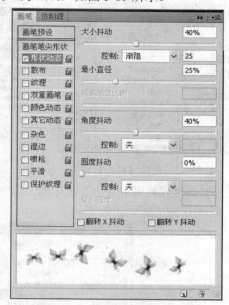

图 5-88　设置画笔的直径和间距　　　　图 5-89　设置【形状动态】选项

5 选择"散布"选项，设置"散布"为 120%，"数量"为 1，如图 5-90 所示。

6 绘制蝴蝶。完成设置后，使用"画笔工具" ✐ 在图像中拖曳鼠标指针绘制蝴蝶，效果如图 5-91 所示。

图 5-90　设置"散布"选项　　　　　　图 5-91　绘制蝴蝶

为了更突出画面效果，下面为蝴蝶添加图层样式，制作蝴蝶的发光效果。这里只简单介绍如何添加图层样式，关于图层样式的详细介绍参见第 10 章。

7 单击【图层】面板底部的"添加图层样式" *fx* 按钮，在弹出的菜单中选择【投影】命令，如图 5-92 所示，打开【图层样式】对话框，具体参数的设置如图 5-93 所示。

117

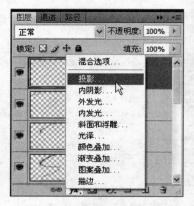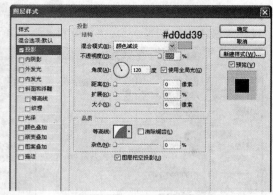

图 5-92　选择【投影】命令　　　　　　图 10-93　设置"投影"参数

9在左侧的样式列表中勾选"外发光"选项，具体的参数设置如图 5-94 所示。单击【确定】按钮，得到如图 5-95 所示的效果。

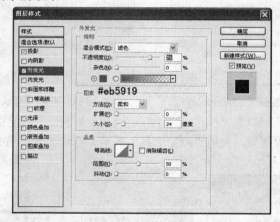

图 5-94　设置"外发光"参数

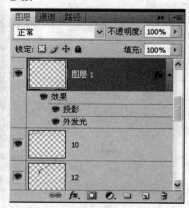

图 5-95　添加图层样式后的效果

10载入画笔。在【画笔】面板中单击右上角的 按钮，从弹出的菜单中选择【载入画笔】命令，打开【载入】对话框，从配套光盘中选择 ch05\笔刷\星光笔刷.abr，单击【确定】按钮，载入该画笔。

11 绘制星光。在【画笔】面板中选择"画笔笔尖形状"选项，从载入的画笔中选择一种 250 星光形状的画笔，设置"直径"为 15 像素，"间距"为 46%，如图 5-96 所示。而"形状动态"与"散布"选项的设置与前面蝴蝶画笔的设置相同，就不用更改了。

12 新建图层 2，使用"画笔工具" ，通过拖曳和单击两种方式在图像窗口中绘制星光，最后效果如图 5-97 所示。

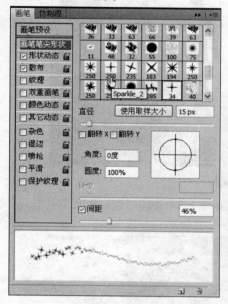

图 5-96　设置画笔的直径和间距

图 5-97　绘制星光后的效果

> **提示** 在绘制星光的过程，要根据需要随时改变画笔的大小等参数，以达到满意的效果。

13 新建图层 3，并将其移至图层 2 的下方，选择"画笔工具" ，使用柔边画笔在较大的星光上单击绘制闪光小点，最终效果参如图 5-85 所示。

5.8　思考与练习

1．选择题

（1）下面的工具中，不属于修图工具的是_____。
　　A. 红眼工具　　B. 画笔工具　　　　C. 修复画笔工具　D. 仿制图章工具
（2）除魔棒工具有容差外，下面_____也有此选项。
　　A. 橡皮擦工具　B. 背景橡皮擦工具　C. 渐变工具　　D. 以上都不对
（3）下面哪一个工具，不能设置透明度_____。
　　A. 画笔工具　　B. 仿制图章工具　　C. 颜色替换工具　　D. 橡皮擦工具

2．问答题

（1）魔术橡皮擦工具的工作原理是什么？
（2）污点修复画笔工具与修改画笔工具有何异同？

3．上机练习

（1）请读者打开本章上机练习\男性人物.jpg、女性人物.jpg 素材文件（图 5-98），使用修图工具，去掉人物脸上的皱纹、眼袋与雀斑。

图 5-98　人物素材

（2）请读者打开本章上机练习\西红柿.jpg 文件（图 5-99），使用"仿制图章工具"，复制图像中的西红柿。

图 5-99　西红柿　　　　　　　　图 5-100　小鸭子素材

（3）请读者打开本章上机练习\小鸭子.jpg 素材文件（图 5-100），使用颜色替换工具，将小鸭子身上的毛替换成其他颜色。

第 6 章　文字处理

📄 **本章导读**

　　Photoshop 提供了非常强大的文字编辑与处理功能,用户可以改变文字的字体、字号等属性,也可以通过变形文字,将文字绕排于路径等操作使文字具有特殊的效果。本章将详细介绍文字的输入、编辑、修改、艺术化处理等多方面的知识与相关的操作技巧。

☞ **学习要点**

◢ 横排与直排文字	◢ 点文字与段落文字
◢ 编辑文字	◢ 文字的转换
◢ 在路径上创建文本	◢ 创建变形文字

6.1　掌握文字工具

　　在 Photoshop CS4 中使用文字工具组创建文字。文字工具组主要包括"横排文字" **T**、、"直排文字" **IT**、"横排文字蒙版" **T** 和 "直排文字蒙版" **T** 4 个工具,如图 6-1 所示,用户可以选择其中的一种,创建符合要求的文字。

图 6-1　文字工具组

　　这 4 个文字工具的选项栏内容基本相同,只有对齐方式在选择横排或直排文字工具时不同,横排文字工具的选项栏如图 6-2 所示。

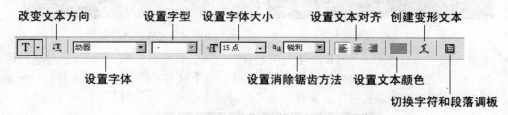

图 6-2　横排文字工具选项栏

◎　改变文本方向 **T**:单击此按钮,可以将选择的水平方向文字转换为垂直方向,或将选择的垂直方向文字转换为水平方向。

◎　设置字体:设置输入文字使用的字体。可以选择输入的文字,然后再在此下拉列表中重新设置字体类型。

◎　设置字型:决定输入文字使用的字体形态,其下拉列表中包括"Regular(规则的)"、"Ita1ic(斜体)"、"Bold(粗体)"、"Bold Italic(粗斜体)" 4 个选项。

◎　设置字体大小:在此数字框中输入文字的字体大小,或从下拉列表中选择文字大小。

◎　设置消除锯齿方法:决定文字边缘的平滑程度,其中包括"无"、"锐利"、"犀利"、

121

"浑厚"和"平滑"5种方式。

◎ 设置文本对齐：用于设置文本的对齐方式。当选择 T. 与 ⬚ 工具时，对齐方式按钮显示为 ▤▤▤▤，分别表示左对齐、水平中心对齐和右对齐；当选择 IT 与 ⬚ 工具时，对齐方式按钮显示为 ▥▥▥，分别表示顶对齐、垂直中心对齐和底对齐。

◎ 设置文本颜色 ▭：决定输入文字的颜色。单击此色块，可以在打开的【拾色器】对话框中修改文字的颜色。

◎ 创建变形文本 ⬚：设置输入文字的变形效果。只有输入文本后，此按钮才被激活。

◎ 切换字符和段落调板 ▤：单击此按钮，可显示或隐藏【字符】和【段落】面板。

6.2 输入文字

6.2.1 输入横排文字

在文本的排列方式中，横排是最常用的一种方式。要在 Photoshop 中创建横排文本可以按以下步骤进行。

1 选择"横排文字工具" T.，在工具选项栏中设置文本的字体、大小和颜色等属性。

2 在图像窗口中要放置文字处单击插入一个文本光标（也可以用文字光标在页面中拖动），然后在光标后面输入文字，如图 6-3 所示。

3 输入文字时，工具选项栏的右侧会出现"提交" ✔ 按钮与"取消" ⊘ 按钮。单击"✔"按钮提交当前所有编辑，确认输入的文字。这时会创建一个文字图层，文字图层的名称即为当前输入的文字，如图 6-4 所示。单击 ⊘ 按钮，则取消当前所有编辑操作。

图 6-3　在光标后面输入文字　　　　　　图 6-4　完成输入并创建文字图层

 在输入文字的过程中，按【Enter】键可以换行输入，如图 6-5 所示。对于已经输入的文字，也可以在文字间通过插入文字光标再按【Enter】键将一行文字打断成两行，如在一行文字的不同位置执行多次此操作，则可以得到多行文本。

图 6-5　换行

6.2.2 输入直排文字

创建直排文字的操作方法与创建横排文字相同。选择"横排文字工具" **T.** 片刻，在隐藏工具中选择"直排文字工具" **IT**，然后在图像窗口中单击并在光标后输入文字，则可以得到垂直排列的文字，如图 6-6 所示。

图 6-6 直排文字效果

6.2.3 转换横排文字与直排文字

虽然使用"横排文字工具" **T.** 只能创建水平排列的文字，使用"直排文字工具" **IT** 只能创建垂直排列的文字，但在需要的情况下，用户可以相互转换这两种文本的显示方向。

在图像窗口中选择要改变方向的文本，执行下列操作中的任意一种，即可改变文字方向。

（1）选择工具选项栏中的更改"文字本向" **IT** 按钮。

（2）执行菜单【图层】→【文字】→【垂直】或【图层】→【文字】→【水平】命令。例如，单击更改"文本方向" **IT** 按钮后，将直排文字转换为横排文字，如图 6-7 所示。

（a）直排文字 （b）横排文字

图 6-7 将直排文字转换为横排文字

123

6.2.4 输入文字选区

使用"横排文字蒙版工具" 或"直排文字蒙版工具" 可以在图像中创建文字形状的选区。此选区与使用"矩形选框工具" 等其他选择工具所创建的选区相同，因此可以将其作为普通选区一样对待，也就是说，可以在任意图层上利用此选区进行填色、描边等操作。

下面以一个简单的实例，介绍文字蒙版工具的使用方法，操作步骤如下。

1 打开配套光盘 ch06\素材\小新娘.jpg 文件，在工具箱中选择"直排文字蒙版工具" ，在工具选项栏中设置"字体"为华文行楷，大小为 30 点，在图像窗口中单击输入文字"小新娘"，这时文字背景变成红色，如图 6-8 所示。

图 6-8 背景变成红色　　　　　　　　　图 6-9 创建的文字选区

2 单击提交 ✔ 按钮确认输入，得到文字选区，如图 6-9 所示。

 注意　使用文字蒙版工具输入文字时，不会生成新图层。

3 执行菜单【窗口】→【图层】命令，或按【F7】键打开【图层】面板，单击面板底部的创建"新图层" 按钮，新建图层 1，如图 6-10 所示。设置前景色为黄色（R250，G229，B74），按【Alt+Delete】快捷键为选区填充前景色，效果如图 6-11 所示。

4 执行菜单【选择】→【修改】→【扩展】命令，在弹出的【扩展区域】对话框中设置"扩展量"为 5 像素。单击【确定】按钮，效果如图 6-12 所示。

图 6-10 新建图层 1　　　图 6-11 为文字选区填充前景色　　　图 6-12 扩展文字选区

5 设置前景色为白色，新建图层 2，执行菜单【编辑】→【描边】命令，弹出【描边】对话框，具体设置如图 6-13 所示。单击【确定】按钮，按【Ctrl+D】快捷键取消选择，效果如图6-14 所示。

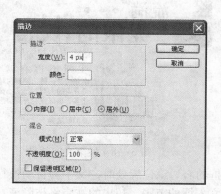

图 6-13　【描边】对话框　　　　　图 6-14　图像最终效果

该实例源文件参见配套光盘 ch06\源文件\小新娘.psd 文件。

6.3　创建点文字与段落文字

6.3.1　创建点文字

　　点文字是一类不会自动换行的文本，也是 Photoshop 中使用最为广泛的一类文字，通常用于设计作品的标题、名称、简短的广告语等。创建点文字的方法如下。

　　选择"横排文字工具" T.或"直排文字工具" IT.，在图像窗口中单击鼠标左键，出现文字输入光标，如图 6-15 所示，此时即可输入文字，如图 6-16 所示。输入完毕后单击提交 ✔ 按钮确认。

图 6-15　文字输入光标　　　　　　图 6-16　输入的横排点文字

6.3.2　创建段落文字

　　段落文字是一类以段落文字定界框来确定文字的位置与换行情况的文字，当用户改变段落文字定界框时，定界框中的文本会根据定界框的位置自动换行。创建段落文字方法如下。

　　1 在打开配套光盘 ch06\素材\单张.psd，选择"横排文字工具" T.，在选项栏中设置文字属性，在图像窗口中按下鼠标左键不放，拖曳指针创建一个段落文字定界框，释放鼠标左键后，文字光标会显示在文本定界框内，如图 6-17 所示。

125

2 在文字光标后输入文字，单击提交 ✔ 按钮确认，得到如图 6-18 所示的段落文字。

图 6-17　创建文本定界框　　　　　　　　　图 6-18　段落文字效果

　　在段落文本框中输入的文字到了段落文本框的右边缘位置处时，文字会自动换行。如果在段落文本框中输入了过多的文字，超出了段落文本框的范围，超出的文字将被隐藏，此时在段落文本框右下角位置将会出现一个小的"田"字符号 ⊞。

　　将鼠标指针放在段落文本框处可以调整文字边框的大小和倾斜角度，其中的文字会自动调整换行。把鼠标指针放在定界框的控制点上，当光标变成"双向箭头"↕时，可以方便地调整段落文本框的大小，如图 6-19 所示；当光标变成"双向箭头"↷时，可以旋转段落文本框，如图 6-20 所示。

图 6-19　缩放段落文本框　　　　　　　　　图 6-20　旋转段落文本框

 按住【Ctrl】键拖动段落文本框的控制点，可以调整段落文本框大小的同时缩放文字。

　　该实例源文件参见配套光盘 ch06\源文件\单张.psd 文件。

6.3.3　转换点文字与段落文字

　　点文字和段落文字可以相互转换。转换时执行菜单【图层】→【文字】→【转换为段落文字】命令，或执行【图层】→【文字】→【转换为点文字】命令即可。

6.4　设置文字和段落属性

　　在一个设计作品中，文字的字体、字号运用是否得当，文字排列组合的好坏，直接影响着版面的视觉传达效果，因此每一个文字或每一段文字都应该具有美观度。

　　要做到文字运用得当就必须掌握设置文字及段落属性的相关操作。

6.4.1 设置文字属性

设置文字属性是通过【字符】面板来完成的。

选择文字工具后，单击工具选项栏中的"切换字符和段落面板" 按钮，打开如图 6-21 所示的【字符】面板。【字符】面板的主要功能是设置文字的字体、字号、字型以及字间距、行间距等。

图 6-21 【字符】面板

在【字符】面板中，设置字体、设置字型、设置字号、设置文字颜色和消除锯齿选项与工具选项栏中的选项功能相同，这里就不再赘述。其他选项介绍如下：

◎ "行间距" ：用于设置两行之间的距离，数值越大行间距越大。可从其下拉列表中选取所需的字符行间距，单位为"点"。行间距应该和字体的大小相匹配，如图 6-22 所示为设置不同行间距文字的比较效果。

（a）行间距为自动　　　　　　（b）行间距为 20 点

图 6-22　设置不同行间距的效果

◎ "垂直缩放" ／ "水平缩放" ：用于调整字符的宽度和高度比，默认为 100%。垂直缩放与水平缩放的效果如图 6-23 所示。

（a）文字的正常效果　　　（b）垂直缩放为 200%　　　（c）水平缩放为 300%

图 6-23　不同字符高宽比的比较

◎ "比例间距" ⬚：比例间距按指定的百分比值减少字符周围的空间。当向字符添加比例间距时，字符两侧的间距按相同的百分比减小。

◎ "字间距" ⬚：用于调整所有选中文字的间距。数值越大，字间距越大。在字间距下拉列表中，可以一次调整多个字符的间距。而在"微调字距"中每次只能调整两个字符间距。如图 6-24 所示为文字"猎艳"设置不同字间距的效果。

（a）字间距为 50　　　　　　　（b）字间距为 200

图 6-24　不同字间距的比较效果

◎ "微调字距" ⬚：在其下拉列表中可选择两个字符之间的距离，范围是-100～+200。

◎ "基线偏移" ⬚：调整文字与文字基线的距离，可以升高或降低行距的文字以创建上标或下标效果。单位是点，正值则文字上升，负值则文字下移，如图 6-25 所示。

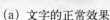 

（a）文字的正常效果　　　　　　（b）设置基线后的效果

图 6-25　不同基线效果的比较

◎ "语言"设置：单击右侧的按钮，在打开的下拉列表中可以选择不同国家的语言方式，其中包括美国、英国、法国、德国等。该设置决定对文本拼写和语法错误进行检查时参考何种语言。

◎ "字体特殊样式"：单击其中的按钮，可以将选中的字体改变为这种形式显示。其中的按钮 T T TT T T. T T 依次代表为：粗体、斜体、全部大写、小型大写、上标、下标、下划线和删除线，其中"全部大写"、"小型大写"只对 Roman 字体有效。

6.4.2　设置段落属性

恰当地使用段落属性能够大大增强文字的可读性与美观度。设置文本段落属性是通过【段落】面板完成的。

在【字符】面板中单击【段落】选项卡，即可打开【段落】面板，如图 6-26 所示。【段落】

面板的主要功能是设置文字的对齐方式以及缩进量等参数。

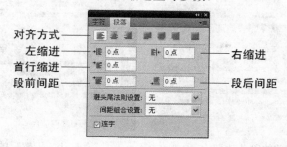

图 6-26 　【段落】面板

- ◎ ：单击其中的按钮，文本光标所在的段落将以相应的方式对齐。
- ◎ "左缩进" ：用于设置文字段落的左侧相对于左定界框的缩进量。
- ◎ "右缩进" ：用于设置文字段落的右侧相对于右定界框的缩进量。
- ◎ "首行缩进" ：用于设置文字段落第一行相对于其他行的缩进量。
- ◎ "段前间距" ：用于设置当前文字段落与上一文字段落之间的垂直距离。
- ◎ "段后间距" ：用于设置当前文字段落与下一文字段落之间的垂直距离。
- ◎ "连字"：勾选此项，允许使用连字符链接单词。

打开配套光盘 ch06\素材\优惠券.psd 文件，如图 6-27 所示。分别为图像右侧的一段文字运用 3 种不同的对齐方式后，效果如图 6-28 所示。

图 6-27　打开的图像文件

(a) 左对齐效果　　　　(b) 居中对齐效果　　　　(c) 右对齐效果

图 6-28　运用 3 种不同的对齐方式

如图 6-29 所示为将第二段落的段前间距设置为 10，段后间距设置为 10，首行缩进设置为 20 的效果。

129

（a）设置前的段落效果　　　　　　（b）设置后的段落效果

图 6-29　设置段落前后效果对比

6.4.3　变换文字

在 Photoshop CS4 中文字和图像一样能够变换，要变换文字可以按以下步骤进行。

1 在【图层】面板中选择需要变换的文字所在的图层，使其成为活动图层。

2 按【Ctrl+T】键调出自由变换控制框，通过拖动控制点即可对文字进行变换操作，如图 6-30 所示。但不能进行扭曲和透视变形。

图 6-30　变换文字

6.5　文字的转换

6.5.1　将文字转换为图像

由于对文字图层无法使用滤镜、色彩调节等命令，因此为了得到更精彩的文字效果，必须将文字图层转换为普通图层。

在【图层】面板中选择要转换的文字图层，然后执行菜单【图层】→【栅格化】→【文字】命令，或单击鼠标右键，从弹出的快捷菜单中选择【栅格化文字】命令，如图 6-31 所示，即可将文字图层转换为普通图层。转换后的图层不再具有文字图层的属性，即不能再更改文字的字体、字号等属性，但可以应用滤镜效果。

图 6-31　从快捷菜单中选择【栅格化文字】命令

如图 6-32 所示为将图层栅格化后，执行菜单【滤镜】→【扭曲】→【极坐标】命令后的效果。

图 6-32　为文字添加【极坐标】滤镜

6.5.2　将文字转换为路径

在【图层】面板中选中某个文字图层后，执行菜单【图层】→【文字】→【创建工作路径】命令，即可根据选中图层中文字的轮廓创建一个工作路径。

创建文字路径后，可以对这些路径进行一些巧妙的运用，从而产生一些特殊效果。下面以一个简单的实例，介绍如何运用文字路径制作漂亮的文字效果，操作步骤如下。

1 打开配套光盘 ch06\素材\star.jpg，使用 "横排文字工具" T.输入文字 STAR，如图 6-33 所示。

2 按【F7】键打开【图层】面板，选择文字图层，执行菜单【图层】→【文字】→【创建工作路径】命令，得到一个工作路径。单击文字图层前面的 "眼睛" 图标隐藏文字图层，在图像窗口中可以更清楚地看到路径，如图 6-34 所示。

图 6-33　输入文字

图 6-34　将文字转换为路径后的效果

3 选择"画笔工具" ，打开【画笔】面板，从中选择一种软边笔刷，并设置适当的大小和间距，如图 6-35 所示。

4 新建图层 1，接着单击【图层】面板右侧的"路径"选项卡切换至【路径】面板，如图 6-36 所示。

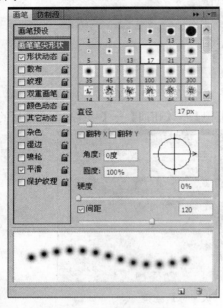

图 6-35　【画笔】面板　　　　图 6-36　从【图层】面板切换至【路径】面板

5 设置前景色为白色，单击【路径】面板底部的"用画笔描边路径" ○ 按钮，对路径进行描边，效果如图 6-37 所示。

图 6-37　描边路径后的效果

该实例源文件参见配套光盘 ch06\源文件\star.psd。

6.5.3　将文字转换为形状

除了将文字转换为路径外，还可以将文字转换为形状，操作方法如下。

在【图层】面板中选择要转换的文字图层，然后执行菜单【图层】→【文字】→【转换为形状】命令，或单击鼠标右键，从弹出的快捷菜单中选择【转换为形状】命令，即可将原图层中的文字轮廓作为新图层上的剪贴路径，如图 6-38 所示。

文字　　　　　　　　　　　　　　形状

图 6-38　将文字转换为形状

与创建工作路径不同，转换为形状图层后，原来的文字图层被替换为一个形状图层，如图 6-39 所示。

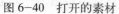 

（a）文字图层　　　　　　　　　（b）形状图层

图 6-39　将文字转换为形状后的图层变化

关于路径与形状的详细介绍参见第 11 章。

6.5.4　在路径上创建文本

在 Photoshop CS4 中，用户可以绘制一条需要的路径形状，然后沿着路径输入文字，文字就会沿着路径的方向排列。

制作沿路径绕排的文字效果，操作步骤如下。

1 打开配套光盘 ch06\素材\01.jpg，如图 6-40 所示。

图 6-40　打开的素材　　　　　　　　图 6-41　绘制路径

2 在工具箱中选择"钢笔工具"，在图像中绘制一条半圆弧的路径，如图 6-41 所示。

3 在工具箱中选择"横排文字工具" T.，将此工具放于路径线上，直至光标变为 形状时单击，即可发现路径线上显示了一个文本插入点，直接在插入点后输入文字，得到如图 6-42 的效果。

4 单击工具选项栏中的 ✔ 按钮即可完成输入操作。这时在【路径】面板中将生成一条新的文字绕排路径，其名称则为在路径上输入的文字，如图 6-43 所示。

图 6-42 输入文字后的效果   图 6-43   【路径】面板

该实例源文件参见配套光盘 ch06\源文件\01.psd。

6.6 创建变形文字

在 Photoshop 中可以使用变形文字来创作艺术字体。Photoshop CS4 提供了 15 种变形样式供用户选择使用。

制作变形文字操作方法如下。

1 在【图层】面板中选择要变形的文字图层作为当前操作层，或直接将文字光标插入到要变形的文字中，如图 6-44 所示。

图 6-44 要应用变形的文字   图 6-45   【变形文字】对话框

2 选择文字工具后单击工具选项栏左侧的创建"文字变形" ⬛ 按钮，打开【变形文字】对话框，从"样式"下拉列表中选择一种变形样式，比如"鱼形"，如图 6-45 所示。

3 这时【变形文字】对话框中的参数被激活，如图 6-46 所示。

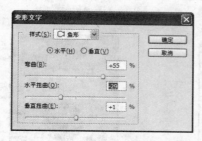

图 6-46　设置变形文字的参数

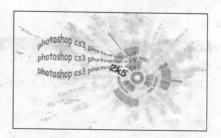

图 6-47　鱼形文字效果

【变形文字】对话框中各参数含义如下。

◎　"样式"：在其下拉列表中，可为文字设置一种变形样式，有扇形、拱形、旗帜、鱼形等 15 种样式。

◎　"水平" / "垂直"：设置调整变形文字的方向。

◎　"弯曲"：指定对文字应用的变形强度。

◎　"水平扭曲" / "垂直扭曲"：可对文字应用透视变形。

> **提示** 在样式列表中选择任意一种变形样式后，【变形文字】对话框中的参数均会被激活。

4 设置好参数后，单击【确定】按钮确认变形，效果如图 6-47 所示。

5 如果要取消文字变形，重新执行第 2 步操作，在【变形文字】对话框的"样式"下拉列表中选择"无"选项即可。

该实例源文件参见配套光盘 ch06\源文件\鱼形文字效果.psd。

6.7　实例演练

6.7.1　制作超市POP海报

POP 海报是英文 Point of Purchase Ad 的缩写，其英文原意为"在购物场所能促进销售的广告"。所有在零售店面内外，能帮助促销的广告物，或其他提供有关商品情报、服务、指示、引导等标示，都可以称为 POP 广告。

除了手绘 POP 海报之外，现在最流行的是电脑绘图合成，借助彩色喷墨印表机输出的电脑稿海报。利用电脑除了可以做整体输出之外，电脑还可以提供各种各样的字体和变形以及各种色彩和图案的搭配，使海报的文字变化多端、整体更具视觉冲击力。

POP 的形式有户外招牌、展板、橱窗海报、店内台牌、吊旗等，本例将制作如图 6-48 所示的超市 POP 海报。

◎　素材文件：ch06\POP 海报\bg.jpg、标志.psd

◎　最终文件：ch06\POP 海报\POP 海报.psd

◎　学习目的：掌握文字的变形、描边命令与渐变的使用

1 新建文件。按【Ctrl+N】快捷键，打开【新建】对话框，设置"名称"为超市海报，"宽度"为 21 厘米，"高度"为 29.7 厘米，"分辨率"为 150 像素/英寸，其他参数

图 6-48　POP 海报

保持默认设置，如图 6-49 所示。

图 6-49　新建文件　　　　　　　　　　　　　图 6-50　bg.jpg 文件

2 添加背景图片。打开本例素材 "bg.jpg" 文件，使用 "移动工具" 将其拖曳至新建图像中，得到图层 1。调整好位置后，按【Ctrl+E】快捷键合并图层。

3 输入文字。选择 "横排文字工具"，设置前景色为蓝色（R0，G0，B255），字体为 Arial Black，字号为 48 点，输入点文字 9.18。然后单击选项栏上的 "提交" 按钮确认输入，如图 6-51 所示。

4 设置前景为红色（R255，G0，B0），字体为隶书，字号为 48 点，在文字 "9.18" 下面输入文字 "激情"。接着单击工具选项栏中的 "创建变形文字" 按钮，打开【变形文字】对话框，具体设置如图 6-52 所示，单击【确定】按钮退出对话框。采用同样的方法，在文字 "激情" 的下面输入文字 "点燃"，并设置【变形文字】对话框中的各项参数，如图 6-53 所示。

5 栅格化文字。按住【Shift】键不放，逐个单击文字图层以选中所有文字层，如图 6-54 所示。然后单击鼠标右键，从弹出的菜单中选择【栅格化文字】命令，将所有的文字图层都转换成为普通图层，接着按【Ctrl+E】快捷键，将这三个图层合并为一个图层。

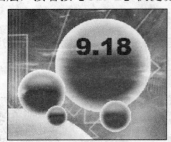

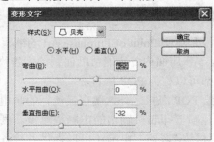

图 6-51　输入文字　　　　　　　　　　　图 6-52　【变形文字】对话框

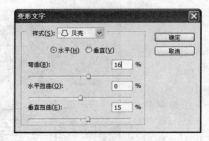

图 6-53　设置变形文字参数　　　　　　　图 6-54　选择所有文字层

6 在【图层】面板中双击合并后的图层名称，将图层更名为图层 1，此时图层 1 上的内容如图 6-55 所示。

图 6-55　图层 1 中的内容及【图层】面板

7 描边文字。设置前景色为白色，选择图层 1，执行菜单【编辑】→【描边】命令，打开【描边】对话框，设置"描边"宽度为 10 像素，"位置"为居外，其他参数保持默认设置，如图 6-56 所示，描边后的文字效果如图 6-57 所示；再设置前景色为红色，继续为文字描边 10 像素，此时的文字效果如图 6-58 所示。

图 6-56　【描边】对话框　　图 6-57　用白色描边后的效果　　图 6-58　用红色描边后的效果

注意 文字图层必须栅格化之后才能执行【编辑】→【描边】命令。

8 输入文字。设置前景色为浅橙色（R243，G183，B0），字体为黑体，字号为 380 点，输入文字 5。栅格化文字后，采用同样的方法为文字描边，先描红色边，再描黑色边，效果如图 6-59 所示。然后双击该图层名称，将图层更名为图层 2。

9 制作渐变文字效果。按【Ctrl+J】快捷键，复制图层 2 得到图层 2 副本，按住【Ctrl】键单击图层 2 副本，激活图层 2 副本中的图像成为选区。设置前景色为（R243，G183，B0），背景色为（R236，G97，B0），选择"渐变工具" ，设置渐变样式为"前景色至背景色渐变"的线性渐变，从左至右拉出一条直线，文字效果如图 6-60 所示。

图 6-59　图层 2 中的文字效果　　　图 6-60　图层 2 副本中的渐变文字效果

137

10 制作文字的立体效果。在不取消选区的情况下，选择"移动工具" ，按住【Alt+Shift】快捷键不放，按一次【↑】上方向键，再按一次【→】右方向键，重复这样的操作 5 次后，会看到图像产生了一种立体效果。接着按【Ctrl+[】快捷键，将图层 2 副本向下移一层，此时图像效果如图 6-61 所示。

> **提示** 选择"移动工具" 后，按【Alt+方向键】，可以复制移动位置为 1 像素的新图层，按
> 【Alt+Shift】快捷键，可以复制移动位置为 10 像素的新图层。每按一次方向键都会产生
> 一个新图层；如果图层是激活成为选区的，则复制的像素都在同一图层，不产生新图层。

11 编辑文字。选择"直排文字工具" ，设置字体颜色为（R243，G183，B0），字体为华文行楷，字号为 72 点，输入文字"周年"。栅格化文字后，将图层名称改为图层 3。然后进行描边，描边的颜色和图层 2 一样，只是描边的宽度可以适当调小一些，效果如图 6-62 所示。

图 6-61 制作文字的立体效果   图 6-62 编辑文字

12 输入文字。设置前景色为浅橙色（R243，G183，B0），字体为隶书，字号为"100"点，输入"超级盛典"，如图 6-63 所示。然后将此图层更名为图层 4。

> **提示** 按回车键可以使文字换行，如果行间距太松或太紧，可以在【段落】面板中设置行距。

13 描边文字。采用同样的方法，栅格化图层 4 后，为图层 4 描一条宽度为 20 像素的红色边，如图 6-64 所示。

图 6-63 输入文字   图 6-64 描边文字

14 自定义选区。选择"多边形套索工具" ，在图层 4 中建立一个如图 6-65 所示的多边形选区，接着使用"移动工具" 将选区内的图像向上移动，使红色部分连接起来，如图 6-66 所示。然后设置前景为黑色，为图层 4 描一条宽度为 12 像素的黑色边，效果如图 6-67 所示。

图 6-65 创建多边形选区 图 6-66 移动内容 图 6-67 描边后的效果

15 创建变形文字。选择"横排文字工具" **T**.，设置字体为黑体，字号为 70 点，输入文字"每天送出一台"，单击工具选项栏中的"创建变形文字" **↑** 按钮，弹出【变形文字】对话框，具体设置如图 6-68 所示。单击【确定】按钮，制作变形文字，将此图层更名为图层 5。

16 制作渐变文字。选择"渐变工具" **■.**，打开【渐变编辑器】对话框，设置渐变填充如图 6-69 所示。栅格化图层 5 后，从左至右拉拖出一条线性渐变，然后给图层 5 描一条白色的边，效果如图 6-70 所示。采用同样的方法制作"摩托车"的文字效果，如图 6-71 所示。

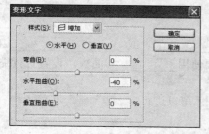

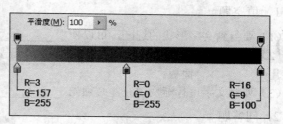

图 6-68 变形文字参数设置 图 6-69 设置渐变

图 6-70 渐变文字效果 图 6-71 其他文字效果

17 添加标志。打开本例素材"标志.psd"文件，如图 6-72 所示，将该图标拖曳至新建文件中。接着使用"横排文字工具" **T**.，设置字体颜色为白色，字体为华文新魏，字号为 40 点，输入文字"湾道山购物广场"，如图 6-73 所示。

图 6-72 标志素材 图 6-73 添加标志

18 复制文字。按【Ctrl+J】快捷键，复制该文字图层，并将复制的文字颜色改为黑色。然后选择"移动工具" ，按向右【→】和向下【↓】的方向键各两次，向右下角移动文字，效果如图 6-74 所示。然后按【Ctrl+[】键，将黑色文字图层向下移一层，最终效果参见图 6-48。

图 6-74　复制并移动文字后的效果

6.8　思考与练习

1．填空题

（1）要得到文字形状的选区，可以使用_____工具或_____工具。

（2）在 Photoshop CS4 中，设置文字的行间距需要使用_____面板，设置首行缩进需要使用_____面板。

（3）要对文字进行渐变填充，必须先_____才可以进行。

2．问答题

（1）输入文字有哪几种方式？各有何特点？

（2）点文字与段落文字有什么区别？相互之间如何转换？

3．上机练习

（1）请读者参考图 6-75，创建各种样式的变形文字。

图 6-75　变形文字参考图

（2）请读者打开本章上机练习\户外广告.psd 文件，输入文字，制作下图所示的效果。

图 6-76　户外广告效果

第 7 章　纠正操作失误

📑 **本章导读**

在使用 Photoshop 处理图像的过程中，用户不可避免地会出现一些错误操作，但不必担心，Photoshop 提供了许多纠正操作失误的命令和工具，使用这些命令和工具用户可以很方便地纠正或撤销错误操作。同时，利用一些纠错工具还可以制作出精美的图像效果。

🖭 **学习要点**

▲ 【还原】和【重做】　　　　　　　　▲ 【历史记录】面板
▲ 历史记录与快照　　　　　　　　　　▲ 历史记录画笔工具
▲ 历史记录艺术画笔工具

7.1　纠正命令

Photoshop 为用户提供了许多纠正操作失误的命令，熟练地运用这些命令将给工作带来极大的便利。

7.1.1　恢复

当我们对当前图像执行若干操作后，还希望恢复到最近一次保存文件时图像的状态，则可以使用菜单栏中的【文件】→【恢复】命令完成。

7.1.2　还原和重做

如果仅仅是前面一步的操作发生了失误，则可以执行菜单【编辑】→【还原】命令回退一步，执行菜单【编辑】→【重做】命令则可以重做执行【还原】命令取消的操作。

这两个命令是交替出现在【编辑】菜单中的，在没有进行任何还原操作之前，【编辑】菜单中显示为【还原×××】命令，如图 7-1 所示。当执行【还原】命令后，该命令就变成【重做×××】命令，如图 7-2 所示。其快捷键为【Ctrl+Z】。

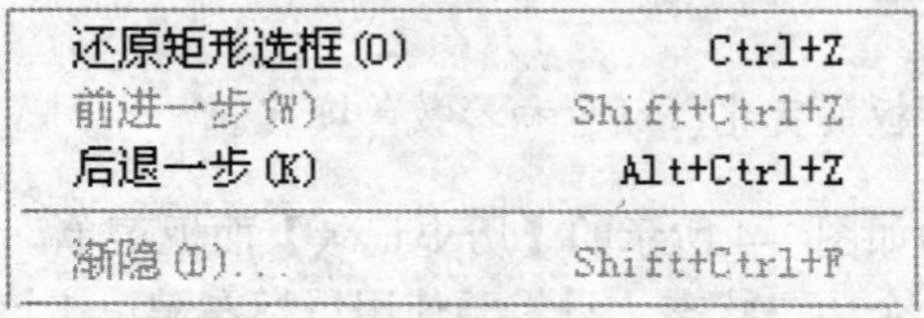

还原矩形选框 (O)	Ctrl+Z
前进一步 (W)	Shift+Ctrl+Z
后退一步 (K)	Alt+Ctrl+Z
渐隐 (D)...	Shift+Ctrl+F

重做矩形选框 (O)	Ctrl+Z
前进一步 (W)	Shift+Ctrl+Z
后退一步 (K)	Alt+Ctrl+Z
渐隐 (D)...	Shift+Ctrl+F

图 7-1　【还原】命令 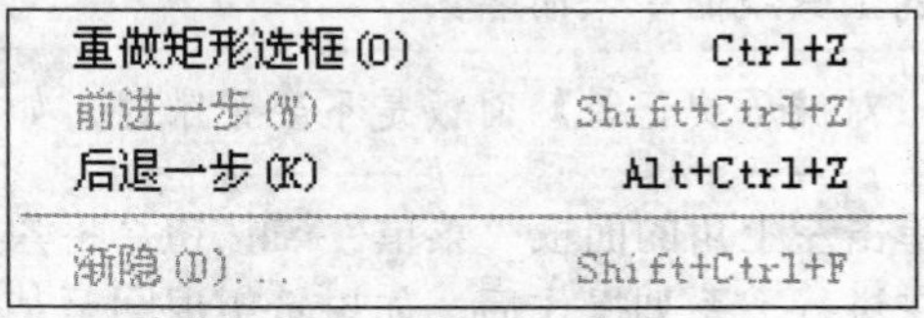　　　　　　　　　图 7-2　【重做】命令

7.1.3　前进一步和后退一步

更多时候，我们的操作失误并不仅仅只是前面一步，或者虽然只是一步操作失误却出现在距离现在较远的前面操作中，这时需要执行【编辑】→【后退一步】命令，以将图像所做的修改向后返回一次，多次选择此命令可以一步一步取消已做的操作，其快捷键为【Ctrl+Alt+Z】。

执行【编辑】→【前进一步】命令，可以重做已取消的操作，快捷键为【Ctrl+Shift+Z】。

7.2 【历史记录】面板

在所有能够纠正操作错误的功能中，【历史记录】面板无疑是最强大而且最有效的。在图像编辑过程中的每一步操作都会在【历史记录】面板上自动记录，如使用的工具、命令等。因此使用【历史记录】面板，不仅能清楚地了解操作者对图像已执行的操作步骤，还可以有选择性地回退至图像的某一历史状态，并从当前状态继续工作。同时，还可以配合"历史记录画笔工具" 将图像的局部恢复到以前的状态，产生特殊效果。

运用【历史记录】面板可以恢复到图像的上一个状态、删除图像的状态，在【历史记录】面板中还可以根据一个状态或快照创建文档。

7.2.1 历史记录

执行菜单【窗口】→【历史记录】命令，即可打开【历史记录】面板。在当前没有新建或打开任何图像的情况下，【历史记录】面板显示为空白，新建或打开了图像后，该面板就会记录用户所做的每一步骤操作，显示方式为"图标+操作名称"，如图 7-3 所示。通过该面板，用户可以很方便地查看当前图像曾经执行的操作。

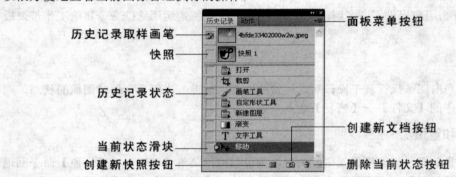

图 7-3 【历史记录】面板

【历史记录】面板由两部分组成：上部分为快照区，用于显示建立的快照；下部分为历史记录区，用于显示编辑图像时的每一步操作，最后的操作步骤位于面板底端，每一个步骤都以所使用的工具或命令来命名。

> **注意** 对【历史记录】面板是不会记录的，如面板的变化、颜色和参数等变化。

单击左上角的面板"菜单" 按钮，将弹出如图 7-4 所示的【历史记录】面板菜单。

在进行一系列操作后，如果希望退回至某一个历史状态，只需要使用鼠标左键单击该历史记录的名称（如新建图层）即可，如图 7-5 所示。此时在所选历史记录名称的左端会显示 图标，表示当前图像窗口中的图像状态，且所选历史记录后面的所有操作都将以灰度显示。

在默认情况下，【历史记录】面板最多只能记录最近 20 次的操作状态。当历史记录数目超过 20 次时，后面的记录将覆盖前面的记录。用户可通过执行菜单【编辑】→【首选项】→【性能】命令，在打开的【首选项】对话框中重新设置历史记录的步数，如图 7-6 所示。

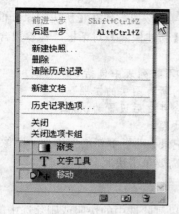
图 7-4　面板菜单

图 7-5　回退至某一个历史状态

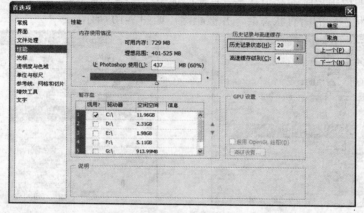
图 7-6　【首选项】对话框

7.2.2　快照

　　使用快照功能，用户可以在编辑图像的过程中，对关键操作建立快照，以便在需要时进行恢复，以免在超过 20 步后而无法返回。

1．新建快照

　　快照是将定义好的图像状态暂存在内存中，作为恢复图像的样本。

　　在【历史记录】面板中选择要创建快照的某一图像状态（如旋转画布），然后单击"创建新快照" 按钮，即可按照默认参数为当前的图像状态建立一个新的快照，快照自动命名为"快照 1"，如图 7-7 所示。

图 7-7　创建快照

图 7-8　【新建快照】对话框

143

如果在按下【Alt】键同时单击"创建新快照" 按钮，或在【历史记录】面板菜单中选择【新建快照】命令，这时会弹出如图 7-8 所示的【新建快照】对话框，各参数含义如下。

◎ "名称"：输入快照的名称。

◎ "自"：在该栏中可以选择快照的来源，其下拉列表中包括 3 个选项。

    ➤ "全文档"：可创建图像在该状态时的所有图层的快照。

    ➤ "合并的图层"：将当前文件的图层合并之后设置为快照。

    ➤ "当前图层"：建立当前活动图层的快照。

设置完成后单击【确定】按钮，即可在【历史记录】面板中新增一份当前图像状态的快照。如果要将图像恢复到某一个快照的编辑状态时，只需要单击快照名称即可。

2．删除快照

在【历史记录】面板上单击"删除" 按钮可以删除选中的快照或删除选中的中间状态图像。如果要删除面板中记录的某个状态，首先应选中该状态（图 7-9），再单击"删除" 按钮，默认情况下，该状态后的所有状态会一并被删除，如图 7-10 所示。

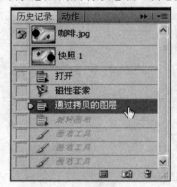 

图 7-9　选中要删除的状态　　　　图 7-10　删除后的效果

3．重命名快照

若要更改快照名称，可在【历史记录】面板中双击要重命名的快照名称，在快照名称处显示的文本框中输入新的快照名称，如图 7-11 所示。然后按下 Enter 键或单击文本框以外的任意地方即可。

图 7-11　重命名快照

7.2.3　从当前状态创建新文件

在【历史记录】面板中可以将任意状态或快照创建为一个新文档，方法如下。

在【历史记录】面板中选择要创建为新文件的某一状态或快照（如旋转画布），然后单击从当前状态"创建新文档" 按钮，即可自动产生一个与当前所选快照状态相同的新图像，新文件的名称和所选快照或步骤的名称相同，如图 7-12 所示。并且在【历史记录】面板中以"复制状态"为第一步操作，如图 7-13 所示。

图 7-12　从当前状态建立的新文档

图 7-13　【历史记录】面板

提示　在【历史记录】的面板菜单中选择【新建文档】命令，同样会使当前的状态产生一个新的图像文件。

7.2.4　设置【历史记录】面板选项

在【历史记录】面板菜单中选择【历史记录选项】命令，打开【历史记录选项】对话框，如图 7-14 所示。

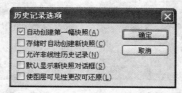

图 7-14　【历史记录选项】对话框

该对话框中各选项含义如下。

◎　"自动创建第一幅快照"：默认选项。即打开图像文件时，自动将打开的图像创建为快照，在该快照栏中一般会显示该图像的文件名及扩展名。

◎　"存储自动创建新快照"：选择该复选框，在存储文件时自动创建一个新快照。

◎　"允许非线性历史记录"：选择该复选框，删除【历史记录】面板中的某一状态时，其后面的步骤不受影响，否则其后面的步骤全部被删除。

◎　"默认显示新快照对话框"：表示在新增快照时，以默认的形式自动显示【新快照】对话框。

◎　"使图层可视性更改可还原"：可以记录图层是否显示的操作。

注意　在编辑图像的过程中，Photoshop 将消耗大量的内存资源来记录【历史记录】面板上的信息，用户可以即时执行【编辑】→【清理】子菜单命令来清除不需要执行图像恢复操作的剪贴板、历史记录或全部操作所占用的内存资源，以提高计算机的性能。

7.3　历史记录相关工具

与历史记录相关的工具包括"历史记录画笔工具" 与"历史记录艺术画笔工具" 。

"历史记录画笔工具" .必须和【历史记录】面板配合使用。它可用于恢复操作，但它不是将整个图像都恢复到以前的状态，而是对图像的部分区域进行恢复，因而可以对图像进行更加细微地控制。

"历史记录艺术画笔工具" 的功能与历史记录画笔工具的功能类似，操作方法也非常接近，不同点在于历史记录画笔工具可以把局部图像恢复到指定的某一步操作，而历史记录艺术画笔则可以将局部图像按照指定的历史状态转换成手绘图的效果。

7.3.1 历史记录画笔工具

"历史记录画笔工具" 选项栏如图 7-15 所示。它能够依照【历史记录】面板中的快照和某个状态，将图像的局部或全部还原到以前的状态。

图 7-15 "历史记录画笔工具"选项栏

下面以一个具体的实例，介绍历史记录画笔工具的使用方法，操作步骤如下。

1 打开配套光盘 ch07\小鸟\小鸟.jpg，如图 7-16 所示。

图 7-16 打开的素材图像

图 7-17 【彩色铅笔】对话框

2 执行菜单【滤镜】→【艺术效果】→【干画笔】命令，打开【干画笔】对话框，具体的参数设置如图 7-17 所示。单击【确定】按钮，图像效果如图 7-18 所示。关于滤镜的详细介绍请参阅第 13 章。

图 7-18 添加滤镜后的效果

图 7-19 【高斯模糊】对话框

3 执行菜单【滤镜】→【模糊】→【高斯模糊】命令，在弹出的对话框中设置"半径"为7 像素，如图 7-19 所示。单击【确定】按钮，为图像添加高斯模糊滤镜。此时，【历史记录】面板如图 7-20 所示，可以看见操作过程被记录下来。

图 7-20 【历史记录】面板　　　　　图 7-21 设置历史记录画笔的源

4 在【历史记录】面板的"干画笔"的左侧方格中单击鼠标左键，指定该图像状态为历史记录画笔的来源，如图 7-21 所示，这时在方格中将出现一个"历史记录画笔的图标" ⬛。

5 选择"历史记录画笔工具" ⬛，在选项栏中设置画笔直径为 88 像素（图 7-22），在图像中涂抹，此时画笔涂抹过的地方，像素恢复到"干画笔"操作执行之后的状态，如图 7-23 所示。

图 7-22 设置画笔直径

6 在【历史记录】面板中单击"干画笔"命令名，如图 7-24 所示。这时，整个图像又恢复到了应用了"干画笔"滤镜时的图像状态（图 7-18）。

图 7-23 恢复到"彩色铅笔"效果　　　　图 7-24 单击"干画笔"命令名

下面将右侧的母鸟恢复到打开时的状态。

7 单击快照"小鸟.jpg"左侧的方格，将系统默认的快照设置为历史记录画笔的来源，如图 7-25 所示。再次选择"历史记录画笔工具" ⬛，只在母鸟上进行涂抹，将母鸟恢复到打开时的状态，如图 7-26 所示。

图 7-25 设置历史记录画笔的源　　　　图 7-26 将母鸟恢复到打开时的图像状态

147

该实例源文件参见配套光盘 ch07\小鸟\小鸟.psd 文件。

7.3.2 历史记录艺术画笔工具

"历史记录艺术画笔工具"选项栏（图 7-27）与历史记录工具的选项栏相比，多了几项参数。

| 画笔: | 模式: 正常 | 不透明度: 100% | 样式: 绷紧短 | 区域: 50 px | 容差: 0% |

图 7-27 "历史记录艺术画笔工具"选项栏

◎ "样式"：在此下拉列表（图 7-28）中选择历史记录艺术画笔的样式，共有绷紧短、绷紧中、绷紧长、松散中等、松散长、轻涂、绷紧卷曲、绷紧卷曲长、松散卷曲和松散卷曲长等 10 种类型。

| 绷紧短 |
| 绷紧短 |
| 绷紧中 |
| 绷紧长 |
| 松散中等 |
| 松散长 |
| 轻涂 |
| 绷紧卷曲 |
| 绷紧卷曲长 |
| 松散卷曲 |
| 松散卷曲长 |

图 7-28 【样式】下拉列表

◎ "区域"：设置绘制覆盖的像素范围，数值越大则画笔覆盖像素的范围越大。
◎ "容差"：设置作图的像素范围，若数值较小，可以不受限制地在图像的任何区域绘制；若数值较大，绘制时操作被限制在与历史记录状态或快照图像的色调相差较大的区域中。
下面以一个具体的实例，介绍此工具的使用方法，操作步骤如下。

1 打开配套光盘 ch07\卡通女孩\卡通女孩.jpg，如图 7-29 所示。

2 选择"背景"图层，设置前景色为白色，按【Alt+Delete】键填充前景色。

3 从工具箱中选择"历史记录艺术画笔工具"，在工具选项栏中保持默认设置，在图像中涂抹，直到涂抹出如图的 7-30 所示的效果。

图 7-29 原图

图 7-30 涂抹后图像的效果

想一想：如果要将女孩的面部涂抹清晰，请读者思考该如何操作？

该实例源文件参见配套光盘 ch07\卡通女孩\卡通女孩.psd 文件。

7.4 思考与练习

1. 填空题

（1）按快捷键_____，可以撤销上一步操作；按组合键_____，可以撤销几步操作。

（2）新建或打开了图像后，【历史记录】面板会记录用户所做的_____。通过该面板，用户可以很方便地查看当前图像_____。

快照是将定义好的图像状态暂存在内存中，作为恢复图像的_____。

2．问答题

（1）使用快照功能有什么好处？如何创建快照？

（2）历史记录画笔工具与历史记录艺术画笔工具有什么区别？

3．上机练习

（1）请读者打开本章上机练习\有斑的美女.tif 文件，使用历史记录画笔工具为人物去斑，如图 7-31 所示。去斑后的效果文件参见上机练习\去斑后效果.tif。

图 7-31　去斑前后效果对比

> **提示** 先对图像高斯模糊，然后建立快照，接着回到打开文件的那一步，将快照指定为历史记录画笔的来源，使用历史记录画笔工具涂抹图像。

（2）请读者利用上机练习中的素材——美女.tif 文件，使用历史记录艺术画笔工具，制作类似图 7-32 所示的图像效果。

图 7-32　图像效果

第8章 控制图像色调与色彩

📑 本章导读

在 Photoshop 中，对色彩和色调的控制是编辑图像的关键。本章通过学习【直方图】面板、图像色调的控制、色彩的调整来有效地控制图像色彩和色调，制作出高质量的图像。

☞ 学习要点

▲ 【直方图】面板　　　　　　　　▲ 图像色调的控制
▲ 特殊色调的控制　　　　　　　　▲ 图像色彩的调整

8.1　学会观察图像

在对图像的色相、饱和度、亮度等进行调整之前，首先要对图像的色彩进行观察和分析，这样才能够针对图像的不足加以修饰，从而得到更好的效果。

8.1.1　【直方图】面板

【直方图】以图形的形式表现出图像中像素的亮度分布，这样通过观察直方图就可以准确地分析出图像在暗调、中间调和高光部分是否拥有足够多的细节，以便进行调节和校正。

例如，暗色调图像的细节集中在阴影处（即水平轴的左侧），如图 8-1 所示，对于此类图像应该视像素的总量调整暗部；亮色调图像的细节集中在高光处（即水平轴的右侧），如图 8-2，对于此类图像应该视像素的总量适当调亮暗部、加暗亮部。而全色调图像，即色调分布均匀且连续的图像细节集中在中间调处（即水平轴的中央位置），如图 8-3 所示。可以看出全色调图像在所有区域中都有大量的像素，此类图像基本无须调整。

图 8-1　暗色调图像及对应的直方图

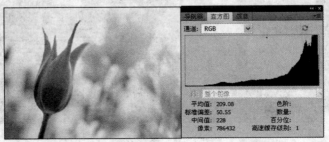

图 8-2　亮色调图像及对应的直方图

图 8-3 全色调图像及对应的直方图

执行菜单【窗口】→【直方图】命令，即可打开【直方图】面板，单击【直方图】面板右上角的 按钮，在弹出的菜单中可切换视图方式，如图 8-4 所示。

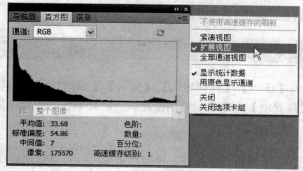

图 8-4 【直方图】面板与面板菜单

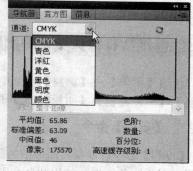

图 8-5 "通道"下拉列表

【直方图】面板中各参数含义如下。

◎ "通道"：在该下拉列表中会根据颜色模式的不同而显示不同的选项。例如，在 RGB 模式下显示的是"红"、"绿"、"蓝"、"亮度"和"颜色"5 个选项，而在 CMYK 模式下，显示的是"青色"、"洋红"、"黄色"、"黑色"、"亮度"和"颜色"6 个选项，如 8-5 所示。从该下拉列表中取单个通道，可显示文档的单个通道（包括颜色通道、Alpha 通道和专色通道）的直方图。

◎ "源"：在该下拉列表中可以选择查看直方图的对象，各选项含义如下。

➢ 整个图像：显示整个图像（包括所有图层）的直方图。

➢ 选中的图层：显示在"图层"面板中选定图层的直方图。

➢ 复合图像调整：显示在"图层"面板中选定的调整图层（包括调整图层下面的所有图层）的直方图。

默认情况下，【直方图】面板将在【扩展视图】和【全部通道视图】中显示统计数据，各数值含义如下。

◎ "平均值"：该数值用于显示图像的平均亮度值。

◎ "标准偏差"：该数值用于显示图像亮度值的变化范围。

◎ "中间值"：该数值用于显示图像亮度值范围内的中间值。

◎ "像素"：该数值用于计算直方图的像素总数。

◎ "色阶"：该数值用于显示光标当前位置区域的亮度级别。

◎ "数量"：该数值用于显示与当前光标所在位置亮度级别相同的像素总数。

◎ "百分位"：该数值用于显示光标所在位置处图像中所有像素的百分比。

151

◎ "高速缓存级别"：该数值用于显示图像高速缓存的级别设置。

【直方图】面板还可以预览任何颜色和色调调整对直方图所产生的影响。在任何调整命令的对话框中选择"预览"选项，【直方图】面板将显示调整对直方图所产生影响的预览，如图 8-6 所示。

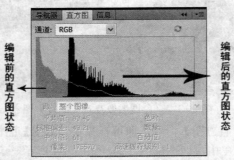

图 8-6　同时查看编辑前后的直方图状态

8.2　创建具有特殊颜色的图像效果

使用【图像】→【调整】子菜单中的【反相】、【色调均化】、【阈值】、【色调分离】、【渐变映射】、【照片滤镜】、【阴影/高光】和【曝光度】等命令，可以创建具有特殊颜色的图像效果。

8.2.1　【反相】命令

【反相】命令可以反转图像中的颜色。对于黑白图像而言，使用此命令可以将其转换为底片效果。对于彩色图像，使用此命令则可将图像中的各部分颜色转换为补色。

打开需要反相的图像，执行菜单【图像】→【调整】→【反相】命令或者按【Ctrl+I】快捷键，即可完成反相操作，如图 8-7 所示。

原图像（ch08\素材\花 1.jpg）　　　　　　　　使用此命令后的效果

图 8-7　反相前后效果对比

8.2.2　【色调分离】命令

使用【色调分离】命令可以减少彩色或灰阶图像中色调等级的数目，其原理为按操作者在【色调分离】对话框中设定色调数目，定义图像的显示颜色。

例如，如果将彩色图像的色调等级制定为 6 级，Photoshop 可以在图像中找出 6 种基本色，并将图像中所有颜色强制与这 6 种颜色匹配。此命令适用于在照片中创建特殊的效果。

下面通过一个具体的实例，介绍使用【色调分离】命令调整图像的方法，操作步骤如下。

1 打开配套光盘 ch08\素材\荷花.jpg 文件，如图 8-8 所示。

2 执行菜单【图像】→【调整】→【色调分离】命令打开【色调分离】对话框，如图 8-9 所示。

3 在"色阶"中输入数值或拖动其下方的滑块，同时预览被操作图像，直至得到所需要的效果。

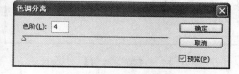

图 8-8　原图像　　　　　　　　　图 8-9　【色调分离】对话框

图 8-8 所示为原图像，图 8-10 和图 8-11 所示分别为使用不同"色阶"数值时所得到的效果。

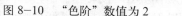

图 8-10　"色阶"数值为 2　　　　　图 8-11　"色阶"数值为 7

8.2.3　【阈值】命令

【阈值】命令可以将画面转换为仅用黑白显示的图像。使用【图像】→【调整】→【阈值】命令时，允许使用者指定某个色阶作为阈值，所有比阈值亮的像素将会被转换为白色，所有比阈值暗的像素将会被转换为黑色。此命令操作过程如下。

1 打开配套光盘 ch08\素材\时尚女孩.jpg 文件，执行菜单【图像】→【调整】→【阈值】命令，打开【阈值】对话框，如图 8-12 所示。

2 拖动对话框中的三角形滑块，同时预览被操作图像的变化，直至得到需要的效果。如图 8-13 所示为使用此命令前后的效果对比。

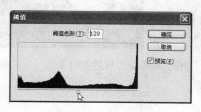

图 8-12　【阈值】对话框　　　　　图 8-13　使用【阈值】命令前后的效果对比

153

8.2.4 【渐变映射】命令

【渐变映射】命令可以将图像的灰度范围映射到指定的渐变填充色。如果指定双色渐变填充，则图像中的阴影会映射到渐变填充的一个端点颜色，高光则映射到另一个端点颜色，而中间调则映射到两个端点颜色之间的渐变。

执行菜单【图像】→【调整】→【渐变映射】命令，弹出如图 8-14 所示的对话框。

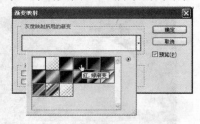

图 8-14　【渐变映射】对话框　　　　图 8-15　"渐变预设框"

该对话框中各参数含义如下。

"灰度映射所用的渐变"：这里提供了多种渐变模式。它的默认模式为由前景色到背景色的渐变。单击其右端的·按钮，会弹出"渐变预设框"，如图 8-15 所示。可以看出，这里所提供的渐变模式与前面介绍的渐变工具的渐变模式一样，但两者产生的效果却不一样。主要有两点区别：【渐变映射】功能不能应用于完全透明的图层；【渐变映射】功能先对所处理的图像进行分析，然后根据图像中各个像素的亮度，用所选渐变模式中的颜色进行替代。

◎ "仿色"：选择该选项后添加随机杂色以平滑渐变填充的外观并减少宽带效果。

◎ "反相"：选择该选项后，会按反方向映射渐变。

下面通过一个具体的实例，来讲解【渐变映射】命令的使用，操作步骤如下。

1 打开配套光盘 ch08\素材\花 2.jpg 文件，如图 8-16 所示。

2 执行菜单【图像】→【调整】→【渐变映射】命令，打开【渐变映射】对话框，在该对话框中执行下面的操作之一。

（1）在对话框中单击渐变类型选择框右侧的三角按钮·，在弹出的"渐变预设框"中选择一个预设的渐变。

（2）单击渐变类型选择框，在弹出的【渐变编辑器】对话框中自定义渐变的类型。

3 根据需要选择"仿色"、"反相"选项后，单击【确定】按钮退出对话框即可。

如图 8-17 所示为应用不同渐变映射后的效果。

图 8-16　原图像　　　　　　图 8-17　应用不同渐变映射后的效果

8.2.5 【去色】命令

使用【去色】命令会删除彩色图像中的所有颜色，将其转换为相同颜色模式下的灰色图像。

执行菜单【图像】→【调整】→【去色】命令，或按【Ctrl+Shift+U】快捷键即可把彩色图像转换为灰色图像。

 　【去色】命令与使用【图像】→【模式】→【灰度】命令将图像转为灰度模式的效果是不同的，【去色】命令并不改变图像的颜色模式，只是将图像表现为灰度。

8.2.6　【色调均化】命令

当图像的色调分布不均匀时，可以应用【图像】→【调整】→【色调均化】命令，按亮度重新分布图像的像素，使其均匀地分布在整个图像上。

使用【色调均化】命令时，Photoshop 先查找图像最亮及最暗处像素的色值，接着将最亮的像素映射为白色，最暗的像素映射为黑色，然后再对整幅图像进行色调均化，即重新分布处于最暗与最亮的色值中间的像素。如图 8-18 所示为使用此命令前后的效果对比。

图 8-18　应用【色调均化】命令前后的效果对比

 　如果在执行【色调均化】命令前存在一个选择区域，则执行该命令后将弹出如图 8-19 所示的对话框。选择"仅色调均化所选区域"选项，则仅均匀分布所选区域的像素；选择"基于所选区域色调均化整个图像"选项，则 Photoshop 会基于选区中的像素均匀分布图像的所有像素。

图 8-19　　【色调均化】对话框

8.3　颜色调整命令

Photoshop 拥有一系列强大的颜色调整命令，使用这些命令可以很方便地改变图像的颜色、减少混合色中的某种颜色、制作灰度、替换指定的颜色、平衡图像色彩等，本节将分别介绍这些调整命令的使用方法。

8.3.1　【色相/饱和度】命令

【色相/饱和度】命令可以调整整个图像或图像中单个颜色成分的色相、饱和度和明度。此命令尤其适用于微调 CMYK 图像中的颜色，以使它们处在输出设备的色域内。

执行菜单【图像】→【调整】→【色相/饱和度】命令或者按快捷键【Ctrl+U】打开【色相/饱和度】对话框，如图 8-20 所示。

图 8-20 【色相/饱和度】对话框

该对话框中的各个选项的作用如下。

◎ "编辑"：此选择用于确定调整的目标，在该下拉列表中选择"全图"选项，则同时对图像中所有的颜色进行调整。也可以选择某一个颜色成分，单独地进行调节。

◎ "色相"：拖动"色相"选项下方的滑块或在数值输入框中输入数值，可以调节图像的色相。

◎ "饱和度"：拖动该项下方的滑块或输入数值，可以调节图像的饱和度。

◎ "着色"：选中该选项，可以将图像调整为一种单色调效果。

◎ "预览"：选中该选项，可以随时观察调整的效果。

◎ "吸管工具" ✏：在"编辑"下拉列表中选择除"全图"选项以外的任意一个选项，即可激活该工具，使用"吸管工具" ✏ 可以在图像中吸取颜色，从而达到精确调整颜色的目的。

◎ 添加到"取样工具" ✏：使用此工具可以在现有被调节颜色基础上，增加被调节的颜色。

◎ 从取样中"减去工具" ✏：使用此工具可以在现有被调节颜色基础上，减少被调节的颜色。

◎ 拖动"调整工具" 👆：此工具为 Photoshop CS4 版本的新增功能。选择此工具后，在图像上单击并拖动可修改饱和度，按住【Ctrl】键单击并拖动可修改色相。

◎ 色带：在对话框的底部显示了两条色带，位于上面的一条是原色带，它在调整颜色的过程中是不变的，而下面的一条是调整后的色带，它会随着颜色的变化而变化。

下面通过一个具体的实例，介绍如何使用【色相/饱和度】命令调整图像的颜色，操作步骤如下。

1 打开配套光盘 ch08\素材\辣椒.jpg 文件，如图 8-21 所示。在本例中，要将左边第一个红色的辣椒调整为紫色。

2 执行菜单【图像】→【调整】→【色相/饱和度】命令，打开【色相/饱和度】对话框，在编辑下拉列表中选择要调整的颜色。因为本例要调整的是红色的辣椒，所以这里选择"红色"，如图 8-22 所示。

图 8-21 素材图像

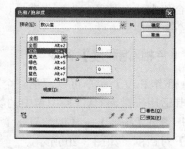

图 8-22 选择"红色"选项

3 保持"预览"选项为选中状态，拖动"色相"滑块，直至红色的辣椒被调整为紫色，可以看到，中间橙色的辣椒变成了红色，如图 8-23 所示。

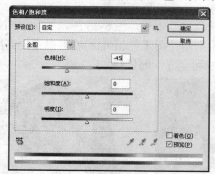

图 8-23　调整颜色后的效果

4 如果要为图像着色，使其变为单色图像，可以选择"着色"选项，并分别拖动各个调整滑块，直到得到满意的效果，如图 8-24 所示。

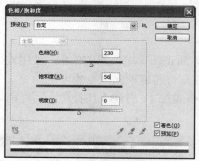

图 8-24　为图像重新着色后的效果

5 设置完成后，单击【确定】按钮退出对话框。

除了上面所调整的颜色外，读者也可以自行尝试设置其他参数，以制作出不同的图像效果。

8.3.2　【自然饱和度】命令

【自然饱和度】命令是 Photoshop CS4 版本新增的用于调整图像饱和度的命令，使用此命令调整图像时，可以使图像颜色的饱和度不会溢出，换言之，此命令可以仅调整与已饱和度的颜色相比那些不饱和的颜色的饱和度。

执行菜单【图像】→【调整】→【自然饱和度】命令，打开【自然饱和度】对话框，如图 8-25 所示。

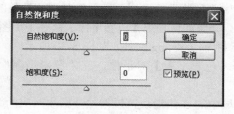

图 8-25　【自然饱和度】对话框

◎　拖动"自然饱和度"滑块可以用 Photoshop 调整那些与已饱和度的颜色相比那些不饱

和的颜色的饱和度，从而获得更加柔和自然的图像饱和度效果。

◎ 拖动"饱和度"滑块可以用 Photoshop 调整图像中所有颜色的饱和度，使所有颜色获得等量饱和度的调整，因此，使用此滑块可能导致图像的局部颜色过饱和。

使用此命令调整人像照片时，可以防止人像的肤色过度饱和。图 8-26 所示的是原图像，图 8-27 所示为使用此命令调整后的效果，图 8-28 所示则是使用【色相/饱和度】命令提高图像饱和度时的效果。对比可以看出，此命令在调整颜色饱和度方面的优势。

图 8-26　原图像　　图 8-27　【自然饱和度】命令的　　图 8-28　【色相/饱和度】命
　　　　　　　　　　　　　　　　调整结果　　　　　　　　　　　　令的调整结果

8.3.3　【色彩平衡】命令

【色彩平衡】命令用于更改图像的总体混合颜色，纠正图像中出现的偏色。使用此命令必须确定在【通道】面板中选择了复合通道，因为只有在复合通道下此命令才可用。

执行菜单【图像】→【调整】→【色彩平衡】命令或按【Ctrl+B】快捷键，则弹出如图 8-29 所示的【色彩平衡】对话框。

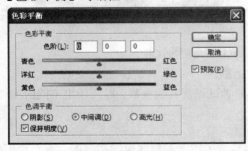 

图 8-29　【色彩平衡】对话框　　　　　　　图 8-30　打开的原图像

在【色彩平衡】选项组中选中"阴影"、"中间调"或者"高光"单选按钮，也就是选择要着重更改的色调范围，然后决定是否选中"保持明度"复选框。接着拖动"色彩平衡"选项组中的 3 个滑块调整颜色，或者直接在"色阶"文本框中输入-100～+100 的数值来改变颜色的组成，调整图像的颜色。而选中"预览"复选框，则可随时观察调整的图像效果。

下面以一个具体的实例，介绍如何使用【色彩平衡】命令平衡图像的色彩，操作步骤如下。

1 打开配套光盘 ch08\素材\郁金香.jpg 文件，如图 8-30 所示。

2 按【Ctrl+B】键打开【色彩平衡】对话框，在"色彩平衡"区域中选择要调整的图像范围。

3 拖动"色彩平衡"区域中的 3 组滑块，以增加或减少对应的颜色。在本实例中要减少的是图像中过多的红色和黄色，所以分别向这两种颜色的反方向拖动滑动，如图 8-31 所示。

4 单击【确定】按钮退出对话框，此时图像的色彩已经发生改变，如图 8-32 所示。

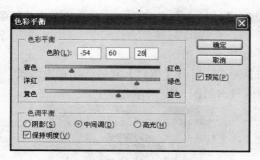

图 8-31　拖动滑块　　　　　　　　　图 8-32　调整后的效果

8.3.4　【黑白】命令

【黑白】命令可以将图像处理成为灰度图像效果，也可以选择一种颜色，将图像处理成为单一色彩的图像。

执行菜单【图像】→【调整】→【黑白】命令，打开【黑白】对话框，如图 8-33 所示。该对话框中各个选项的作用如下。

◎　"预设"：在此下拉列表（图 8-34）中，可以选择 Photoshop 自带的多种图像处理方案，从而将图像处理成不同程度的灰度颜色。

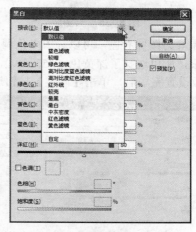

图 8-33　【黑白】对话框　　　　　　图 8-34　【预设】下拉列表

◎　颜色设置：在该选项框中存在着 6 个滑块，分别拖动各个滑块，即可对原图像中对应色彩的图像进行灰色处理。

◎　"色调"：选中此选项后，对话框底部的 2 个色条及右侧的色块将被激活，如图 8-35 所示。在"色相"和"饱和度"中调整一个要叠加到图像上的颜色，即可轻松地完成对图像的着色操作；另外，也可以直接单击"色调"区域中的颜色块，在弹出的【拾色器】对话框中选择一个需要的颜色即可。

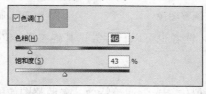

图 8-35　选中"色调"选项

159

下面以一个具体的实例，介绍如何使用【黑白】命令制作灰度图像，以及为图像叠加颜色，从而得到旧照片效果，操作步骤如下。

1 打开配套光盘 ch08\素材\女孩.jpg 文件，如图 8-36 所示。

2 执行菜单【图像】→【调整】→【黑白】命令，打开【黑白】对话框，在"预设"下拉列表中选择"绿色滤镜"预设方案，此时图像的状态如图 8-37 所示。

图 8-36　原图像　　　　　　　　图 8-37　应用"绿色滤镜"后的效果

3 如果要为图像着色，可以选中"色调"选项，再选择一个需要的颜色。因为本例要制作旧照片效果，所以选择了深黄色（#574f29），再分别拖动各个调整滑块，如图 8-38 所示。

4 参数设置完毕后，单击【确定】按钮退出对话框，此时图像效果如图 8-39 所示。

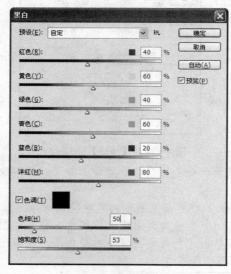 

图 8-38　自定义调整图像　　　　　　图 8-39　制作旧照片效果

除了上面所调整的颜色外，读者也可以自行尝试其他参数，以制作出不同的图像效果。

8.3.5 【照片滤镜】命令

【照片滤镜】命令是通过模拟传统光学滤镜特效，来调整图像的色调，使其具有暖色调或冷色调，也可以根据需要自定义其他的色调。

执行菜单【图像】→【调整】→【照片滤镜】命令，打开如图 8-40 所示的对话框。

图 8-40　【照片滤镜】对话框

该对话框中各个选项的作用如下。

◎　"滤镜"：在该下拉列表中包含 20 种预设选项，用户可以根据需要选择合适的选项调节图像。

◎　"颜色"：单击该色块，在弹出的【拾色器】对话框中可以自定义一种颜色，作为图像的色调。

◎　"浓度"：拖动该选项下的滑块可以调整应用于图像的颜色数量，数值越大，颜色调整的幅度就越大。

◎　"保留亮度"：选中该复选框，则在调整颜色的同时保持原图像的亮度。

下面通过一个示例，介绍如何使用【照片滤镜】命令改变图像的色调，操作步骤如下。

1 打开配套光盘 ch08\素材\建筑.jpg 文件，如图 8-41 所示。

2 执行菜单【图像】→【调整】→【照片滤镜】命令，在弹出的【照片滤镜】对话框中执行如下操作之一。

（1）选择"加温滤镜"可以将图像调整为暖色调。

（2）选择"冷却滤镜"可以将图像调整为冷色调。

（3）在"滤镜"下拉列表中选择其他的选项，可以将图像调整为不同的色调。

（4）单击"颜色"后面的颜色块，在弹出【拾色器】对话框中选择一个需要的颜色，从而将图像调整为该色调。

3 拖动"浓度"滑块或在该数值框中输入数值，以定义色调的浓度。

4 参数设置完毕后，单击【确定】按钮退出对话框即可。

如图 8-42 所示为经过调整后图像的色调偏暖（左）和偏冷（右）的效果。

图 8-41　素材图像　　　　　图 8-42　偏暖（左）和偏冷（右）色调的图像

8.3.6　【通道混合器】命令

【通道混合器】命令可以分别调整每个通道的颜色，从而制作出高品质的灰度图像，还可以

161

制作出一些特殊的色彩颜色。需要注意的是，该命令只能用于 RGB 和 CMYK 颜色模式的图像。

执行菜单【图像】→【调整】→【通道混合器】命令，打开如图 8-43 所示的对话框。

图 8-43　【通道混合器】对话框

该对话框中各个选项的作用如下。

◎　"输出通道"：在"输出通道"下拉列表中选定某个颜色通道。

◎　"源通道"选项组：拖动"源通道"选项组中的滑块可以调整颜色，范围是-200～+200。

◎　"常数"滑块：拖动该滑块可以调整通道的不透明度，范围为-200～+200。负值偏向黑色，正值偏向白色。

◎　"单色"复选框：选中此复选框，彩色图像将变成灰色图像。

下面通过一个示例，介绍如何使用【通道混合器】命令制作双色图像，操作步骤如下。

1 打开配套光盘 ch08\素材\女孩 2.jpg 文件，执行菜单【图像】→【调整】→【通道混合器】命令，打开【通道混合器】对话框。

2 在"输出通道"下拉列表中选择一个通道，本例选择的是"蓝色"，根据需要设置适当的参数，如图 8-44 所示。

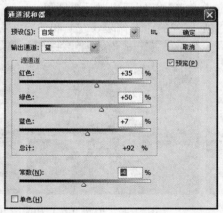

图 8-44　设置"蓝色"通道参数

3 设置完毕后，单击【确定】按钮，即可得到一幅双色的图像效果，如图 8-45 所示。

图 8-45 使用【通道混合器】命令调整图像前后的效果对比

8.3.7 【替换颜色】命令

【替换颜色】命令可以在图像中以指定的色相、明度与饱和度替换被选择的颜色的色相、明度与饱和度。

执行菜单【图像】→【调整】→【替换颜色】命令，弹出如图 8-46 所示的对话框。

该对话框中各个选项的作用如下。

按钮组："吸管工具" 按钮、"添加到取样" 按钮和"从取样中减去" 按钮，这 3 个工具的用法请参见【色相/饱和度】命令的相关讲解。

◎ "选区"：选中该选项后，可以在预览框中显示黑白图像，以便于查看颜色调整的范围。其中白色的图像代表被选中的颜色调整范围，黑色图像则代表未选中的调整范围。

◎ "图像"：选择该选项后，可以在预览区域中显示原图像状态，此时就可以方便地在图像中吸取要调整的颜色。

◎ "替换"在该选项组中可以拖动"色相"、"饱和度"和"明度"滑块，以改变选区内的颜色。

◎ 【结果】：单击该颜色块，在弹出的"拾色器"对话框中可以选择一种颜色作为替换色，从而精确控制颜色的变化。

下面通过一个实例，介绍如何使用【替换颜色】命令更改指定的颜色，操作步骤如下。

1 打开配套光盘 ch08\素材\玫瑰.jpg 文件，执行菜单【图像】→【调整】→【替换颜色】命令打开【替换颜色】对话框。选择"吸管工具" ，在图像中单击要替换的颜色，如图 8-47 所示。

图 8-46 【替换颜色】对话框

图 8-47 使用吸管工具吸取要替换的颜色

163

3 拖动"颜色容差"滑块，直至对话框中的预视区域显示完整的玫瑰花区域；然后拖动"色相"滑块，直至将玫瑰花调整为满意的效果为止，此时的对话框如图 8-48 所示。

4 参数设置完毕后，单击【确定】按钮退出对话框，得到如图 8-49 所示的效果。

图 8-48　调整颜色

图 8-49　替换颜色后的效果

8.3.8　【可选颜色】命令

使用【可选颜色】命令可以有选择地修改任何主要颜色中的印刷数量而不会影响其他的主要颜色。可选颜色的调整对单个通道不起作用。

执行菜单【图像】→【调整】→【可选颜色】命令，弹出如图 8-50 所示的对话框。

图 8-50　【可选颜色】对话框

该对话框中各个选项的作用如下。

◎　"颜色"：在"颜色"下拉列表中选择要调整的颜色。

◎　"青色"、"洋红"、"黄色"和"黑色"：分别拖动各自的滑块或在文本框中输入数值，可以增加或减少它们在图像中的占有量。

◎　"相对"：选择该选项后，所做的调整是按照总量的百分比更改现有的颜色。

◎　"绝对"：选择该选项后，所做的调整是按照相加或减少的方式进行累积的。

如图 8-51 所示为使用【可选颜色】命令前后的效果对比。

图 8-51　使用【可选颜色】命令前后效果对比

8.3.9　【变化】命令

利用【变化】命令可以非常直观地调整图像的颜色、对比度和饱和度，此命令对于不需要精确颜色调整的平均色调图像最为有用。执行菜单【图像】→【调整】→【变化】命令，打开【变化】对话框，如图 8-52 所示。

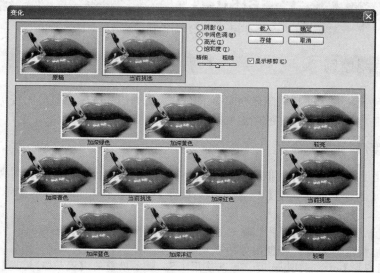

图 8-52　【变化】对话框

该对话框中各个选取项的作用如下。

◎ "原稿"和"当前挑选"：对话框左上方的两个缩览图代表原图像和调整后的图像效果。单击"原稿"缩览图，则可以将图像恢复到调整前的状态。

◎ "阴影"、"中间色调"和"高光"：选择对应的选项，可分别调整图像的暗调、中间色调、高光区域的色相、亮度。

◎ "饱和度"：用于控制图像的饱和度。选中此选项后，该对话框左下方只显示 3 个缩览图，单击"减少饱和度"和"增加饱和度"缩览图可以分别减少或增加图像的饱和度。

◎ "精细/粗糙"滑块：拖动此滑块可以确定每次调整的幅度，每往右拖动一格可以使调整幅度双倍增加。

◎ "显示修剪"：在此选项被选中的情况下，如果在调整过程中图像过于饱和发生溢色，则溢色部分将异相显示。

◎ "较亮"、"当前挑选"、"较暗"：只有在选择了"阴影"、"中间色调"或"高光"

3 个选项之一时，该区域才会被激活。分别单击"较亮"、"较暗"两个缩览图，可以增亮、加暗图像。

左下方的 7 个缩览图：中间的"当前挑选"缩览图和左上方的"当前挑选"缩览图的作用相同，另外的 6 个缩览图分别是"加深绿色"、"加深黄色"、"加深青色"、"加深红色"、"加深蓝色"和"加深洋红"，单击其中的任意一个缩览图，均可以增加与该缩览图所对应的颜色。

如图 8-53 所示为使用【变化】命令前后效果对比。

图 8-53　使用【变化】命令前后的效果对比

8.4　图像色调控制

对图像的色调控制主要是对图像明暗度的调整，比如当一幅图像显得比较暗淡时，可以将它变亮，或者是将一个颜色过亮的图像变暗。

8.4.1　【亮度/对比度】命令

【亮度/对比度】命令是一个非常简单易用的命令，使用它可以方便快捷地调整图像的明暗度。执行菜单【图像】→【调整】→【亮度/对比度】命令，打开如图 8-54 所示的对话框。

各参数的含义解释如下。

◎ 【亮度】/【对比度】：用于调整图像的亮度/对比度。数值为正时，增加图像的亮度/对比度；数值为负时，降低图像的亮度/对比度。

◎ 【使用旧版】：选择此选项，可以使用 CS4 版本以前的【亮度/对比度】命令来调整图像。在默认情况下，则使用新版的功能进行调整。新版本命令在调整图像时，将仅对图像的亮度进行调整，而色彩的对比度则保持不变。

下面通过一个具体的实例，介绍如何使用【亮度/对比度】命令调整图像明暗度。

1 打开配套光盘 ch08\素材\水果 1.jpg 文件，如图 8-55 所示。

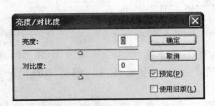

图 8-54　【亮度/对比度】对话框　　　　图 8-55　素材图像

2 执行菜单【图像】→【调整】→【亮度/对比度】命令打开【亮度/对比度】对话框，具体设置如图 8-56 所示。

3 单击【确定】按钮退出对话框,这时图像效果如图 8-57 所示。

4 如果勾选"使用旧版"选项,使用与第 3 步骤相同的参数调整图像,效果如图 8-58 所示。可以看出,除了亮度与对比度发生变化外,图像的色彩也发生了很大的变化。

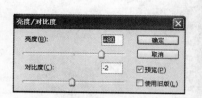

图 8-56 【亮度/对比度】对话框　　　图 8-57 调整后的效果　　　图 8-58 旧版本处理后的效果

8.4.2 【色阶】命令

【色阶】命令用于调整图像阴影、中间调和高光的强度级别,从而校正图像的色调范围和色彩平衡。用此命令调整时,可以对整个图像进行,也可以对图像的某一选取范围、某一图层以及某一个颜色通道进行。

打开一幅图像,执行菜单【图像】→【调整】→【色阶】命令或按快捷键【Ctrl+L】,打开【色阶】对话框,如图 8-59 所示。

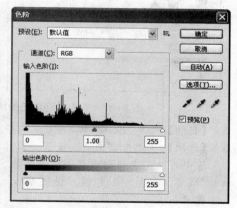

图 8-59 打开的素材图像及【色阶】对话框

该对话框中各参数的含义如下。

◎ "通道":在该下拉列表中选择要调整的通道,在不同的颜色模式下,该下拉列表将显示不同的选项。如果要对图像的全部色调做调节,则要选择 RGB 或 CMYK 模式,否则仅选择其中之一,以调节该色调范围内的图像。

◎ "输入色阶":分别拖动"输入色阶"直方图下面的黑、灰、白色滑块或在"输入色阶"文本框中输入数值,可以对应地改变图像的暗调、中间调或高光,从而增加图像的对比度。向左拖动白色滑块或灰色滑块,可以加亮图像,如图 8-60 所示;向右拖动黑色滑块或灰色滑块,可以使图像变暗。

◎ "输出色阶":分别拖动"输出色阶"下面控制条上的滑块或在"输出色阶"文本框中输入数值,可以重新定义暗调和高光值,以降低图像的对比度。向右拖动黑色滑块或灰色滑块,可以降低图像暗部对比度从而使图像变亮,如图 8-61 所示;向左拖动白色滑块,可以降低图像亮部对比度从而使图像变暗。

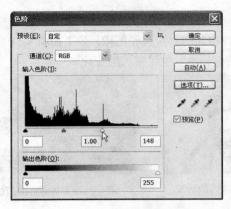

图 8-60　拖动白色滑块增加图像亮度

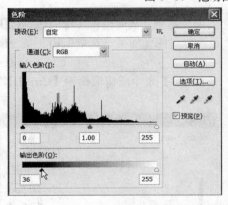

图 8-61　向右拖动黑色滑块降低图像的暗度从而使图像变亮

- ◎　【自动】：单击 自动(A) 按钮，可以自动地调整图像的对比度及明暗度。
- ◎　【选项】：单击 选项(T)... 按钮，打开【自动颜色校正选项】对话框，如图 8-62 所示，从中可以完成自动调整图像的整体色调范围的设置。
- ◎　"取样"工具组：包括"设置黑场"工具 ✒、"设置灰场"工具 ✒ 和"设置白场"工具 ✒。
- ◎　"设置黑场" ✒：用该吸管在图像中单击，Photoshop 将定义单击处的像素为黑点，并重新分布图像的像素值，从而使图像变暗。如图 8-63 所示为原图像及使用"设置黑场" ✒ 工具重新定义图像暗调后的效果。

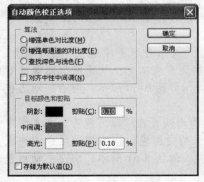

图 8-62　【自动颜色校正选项】对话框　　　图 8-63　原图像及重新定义图像暗调后的效果

168

◎ "设置白场" ：与黑色吸管相反，用该吸管在图像中单击，Photoshop 将定义单击处的像素为白点，并重新分布图像的像素值，从而使图像变亮。

◎ "设置灰场" ：用该吸管在图像中单击，Photoshop 将单击位置处的颜色定义为图像的偏色，从而使图像的色调重新分布，用于去除图像的偏色情况。如图 8-64 所示为原图像，如图 8-65 所示为使用"设置灰场"吸管 在图像中单击后的效果，可以看出由于去除了部分黄色像素，图像中的人像面部呈现出红润的颜色，背景也显示出正确的颜色。

图 8-64　原图像（ch08\素材\淑女.jpg）　　图 8-65　使用灰色吸管工具后的效果

8.4.3 【曲线】命令

【曲线】命令与【色阶】命令的相同点是都可以调整图像的色调与明暗度，不同的是【曲线】命令可以精确调整高光、阴影和中间调区域中任意一点的色调与明暗。

执行菜单【图像】→【调整】→【曲线】命令或按【Ctrl+M】快捷键，打开【曲线】对话框，如图 8-66 所示。在【曲线】对话框中最主要的工作就是调节曲线，曲线的水平轴表示像素原来的色值，即输入色阶；垂直轴表示调整后的色值，即输出色阶。

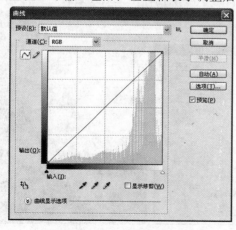　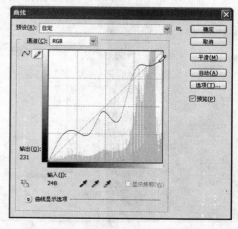

图 8-66　【曲线】对话框　　　　图 8-67　使用铅笔工具绘制曲线

【曲线】对话框中部分选项含义如下。

◎ "通道"：与"色阶"命令相同，在不同的颜色模式下，该下拉列表将显示不同的选项。

◎ "曲线工具" ：使用该工具可以在调节线上添加、删除控制点，将以曲线方式调整调节线。默认情况下该工具 为选中状态。

◎ "铅笔工具" ✐：使用该工具可以使用手绘方式在曲线调整框中绘制曲线，如图 8-67 所示。

◎ 曲线调整框：该区域用于显示当前对曲线所进行的修改，按住【Alt】键在该区域中单击可增加网格的显示数量，从而便于对图像进行精确调整。

◎ "拖动调整工具" ✌：该工具可在图像中通过拖动的方式快速调整图像的色彩及亮度，如图 8-68 所示。

（a）摆放光标的位置 　　　　　　（b）向上拖动光标以提亮图像

图 8-68　使用拖动调整工具调整图像的亮度

◎ 【平滑】按钮：当使用"铅笔工具"✐绘制曲线时，该按钮才被激活，单击该"　平滑(M)　"按钮可以让所绘制的曲线变得更加平滑一些。

◎ 【自动】按钮：单击"　自动(A)　"按钮，系统会对图像应用【自动颜色校正选项】对话框中的设置。

下面通过一个实例，介绍如何使用【曲线】命令精确调整图像明暗度。

1 打开配套光盘 ch08\素材\女孩 3.jpg 文件，如图 8-69 所示。

2 按【Ctrl+M】快捷键，打开【曲线】对话框，在曲线调整框中的曲线上方单击添加一个节点（最多可以添加 14 个节点），并向上拖动，如图 8-70 所示，图像效果到如图 8-71 所示。

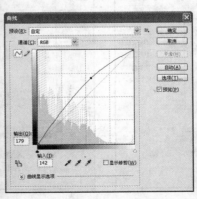

图 8-69　素材图像　　　　图 8-70　添加并向上移动节点　　　图 8-71　调整后的效果

3 为了保持一定的对比度，在曲线下方增加一个节点并将其移动至如图 8-72 所示的位置上。

4 单击【确定】按钮退出对话框，这时图像效果如图 8-73 所示。

170

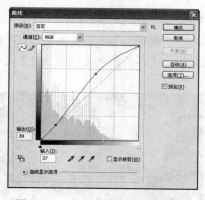

图 8-72　在下方添加并移动节点　　　　　图 8-73　移动节点后的效果

8.4.4　【自动色阶】、【自动对比度】与【自动颜色】命令

1．【自动色阶】命令

使用【自动色阶】命令可以自动调整图像中的黑场和白场，即找到图像中的最暗点和最亮点，并将其分别映射为纯黑（最暗点）和纯白（最亮点），而两者之间的图像像素也会按照比例进行重新分布。可以在【自动颜色校正选项】对话框中更改【自动色阶】的默认设置。

打开一幅图像，执行菜单【图像】→【调整】→【自动色阶】命令或按【Ctrl+Shift+L】快捷键，调整前后效果对比如图 8-74 所示。

图 8-74　使用【自动色阶】命令前后效果对比

2．【自动对比度】命令

使用【自动对比度】命令自动调整图像的总体对比度，它与【自动色阶】命令最大的不同点就在于该命令不会改变图像的颜色，也就不会造成图像颜色的缺失。

打开一幅图像，然后执行菜单【图像】→【调整】→【自动对比度】命令或按【Ctrl+Alt+Shift+L】快捷键，调整前后效果对比如图 8-75 所示。

图 8-75　调整前后的效果对比

3．【自动颜色】命令

【自动颜色】命令可以自动标识图像的实际暗调、中间调和高光，从而自动调整图像的对比度和颜色。打开一幅偏红的图像，执行菜单【图像】→【调整】→【自动颜色】命令，可以看出图像已经恢复了正常的颜色，如图 8-76 所示。

图 8-76　原图像（左）及应用【自动颜色】命令后的效果（右）

8.4.5　【阴影/高光】命令

【阴影/高光】命令专门用于处理在摄影中由于用光不当，使拍摄出的照片过亮或过暗的情况。执行菜单【图像】→【调整】→【阴影/高光】命令，打开【阴影/高光】对话框，如图 8-77 所示。

图 8-77　【阴影/高光】对话框

【阴影/高光】对话框中各个选项的作用如下。

◎ "阴影"：在此拖动"数量"下方的滑块或者在其右侧的文本框中输入相应的数值，可以改变暗部区域的明亮程序。设置的值越大，则调整后的图像的暗部区域也相应越亮。

◎ "高光"：在此拖动"高光"下方的滑块或者在其右侧的文本框中输入相应的数值，即可改变高亮区域的明亮程度。设置的值越大，则调整后高亮区域也相应变暗。

如图 8-78 所示为使用【阴影/高光】命令前后的效果对比。

图 8-78　原图像（左）和应用【阴影/高光】命令后的效果

【曝光度】命令主要用于 HDR 文件进行色调及曝光度等参数的调整，由于本部分内容已超出了本书的讲解范围，对于想学习此部分内容的读者可以参阅其他书籍，这里不再介绍。

8.5 实例演练

8.5.1 梦幻图像效果

使用图像调整命令不仅可以控制图像的色彩与色调，还可以打造特殊图像效果。本实例主要利用调整命令，配合图层混合模式打造梦幻图像效果，如图 8-79 所示。

图 8-79 梦幻图像效果

◎ 素材文件：ch08\梦幻图像效果\tree.jpg
◎ 最终文件：ch08\梦幻图像效果\梦幻图像效果.psd
◎ 学习目的：掌握利用图像调整命令打造梦幻图像效果

1 打开素材文件。按【Ctrl+O】组合键打开本例素材文件"tree.jpg"，如图 8-80 所示。

图 8-80 素材图像

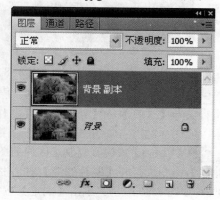

图 8-81 复制"背景"层

2 复制"背景"层。按【F7】键打开【图层】面板，选中背景层，将其拖曳到面板底部的"创建新图层" 按钮，复制"背景"层得到"背景副本"层，如图 8-81 所示。

提示 复制背景图层的目的，是为了防止在操作过程中对原图像造成破坏。

3 创建并羽化选区。使用"磁性套索工具" 选取图像中的大树，然后执行菜单【选择】→【修改】→【羽化】命令，打开【羽化】对话框，设置"羽化半径"为 20 像素，如图 8-82 所示。单击【确定】按钮，退出对话框。

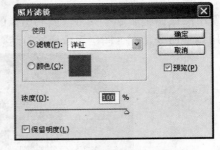

图 8-82　创建并羽化选区　　　　　　　图 8-83　【照片滤镜】对话框

4 应用"照片滤镜"命令。按【Ctrl+J】快捷键复制选区内的图像，得到图层 1。执行菜单【图像】→【调整】→【照片滤镜】命令，打开【照片滤镜】对话框，在"滤镜"下拉列表中选择"洋红"，"浓度"设置为 100%，如图 8-83 所示。单击【确定】按钮，得到如图 8-84 所示的效果。

图 8-84　调整后的图像效果

5 隐藏图层 1，选择"背景副本"层，再次使用"磁性套索工具" 选取树下的草地，然后执行菜单【选择】→【修改】→【羽化】命令，在打开的对话框中设置"羽化半径"为 10 像素，如图 8-85 所示。单击【确定】按钮，退出对话框。

6 按【Ctrl+J】快捷键复制选区内的图层，得到图层 2。执行菜单【图像】→【调整】→【照片滤镜】命令，打开【照片滤镜】对话框，在"滤镜"下拉列表中选择"绿"，"浓度"设置为 100%，如图 8-86 所示。单击【确定】按钮，得到如图 8-87 所示的效果。

图 8-85　创建并羽化选区　　　　　　图 8-86　【照片滤镜】对话框

图 8-87　再次调整后的图像效果

7 应用"高斯模糊"滤镜。隐藏图层 2，选择"背景副本"层，执行菜单【滤镜】→【模糊】→【高斯模糊】命令，打开【高斯模糊】对话框，设置"半径"为 8 像素，如图 8-88 所示。单击【确定】按钮，完成设置。

8 显示所有图层，并将"背景副本"层移至所有图层的上方，然后在【图层】面板的"正常"下拉列表中选择"线性光"选项，图层的"不透明度"设置为 60%，如图 8-89 所示。至此，梦幻图像效果就完成了，最终效果参见图 8-79。

图 8-88　对"背景副本"层应用"高斯模糊"滤镜　　　图 8-89　【图层】面板

8.6　思考与练习

1. 填空题

（1）【直方图】以＿＿＿＿的形式表现出图像中像素的＿＿＿＿分布，这样通过观察直方图就可以准确地分析出图像在_____、_____和_____部分是否拥有足够多的细节，以便进行调节和校正。

（2）使用【色阶】命令可以调整图像的_____、_____和_____的强度级别，从而校正图像的_____和_____。

（3）【色彩平衡】命令的快捷键为_____、【曲线】命令的快捷键为_____、【色相/饱和度】命令的快捷键为_____、【反相】命令的快捷键为_____。

2．选择题

（1）【自动对比度】命令的功能是_____。

    A．可以对图像中不正常的高光或阴影区域进行初步处理

    B．可以让系统自动地调整图像亮部和暗部的对比度

    C．可以自动地完成颜色校正

    D．以上都不对

（2）可以将黑白图像变成灰度图像的命令是_____。

    A．【色彩平衡】   B．【亮度/对比度】   C．【色相/饱和度】   D．【可选颜色】

（3）能够将彩色图像变成灰度图像的命令是_____。

    A．【色调分离】   B．【色彩均化】   C．【色相/饱和度】   D．【去色】

（4）一幅图像的色调太暗，需要提升它的亮度，可以使用_____命令的功能进行调整。

    A．【曲线】   B．【变化】   C．【替换颜色】   D．以上都不可以

3．问答题

（1）【替换颜色】的功能是什么？

（2）【渐变映射】的功能是什么？

（3）【自然饱和度】命令与【色相/饱和度】命令有什么区别？

4．上机操作题

（1）打开本章上机练习\小鸟.tif，使用色调和色彩调整命令，制作如图 8-90 所示的效果。该练习效果文件参见配套光盘 ch08\上机练习\小鸟效果.tif 文件。

图 8-90　小鸟效果图　　　　　　　　　　图 8-91　修正偏色前后效果对比

（2）请读者使用上机练习中的素材（卷发女郎 1.jpg），使用色调和色彩调整命令，修正图像的偏色，如图 8-91 所示为前后效果对比。该练习效果文件参见配套光盘 ch08\上机练习\卷发女郎 2.jpg 文件。

第9章 图层基础与图层蒙版

本章导读

图层处理功能是 Photoshop 软件的最大特色，本章通过介绍图层、图层组、图层蒙版的概念，图层的基本操作，图层复合的使用，可以更方便、更轻松、更有效地处理图像，编辑图像，创建图层特效，创造出一幅幅令人赞叹不已的精美图像。

学习要点

- 图层的概念
- 图层组的使用
- 图层蒙版
- 图层的基本操作
- 图层复合
- 矢量蒙版与剪贴蒙版

9.1 关于图层

图层就是用来分层管理较复杂的图形或图像。如果一幅图像中既包含文字，又包含人物和背景，就可以分三层来组织图像，分别用于存放文字、人物和背景。每个图层中的内容都可以进行独立的编辑和修改，而不会影响其他图层中的图像，因此一定要灵活地运用好图层的功能来处理图像。

如图 9-1 所示为一个设计案例中每一个图层中的图像，如图 9-2 所示为该案例效果及其【图层】面板。用户可以通过【图层】面板来调整图层的叠放顺序、图层的不透明度以及混合模式等参数。

图 9-1 有 4 个图层的设计案例

图 9-2　案例效果及【图层】的面板

9.1.1　【图层】面板

执行菜单【窗口】→【图层】命令或按快捷键【F7】，即可打开【图层】面板，如图 9-3 所示。

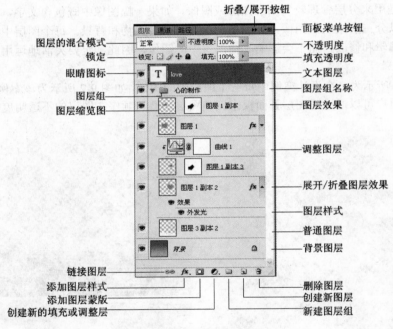

图 9-3　【图层】面板

下面介绍【图层】面板的组成。

◎　混合模式：在此下拉列表中可以设置当前图层的混合模式。

◎　"不透明度"：在此数值框中输入数值可以控制当前图层的透明属性。数值越小则当前图层越透明。

◎　"锁定"按钮组　：从左至右分别是锁定"透明像素"　按钮、"锁定图像像素"　按钮、"锁定位置"　按钮、"锁定全部"　按钮，分别用于控制图层的"透明区域可编辑性"、"编辑"、"移动"等图层属性。

◎　"填充"：用于设置图层的内部不透明度。

◎ 图层名称：新建图层时 Photoshop 会自动依次命名为"图层 1"、"图层 2"，依此类推。为了便于区分，用户可以对其重新命名。

◎ 图层缩览图：在图层名称的左侧有一个图层缩览图，显示了当前图层的内容。通过它可以快速识别每一个图层，以便对图层中的图像进行编辑和修改。

◎ 眼睛图标 👁：用于显示或隐藏图层，单击此图标可以控制当前图层的显示与隐藏状态。

◎ 链接图层按钮 👄：在选择多个图层的情况下，单击此按钮可以将选中的图层链接起来，以便对图层中的图像执行移动、对齐、缩放等操作。

◎ "添加图层样式" fx.：单击此按钮则会弹出"图层样式"下拉菜单，从中选择相应的"图层样式"命令，即可为当前图层添加图层样式。

◎ "添加图层蒙版" ◻：单击此按钮，可以为当前图层添加图层蒙版。

◎ "创建新的填充或调整图层" ◕.：单击此按钮，可以在弹出的菜单中为当前图层创建新的填充或调整图层。

◎ "创建新组" ▭：单击此按钮，可以新建一个图层组。

◎ "创建新图层" 🖻：单击此按钮，可以创建一个新的空白图层。

◎ "删除图层" 🗑：单击此按钮，在弹出的提示对话框中单击"是"按钮，即可删除当前选中的所有图层。

9.1.2 更改图层缩览图

为了快速识别图层缩览图的内容，可以放大图层缩览图，操作方法如下。

（1）单击【图层】面板右上角的面板"菜单" ▤ 按钮，在弹出的菜单中选择【面板选项】命令，则打开如图 9-4 所示的【图层面板选项】对话框。

（2）在"缩览图大小"选项组中选择一种图层缩览图大小尺寸。若选择"无"单选按钮，则在图层面板中不显示图层缩览图，而只显示图层名称，如图 9-5 所示；若选择最大的缩览图，则可得到如图 9-6 所示的效果。

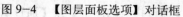

图 9-4 【图层面板选项】对话框

图 9-5 无图层缩览图

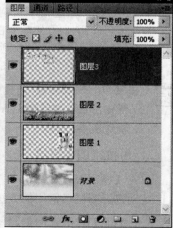

图 9-6 最大图层缩览图

9.2 图层的基本操作

任何一个成功的设计作品，都是由多个图层组成的，因此我们要熟练掌握好图层的基本操作，如新建图层、改变图层的叠放次序、设置图层的混合模式和不透明度，以及排列与分布图层等。

9.2.1 新建图层

新建图层是 Photoshop 中极为常用的操作，一般有如下几种方法。

1．通过菜单命令创建图层

执行菜单【图层】→【新建】→【图层】命令，或单击【图层】面板右上角的■按钮，从弹出的快捷菜单中选择【新建图层】命令，这时会打开【新建图层】对话框，如图 9-7 所示。完成设置后，单击【确定】按钮，即可创建一个新的图层。

图 9-7　【新建图层】对话框　　　　　图 9-8　新建图层

【新建图层】对话框中各参数含义如下。

◎ "名称"：设置新图层的名称（若不设置，则按默认的名称图层 1、图层 2 的顺序来命名）。

◎ "颜色"：在该下拉列表中选择一种颜色，以定义新图层在【图层】面板中显示的颜色。用于区分多个图层，对图像没有任何影响。

◎ "模式"：在该下拉列表中可以为新图层选择一种图层混合模式。

◎ "不透明度"：设置图层的不透明度。

> **提示** 按【Ctrl+Shift+N】快捷键，可在弹出【新建图层】对话框的情况下，在当前图层的上方新建图层；按【Ctrl+Alt+Shift+N】快捷键，即可在不弹出【新建图层】对话框的情况下新建图层。

2．用按钮创建图层

单击【图层】面板底部的"创建新图层"按钮 🔲 ，即可创建一个新图层，如图 9-8 所示。这也是创建新图层最常用的方法。

3．通过复制和剪切创建图层

在有选区存在的情况下，执行菜单【图层】→【新建】→【通过拷贝的图层】或【通过剪切的图层】命令，可以将当前选区中的图像复制（快捷键【Ctrl+J】）或剪切（快捷键【Ctrl+Shift+J】）至一个新的图层中。

下面介绍如何通过剪切创建图层，由于复制与剪切方法类似，这里就不再介绍了。

打开一个图像文件，使用"磁性套索工具"在图像中创建选区，如图 9-9 所示。然后执行菜单【图层】→【新建】→【通过剪切的图层】命令，得到一个新的图层，如图 9-10 所示。可以看到，由于执行了剪切操作，背景图层上的图像被删除，并使用前景色（白色）进行填充。

图 9-9　在图像中创建选区　　　　图 9-10　【图层】面板状态

另外，如果在图像窗口中创建文字时，便会自动为文字创建新图层。

> **提示**　在没有任何选区的情况下，执行菜单【图层】→【新建】→【通过拷贝的图层】命令，或按快捷键【Ctrl+J】，可以复制当前选中的图层。

4．由背景图层创建新图层

双击背景图层或执行菜单【图层】→【新建】→【背景图层】命令，打开【新建图层】对话框，如图 9-11 所示。单击【确定】按钮即可从当前背景层中创建新图层。使用此命令后背景层将转换为普通图层，默认为图层 0，如图 9-12 所示。

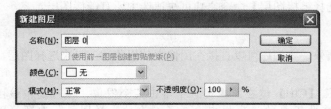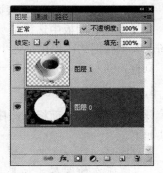

图 9-11　【新建图层】对话框　　　　图 9-12　将背景层转换为普通图层

此命令是一个可逆操作，即执行菜单【图层】→【新建】→【图层背景】命令，又可将当前选中的图层转换为不可移动的背景图层。

9.2.2　选择图层

在对图层进行操作前，必须选择图层。只有选择了正确的图层，所有基于此图层的操作才有意义。下面将详细讲解 Photoshop 中各种选择图层的方法。

1．选择单个图层

要选择单个图层，只需在【图层】面板上单击需要的图层即可，如图 9-13 所示。处于选择状态的图层即为当前活动图层，以蓝底显示。

2．选择多个图层

要选择多个连续的图层，则可在【图层】面板中选择一个图层，然后按住【Shift】键单击另一个图层，则两个图层之间的所有图层都会被选中，如图 9-14 所示。

要选择多个不连续的图层，则可按住【Ctrl】键在【图层】面板中依次单击这些图层，如图 9-15 所示。

图 9-13　选择单个图层　　　　图 9-14　选择多个连续的图层　　　　图 9-15　选择非连续的图层

3．选择所有图层

要选择所有图层，可以执行菜单【选择】→【所有图层】命令或按【Ctrl+Alt+A】快捷键，即可选中所有图层。

4．选择相似或链接图层

在 Photoshop 中，还可以根据需要将类型相同的图层或链接图层一次性选定，操作方法如下。

在【图层】面板中选择某一图层后，执行菜单【选择】→【相似图层】命令，即可将与当前图层类型相同的图层全部选中，例如文字图层、普通图层，以及调整图层等。

同样，执行菜单【图层】→【选择链接图层】命令，即可快速选中所有链接图层。

5．利用图像选择图层

除了在【图层】面板中选择图层外，我们还可以直接在图像中使用移动工具来选择图层，方法如下。

◎　选择"移动工具" ，按住【Ctrl】键在图像窗口中单击某个图像，即可选中该图像所在的图层。如果已经在此工具的选项栏中选择了"自动选择图层"选项（图 9-16），则不必按【Ctrl】键。

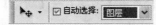

图 9-16　选择"自动选择图层"选项

◎　如果要选择多个图层，可以按住【Shift】键直接在图像窗口中单击要选择的其他图层的图像，则可以选择多个图层。

9.2.3　显示和隐藏图层

图像的最终效果是由多个图层相互重叠在一起显示的效果，通过显示或隐藏某些图层，可以改变这种叠加效果，而只显示我们所希望看到的图层。如果某个图层是可见的，那么在该图层的左侧会一个"眼睛" 图标。

在【图层】面板中，单击图层左侧的"眼睛" 👁 图标即可隐藏该图层，如图 9-17 所示。再次单击又可重新显示该图层。

图 9-17　隐藏图层 2

（2）在眼睛图标列中单击并拖动鼠标，可以显示或隐藏多个图层。

（3）所有图层是显示状态时，按住【Alt】键并单击眼睛图标，则只显示当前单击的那一层。

 只有可见图层才能被打印出来，因此要保证被打印的图像所在的图层处于显示状态。

9.2.4　锁定与解锁定图层

为避免图层上已处理好的内容遭到意外更改，可以锁定该图层，在需要时再解锁该图层。在【图层】面板的"锁定"选项组中有 4 个按钮 锁定:☑ ✓ ✛ 🔒，它们的功能分别如下。

◎ "锁定透明像素" ☑：单击该按钮，会将透明区域保护起来，在使用绘图工具绘图及填充、描边时只对不透明的部分（即有颜色的像素）起作用。再次单击将解锁定透明像素。

 在【编辑】菜单中的【填充】和【描边】命令对话框中，均有一个"保留透明区域"选项，其功能与【图层】面板中的 ☑ 功能相同，也是用来保护透明区域的，以免在填充和描边时，透明区域受到影响。

◎ "锁定图像像素" ✓：单击该按钮，可以将当前图层保护起来，图像文件不能进行绘图操作，包括透明区域。因此，此时在该图层上无法使用绘图工具。再次单击将解锁定图像像素。

◎ "锁定位置" ✛：单击该按钮，将不能够对锁定的图层进行移动、旋转、翻转和自由变换等编辑操作，但能够对当前图层进行填充、描边和其他绘图的操作。再次单击将解锁定位置。

◎ "锁定全部" 🔒：单击该按钮，将完全锁定该图层，此时任何绘图与编辑操作（包括删除图像、图层混合模式、滤镜和色彩调整等）都不能在该图层上使用。再次单击将解锁定全部。

9.2.5　复制图层

复制图层是可以在同一图像文件中或不同图像文件中进行。

1．在同一图像中复制图层

在同一图像中复制图层，也就是为该图层创建副本，操作方法如下。

（1）在【图层】面板中选择要复制的一个或多个图层。

（2）将其拖曳至面板底部的"创建新图层"  按钮上即可。复制的图层将出现在被复制的图层的上方，自动命名为"×× 副本"，如图 9-18 所示。

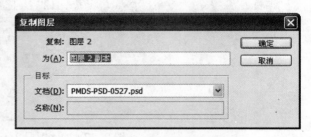

图 9-18　复制图层 2 得到图层 2 副本　　　　　图 9-19　【复制图层】对话框

也可以执行菜单【图层】→【复制图层】命令，或在【图层】面板菜单中选择【复制图层】命令，在弹出的【复制图层】对话框中设置参数，如图 9-19 所示，即可复制图层。

还有一个更为简单的方法，按快捷键【Ctrl+J】可以直接复制当前图层。

2．在不同的图像文件中复制图层

在不同的图像文件中复制图层，是将某个图像中的某一图层复制到另一个图像中，方法如下。

同时打开两个图像文件，使用"移动工具" 将【图层】面板中要复制的图层拖曳至另一图像窗口中即可，如图 9-20 所示。或者在要复制的图像窗口中按下鼠标左键，将其拖曳到另一个图像窗口中。

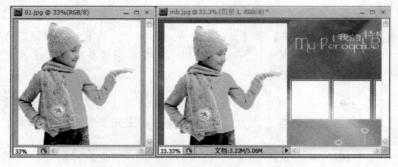

图 9-20　拖曳要复制的图层至另一个图像窗口中

9.2.6　删除图层

一些没有用的图层可以删除，以减小图像文件的大小。删除图层常用的方法如下。

（1）选中要删除的一个或多个图层，将其拖曳至【图层】面板底部的"删除图层" 按钮上即可。

（2）选中要删除的一个或多个图层，单击【图层】面板底部的"删除图层" 按钮，则打开提示对话框，如图 9-21 所示，单击【是】按钮即可删除图层，单击【否】按钮则取消删除图层。

（3）执行菜单【图层】→【删除】→【图层】命令，或从面板菜单中选择【删除图层】命令，则打开提示对话框，单击【是】按钮即可删除选择的图层。

图 9-21 提示对话框

提示 当图像中无选区和路径时,按【Delete】键即可删除当前选择的图层。

9.2.7 重命名图层

改变图层的默认名称,可以执行下列操作之一。

(1)选择要重新命名的图层,在该图层的缩览图上单击鼠标右键,从弹出的菜单中选择【图层属性】命令,在打开的【图层属性】对话框中输入新的图层名称,如图 9-22 所示。单击【确定】按钮即可完成图层的重命名。

图 9-22 【图层属性】对话框

图 9-23 可输入状态

(2)双击图层缩览图右侧的图层名称,此时该名称变为可输入状态,如图 9-23 所示,输入新的图层名称后,单击图层缩览图或按【Enter】键确认即可。

9.2.8 改变图层的顺序

图层的顺序是图层出现在【图层】面板中的次序,图层的顺序不同,图像效果也会不同。调整图层的顺序有如下两种方法。

(1)在【图层】面板中选择需要调整顺序的图层,按下鼠标左键将其向上或向下拖动到适当的位置并释放,即可完成图层顺序的调整,如图 9-24 所示。

图 9-24 调整图层顺序前后效果对比

(2)选中要改变顺序的图层为当前图层,然后执行菜单【图层】→【排列】命令,在弹出的子菜单中选择相应的命令即可,如图 9-25 所示。

置为顶层 (F)	Shift+Ctrl+]
前移一层 (W)	Ctrl+]
后移一层 (K)	Ctrl+[
置为底层 (B)	Shift+Ctrl+[
反向 (R)	

图 9-25 【排列】子菜单

按【Ctrl+Shift+]】快捷键，可将当前图层移到最顶层；按【Ctrl+]】快捷键，可将当前层往上移一层；按【Ctrl+Shift+[】快捷键，可将当前层移到最底层；按【Ctrl+[】快捷键；可将当前层往下移一层。

 背景图层总是位于最下层，除非将它转换为普通图层，否则不能将图层拖到背景层的下面。

9.2.9　快速选择图层中的非透明区域

在除"背景"图层以外的图层中，用户可以选择该图层中的图像轮廓区域，即非透明区域。

其操作方法非常简单，只需要按住【Ctrl】键单击某图层（"背景"层除外）的缩览图，即可选中该图层的非透明区域从而得到非透明选区，如图 9-26 所示。

图 9-26　单击图层缩览图得到非透明选区　　图 9-27　创建链接图层

9.2.10　图层的链接

图层的链接功能可以方便地移动、复制和对齐多个图层图像，并同时对多个图层中的图像进行旋转、翻转和自由变形。

选中要链接的两个或两个以上的图层，然后单击【图层】面板底部的"链接图层" ⊖ 按钮即可，如图 9-27 所示。如果要取消图层链接状态，可以在链接图层被选中的状态下，单击"链接图层" ⊖ 按钮，即可将链接的图层解除链接。

当一个图层被设为链接图层后，在图层名称的后面会出现"链接符号" ⊖。当选择链接图层中的任一图层进行移动、缩放和旋转时，所有链接图层中的图像将随之一起发生移动、缩放和旋转，但当前编辑的图层只有一个。

 若链接图层中有一个图层被锁定位置（即激活 ✛ 按钮），那么就不能对所有链接图层进行移动、旋转、翻转和自由变形等操作。

9.3 图层的对齐和分布

对齐/分布图层命令实际上是在对齐/分布图层中的图像，它是图层操作的常见操作，适用于许多不同对象分布于不同图层，且需要对齐/分布图像的情况。

9.3.1 对齐选中/链接图层

执行菜单【图层】→【对齐】命令下的子菜单命令，可以将所有选中/链接图层的内容与当前操作图层的内容相互对齐。另外一个比较快捷的方法就是，选择移动工具并在其工具选项栏中单击对应的按钮，如图 9-28 所示线框中的按钮。

图 9-28 移动工具选项栏中的对齐功能按钮

对齐按钮功能如下。

◎ "顶对齐" ：将所有选中/链接图层顶端的像素与当前图层最顶端的像素对齐，或者与选区边框的顶端对齐。

◎ "垂直居中对齐" ：将所有链接选中/链接图层垂直方向的中心像素与当前图层垂直方向的中心像素对齐，或者与选区边框的垂直中心对齐。

◎ "底对齐" ：将所有链接选中/链接图层的最底端像素与当前图层的最底端像素对齐，或者与选区边框的底边对齐。

◎ "左对齐" ：将所有链接选中/链接图层的最左端像素与当前图层的最左端像素对齐，或者与选区边框的左边对齐。

◎ "水平居中对齐" ：将所有链接选中/链接图层水平方向的中心像素与当前图层水平方向的中心像素对齐，或者与选区边框的水平中心对齐。

◎ "右对齐" ：将所有链接选中/链接图层的最右端像素与当前图层的最右端像素对齐，或者与选区边框的右边对齐。

如图 9-29 所示为未对齐前图像效果及【图层】面板，如图 9-30 所示为按"水平居中对齐"后的效果。

图 9-29 未对齐前图层效果及【图层】面板

图 9-30 对齐后的效果

 如果当图像中存在选区，则菜单【图层】→【对齐】命令将转换为菜单【图层】→【将图层选区对齐】命令，分别选择各子菜单命令或单击移动工具选项栏中的对齐按钮，即可使各选中/链接图层的内容与选区边框对齐。

9.3.2 分布选中/链接图层

执行菜单【图层】→【分布】命令下的子菜单命令，可以平均分布所有选中/链接图层。当然，也可以在移动工具选项栏中单击对应的按钮，快速完成分布图像的操作，如图 9-31 所示。

图 9-31 移动工具选项栏中的分布功能按钮

分布按钮功能如下：

◎ "按顶分布" ：从每个图层最顶端的像素开始，均匀分布各选中/链接图层，使它们最顶边的像素间隔相同的距离。

◎ "垂直居中分布" ：从每个图层垂直居中像素开始，均匀分布各选中/链接图层，使它们垂直方向的中心像素间隔相同的距离。

◎ "按底分布" ：从每个图层最底端的像素开始，均匀分布各选中/链接图层，使它们最底端的像素间隔相同的距离。

◎ "按左分布" ：从每个图层最左端的像素开始，均匀分布各选中/链接图层，使它们最左端的像素间隔相同的距离。

◎ "水平居中分布" ：从每个图层水平居中像素开始，均匀分布各选中/链接图层，使它们水平方向的中心像素间隔相同的距离。

◎ "按右边分布" ：从每个图层最右端的像素开始，均匀分布各选中/链接图层，使它们最右端的像素间隔相同的距离。

9.4 合并图层

对一些不必要分开的图层可以将它们合并以减少文件所占用的磁盘空间，同时也可以提高操作速度。在合并图层时，顶部图层上的数据将替换较低层图层上的重叠数据，所有的透明区域的交叠部分都会保持透明。

9.4.1 合并任意多个图层

选择要合并的多个图层，然后执行菜单【图层】→【合并图层】命令，或在【图层】面板菜单中选择【合并图层】命令即可合并选择的所有图层，如图 9-32 所示。按快捷键【Ctrl+E】，也可合并选择的多个图层。

图 9-32 合并图层前（左）和合并图层后（右）

9.4.2 向下合并图层

向下合并图层就是将当前图层与下一图层合并，合并后的图层名称以下层图层的名称来命名。合并图层时，需要将当前图层的下一图层图像设为显示状态，操作方法如下。

在【图层】面板中选中一个图层，然后在面板菜单中选择【向下合并】命令或者按快捷键【Ctrl+E】，即可向下合并图层。

9.4.3 合并可见图层

执行菜单【图层】→【合并可见图层】命令，或者在【图层】面板菜单中选择【合并可见图层】命令，可将图像中所有显示的图层合并，而隐藏的图层则保持不变。此命令快捷键为【Shift+Ctrl+E】。

9.4.4 合并所有图层

执行菜单【图层】→【拼合图像】命令，或者在【图层】面板菜单中选择【拼合图像】命令，即可将所有的可见图层合并到背景层中。如果【图层】面板中有隐藏图层，Photoshop CS4 将弹出提示对话框，如图 9-33 所示，提示是否确实要丢弃隐藏的图层。

图 9-33 提示对话框

 若当前层是隐藏图层，则不能使用【合并图层】和【合并可见图层】命令。

9.4.5 盖印图层

除了合并图层外，还可以盖印图层。盖印图层可以将多个图层的内容合并为一个目标图层，同时使其他的图层保持完好。按快捷键【Ctrl+Alt+E】即可盖印选中的多个图层，如图 9-34 所示。

按快捷键【Shift+Ctrl+Alt+E】，即可盖印所有的可见图层（包括背景层），如图 9-35 所示。

图 9-34 盖印选择的所有图层

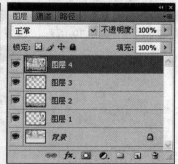

图 9-35 盖印所有可见图层

9.5 使用图层组

如果一个图像文件有很多图层，管理起来就很不方便，这时就可以使用图层组来协助进行

189

图层管理。使用图层组,就好比使用 Windows 的"资源管理器"创建文件夹一样。可以在【图层】面板中创建图层组,以便于分类存放图层。

9.5.1　图层的群组和解组

群组就是将所选的图层放到新建的一个图层组中,操作方法如下。

选择要进行群组的图层,如图 9-36 所示。执行菜单【图层】→【图层编组】命令或按快捷键【Ctrl+G】,即可将选中的图层都放到新建的组中,Photoshop 默认以组 1、组 2 等命名,如图 9-37 所示。

图 9-36　选择要编组的图层　图 9-37　编组后的【图层】面板　图 9-38　新建组后的【图层】面板

如果要将组恢复到群组之前的状态,则可以取消图层编组,操作方法如下。

选择要进行取消群组的图层组,执行菜单【图层】→【取消图层编组】命令或按快捷键【Shift+Ctrl+G】,即可取消群组。

9.5.2　新增空白图层组

要创建一个空白图层组,只要单击【图层】面板下方的"创建新组"▢ 按钮,即可建立一个空白图层组,如图 9-38 所示。也可以通过菜单【图层】→【新建】→【组】命令或在【图层】面板菜单中选择【新建组】命令来创建图层组。但使用该命令创建图层组时,将打开【新建组】的对话框,如图 9-39 所示。设置参数后单击【确定】按钮,即可新建一个空白图层组。

图 9-39　【新建组】对话框

9.5.3　从图层建立组

从图层建立组,可将选择的所有图层编进一个组中,操作方法如下。

选择要编组的图层,然后执行菜单栏中的【图层】→【新建】→【从图层建立组】命令,或在【图层】面板菜单中执行【从图层新建组】命令,则会打开【新建组】对话框,设置好参数后单击【确定】按钮,即可完成从图层创建组。

9.5.4　图层与图层组

1.将图层移入图层组

创建图层组后，可以将已有的图层移到图层组中，操作很简单。在图层中按下鼠标左键，将其拖曳至"图层组的名称"或"文件夹图标" □上再释放鼠标左键即可，操作过程如图 9-40 所示。

图 9-40　移动"雪人"图层到图层组 1 中

2.将图层移出图层组

选中需要移出的图层，将其拖至图层组以外的位置，当目标位置显示高光线时，释放鼠标左键即可。

3.在图层组中创建图层

如果要在图层组中创建新图层，要先选择图层组，然后再新建图层。

4.展开或折叠图层组

在图层组处于折叠的情况下，单击图层组名称前的三角形 ▶ 使其变为 ▼ 形，即可展开图层组；反之，单击展开图层组名称前的三角形 ▼ 使其变为 ▶ 形，即可折叠图层组。折叠图层组有利于多个图层的显示。

5.删除图层组

位于图层组中的图层，就像文件夹中的文件一样，对外相当于一个整体。即使组中的各图层没有链接关系，它们也可以被一起移动、变换、删除、复制。因此，删除图层组时应注意，不想删除的图层应先移出图层组。删除图层组的方法与删除图层的方法相同，这里就不再赘述。

9.6　图层复合

所谓图层复合就是将图层的位置、透明度、样式等布局信息存储起来，之后可以简单地通过切换来比较几种布局的效果。使用图层复合，可以在单个 Photoshop 文件中创建、管理和查看版面的多个版本。这个功能是非常实用的，也很简单。

执行菜单【窗口】→【图层复合】命令，打开【图层复合】面板，如图 9-41 所示。

图 9-41　【图层复合】面板

应用"图层复合"按钮◀和▶：分别是向上和向下选择应用已经创建的图层复合。

◎　"更新图层复合" 🔄 按钮：单击此按钮可以更新当前选择的图层复合。

◎　"创建新的图层复合" 🔲 按钮：单击此按钮将新建一个图层复合。

◎　"删除图层复合" 🗑 按钮：单击此按钮将删除当前选择的图层复合。

9.6.1　新建与应用图层复合

下面是一个具体的实例，介绍图层复合的创建与应用，操作步骤如下。

1 打开配套光盘 ch09\素材\welcome.jpg 文件，如图 9-42 所示，这是一副设计好的签名图。

图 9-42　素材图像

图 9-43　隐藏图层 1 副本并选择图层 1

2 按快捷键【F7】打开【图层】面板，按【Ctrl+J】快捷键两次，复制背景图层，得到图层 1 与图层 1 副本。然后隐藏图层 1 副本，并选择图层 1，如图 9-43 所示。

3 执行菜单【滤镜】→【纹理】→【马赛克拼贴】命令，在打开的【马赛克拼贴】对话框中保持默认设置，如图 9-44 所示。单击【确定】按钮，图像效果如图 9-45 所示。

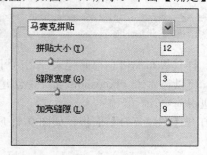

图 9-44　【马赛克拼贴】对话框

图 9-45　应用滤镜后的效果

下面我们将刚才制作签名效果保存储起来。

4 打开【图层复合】面板，单击"创建新的图层复合" 按钮，打开【新建图层复合】对话框，具体设置如图 9-46 所示。单击【确定】按钮，创建"图层复合 1"，如图 9-47 所示。

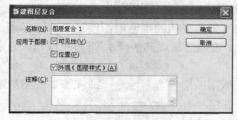
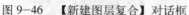

图 9-46　【新建图层复合】对话框

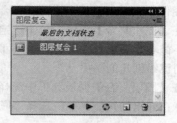

图 9-47　创建图层复合 1

【新建图层复合】对话框中各参数含义如下。

◎　"可视性"：显示/隐藏图层面板中的图层。

◎　"位置"：在文档中的位置。

◎　"外观（图层样式）"：是否将图层样式应用于图层。

◎　"注释"：可以该文本框中输入当前图层复合的说明文字。

5 在【图层】面板中选择并显示图层 1 副本，执行菜单【图像】→【调整】→【反相】命令或按【Ctrl+I】快捷键，得到如图 9-48 所示的图像效果。

图 9-48　反相后图像的效果

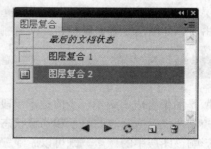

图 9-49　创建图层复合 2

6 采用同样的方法，在【图层复合】面板中单击"创建新的图层复合" 按钮，创建图层复合 2，如图 9-49 所示。

创建多个图层复合后，我们就可以在【图层复合】面板中查看不同版本的签名图效果。

7 在【图层复合】面板，分别单击图层复合 1 与图层复合 2 旁边的"应用图层复合"图标 ，以查看不同设计方案的图像效果，如图 9-50 所示。

图 9-50　在同一文件中查看不同版本的签名图效果

该实例源文件参见配套光盘 ch09\素材\welcome.psd。

9.6.2 应用图层复合

要在图像中查看创建的多个图层复合时，可以执行以下操作之一。

（1）在【图层复合】面板中单击选定图层复合旁边的"应用图层复合"图标 。

（2）要循环查看所有的图层复合，可以单击该面板底部的 按钮和 按钮，分别向上或向下选择应用已经创建的图层复合。

（3）在【图层复合】面板菜单中选择"应用图层复合"命令，或在需要应用的图层复合上单击右键，在弹出的快捷菜单中选择"应用图层复合"命令。

9.6.3 更新图层复合

如果在【图层】面板中删除了图层复合所记录的图层，在【图层复合】面板中就会出现【无法完全恢复复合】 图标，此时就需要更新图层复合以保证图层复合的正确性。

更新图层复合，常用的方法有以下两种。

（1）单击【图层复合】面板底部的"更新图层复合" 按钮。

（2）单击【无法完全恢复复合】 图标，在弹出的提示对话框中单击 清除(L) 按钮。

9.6.4 删除图层复合

在【图层复合】面板中选中要删除的图层复合，在面板菜单中选择【删除图层复合】命令，或者直接单击【删除图层复合】 按钮，即可删除该图层复合。

9.7 图层蒙版

图层蒙版是图像合成中必不可少的技术手段，用户可以通过改变图层蒙版中不同区域的黑白程度，来控制图像对应区域的显示和隐藏状态。通过更改蒙版，可以对图层增加各种特殊效果，而不会影响该图层中的像素。既可以删除蒙版而不应用更改，也可以应用蒙版并使这些更改永久生效，最终在图层与图层之间创建无缝的合成图像。

9.7.1 【蒙版】面板

【蒙版】面板是 Photoshop CS4 的新增功能，使用该面板可以轻松创建和修改蒙版。

在选中或创建蒙版后，执行菜单【窗口】→【蒙版】命令，将调出如图 9-51 所示的【蒙版】面板。在此面板中可以对蒙版进行如浓度、羽化、反相及显示/隐藏等操作。

图 9-51 【蒙版】面板

图 9-52 添加填充为白色的图层蒙版

9.7.2 直接添加图层蒙版

在直接添加图层蒙版的情况下，可以为图层添加一个"全部显示"或"全部隐藏"的蒙版，操作方法如下。

选择要添加图层蒙版的图层，在【蒙版】面板中单击"添加像素蒙版" 按钮，或者单击【图层】面板底部的"添加图层蒙版"按钮，即可为该图层添加一个默认填充为白色的图层蒙版，即显示全部图像的蒙版，如图 9-52 所示。要创建隐藏整个图像的蒙版，只需在单击按钮时按住【Alt】键，即可为图层添加一个默认填充为黑色的蒙版图层。

> **注意** 如果当前选择的图层为背景层，在【蒙版】面板中单击"添加像素蒙版" 按钮会将其转换为普通层，然后再为其添加蒙版。

9.7.3 根据选区添加蒙版

在当前图像中存在选区的情况下，可以利用该选区添加图层蒙版，操作方法如下。

选择要添加图层蒙版的图层，然后单击【图层】面板底部的"添加图层蒙版"按钮，或在【蒙版】面板中单击"添加像素蒙版"按钮，即可依据当前选区的选择范围为图像添加蒙版，如图 9-53 所示。可以看到，蒙版中选区内的区域是白色，而选区以外的区域是黑色，图像被隐藏了。

图 9-53 根据选区创建蒙版前后效果对比

在执行上述操作时，在单击按钮之前按住【Alt】键，即可依据当前选区相反的范围为图层添加蒙版，即先对选区执行"反向"操作，然后再为图层添加蒙版。

9.7.4 编辑图层蒙版

添加图层蒙版只是完成了应用图层蒙版的第一步，要使图层蒙版达到所要的效果，则必须对图层蒙版进行编辑。

要编辑图层蒙版，一定要先单击图层蒙版缩览图，使之成为选中状态。然后选择一种编辑或绘画工具，按照下述准则进行编辑。

如果要隐藏当前图层中的图像，用黑色在蒙版中绘制；

如果要显示当前图层中的图像，用白色在蒙版中绘制；

如果要使当前图层中的图像部分可见，用灰色在蒙版中绘制。

> **注意** 蒙版中白色表示显示图层内的图像，纯黑色表示隐藏图层内的图像，灰色表示图层内的图像半隐半现。

9.7.5 取消图层与图层蒙版的链接

默认状态下，图层与图层蒙版会自动保持链接，在【图层】面板中两者缩览图之间有"链接"⑧图标。在这种链接状态下，移动图层，图层蒙版会跟着一起移动，从而保证了蒙版与图层图像的相对位置不变。

在有些情况下，需要单独调整图层内的图片或蒙版的位置，就可以单击此"链接"⑧图标，取消图层与图层蒙版间的链接关系，从而可以单独移动图层或图层蒙版，如图 9-54 所示。

图 9-54　取消链接后选择图层缩览图移动图层 1

9.7.6　调整图层蒙版的浓度

【蒙版】面板中的"浓度"参数可以调整图层蒙版或矢量蒙版的不透明度，操作方法如下。

1 在【图层】面板中选择包含要编辑的蒙版的图层。

2 在【蒙版】面板中的单击"像素蒙版"▣按钮或单击"矢量蒙版"▣按钮将其激活，然后拖动"浓度"滑块。当数值为 100%时，蒙版将完全不透明并遮挡图层下面的所有区域，此数值越低，图层中的更多区域变得可见。如图 9-55 所示为将"浓度"值降低时的效果，可以看出由于蒙版中黑色成为灰色，因此图层中被隐藏的图像也开始显示了。

图 9-55　调整图层蒙版浓度值后的效果

9.7.7　羽化蒙版边缘

使用【蒙版】面板中的"羽化"参数可以直接控制蒙版边缘的羽化程度，而无需像以前一样再使用【模糊】滤镜对其操作，操作方法如下。

1 在【图层】面板中选择包含要编辑的蒙版的图层。

2 在【蒙版】面板中的单击"像素蒙版"▣按钮或单击"矢量蒙版"▣按钮将其激活，然后拖动"羽化"滑块，羽化蒙版的边缘，使蒙版的边缘以在蒙版和未蒙住区域之间创建较柔和的边渡。如图 9-56 所示为将"羽化"值提高时的效果，可以看出蒙版的边缘发生了柔化。

图 9-56　设置羽化值后的效果

9.7.8　查看和启用图层蒙版

默认情况下，图层蒙版不会显示在图像中。如果要在图像中显示图层蒙版，可以按住【Alt】键单击图层蒙版缩览图，就可以在图像中显示蒙版，如图 9-57 所示。这样就可以更直观地编辑图层蒙版了。

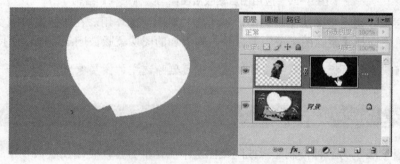

图 9-57　在图像中显示蒙版

如果要停用图层蒙版，可以按住【Shift】键单击【图层】面板中的图层蒙版缩览图，暂时停用蒙版效果。这时图层蒙版缩览图上会出现一个红色的"×"，如图 9-58 所示，并且会显示出不带蒙版效果的图层内容。再次可以单击图层蒙版缩览图，即可重新显示蒙版效果。

图 9-58　停用图层蒙版后的效果

> **提示**　按住【Alt】键的同时将图层蒙版拖移到目标图层，可复制图层蒙版，并将其应用于目标图层。

9.7.9　应用和删除图层蒙版

由于使用图层蒙版将会增加文件大小，影响操作速度。因此读者应该养成随时清理多余的图层蒙版的习惯。

应用图层蒙版就是将图层蒙版的最终结果应用至此图层上，并将原图层上蒙版以外的部分删除掉，操作方法如下。

在图层蒙版缩览图上单击右键，从弹出的快捷菜单中选择【应用图层蒙版】命令，即可应用图层蒙版，如图 9-59 所示。

图 9-59　应用图层蒙版后图像与其【图层】结构

删除图层蒙版是指将图层蒙版扔掉，不考虑其对图层的作用。在图层蒙版缩览图上右击，在弹出的菜单中选择【删除图层蒙版】命令。则添加的图层蒙版被删除，图层保持原样。

 单击【蒙版】面板中的删除蒙版按钮，也可删除选中的图层蒙版。

9.8　矢量蒙版

图层矢量蒙版是另一种控制显示或隐藏图层中图像的方法，使用图层矢量蒙版可以创建具有锐利边缘的蒙版。

值得注意的是，图层矢量蒙版是通过钢笔或形状工具所创建的矢量图形，因此在输出时矢量蒙版的光滑程度与图像分辨率无关，即使放大缩小也不会变形，在 PostScript 打印机上打印时也会保持边缘清晰。

9.8.1　创建矢量蒙版

打开一张图片后，将背景层转换为普通图层，然后执行菜单【图层】→【矢量蒙版】→【显示全部】命令，则会增加一个全白的矢量蒙版，即完全显示图层内的图像；执行菜单【图层】→【矢量蒙版】→【隐藏全部】命令，则会增加一个全黑的矢量蒙版，即完全隐藏图层内的图像。

要创建一些特殊形状的矢量蒙版，如树形、蝴蝶形等，可以使用"钢笔工具" 或"自定义形状工具" 。根据当前路径创建矢量蒙版，操作方法如下。

选择"自定义形状工具" ，在其选项栏中单击"路径" 按钮，在图像上拖曳绘制一个蝴蝶图形，这时会产生一条蝴蝶形状的路径，然后执行菜单【图层】→【矢量蒙版】→【当前路径】命令，即可在当前图层上创建一个蝴蝶形状的矢量蒙版，该矢量蒙版将路径以外的图像隐藏起来，只显示路径内的图像，如图 9-60 所示。

隐藏矢量蒙版的方法和隐藏图层蒙版的方法相同，按住 Shift 键的同时单击矢量蒙版缩览图即可隐藏矢量蒙版。

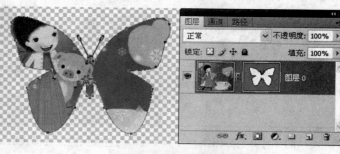

绘制蝴蝶形状的路径　　　　　　　　　创建矢量蒙版后的效果

图 9-60　创建图层矢量蒙版

9.8.2　编辑矢量蒙版

矢量蒙版的缩览图不同于图层蒙版，图层蒙版缩览图代表添加图层蒙版时创建的灰度通道，有 256 阶灰度；而矢量蒙版的缩览图呈现灰色、白色两种颜色，且包含路径。

由于图层矢量蒙版中的图形实际上也是路径，因此可以根据需要使用直接选择工具、转换点工具等路径编辑工具，对图层矢量蒙版中的路径或形状的节点进行编辑，如图 9-61 所示。

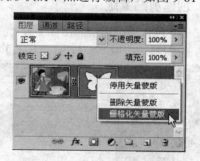

图 9-61　编辑矢量蒙版　　　　　图 9-62　选择【栅格化矢量蒙版】命令

矢量蒙版还可以转换为图层蒙版，操作方法如下。

在矢量蒙版缩览图上单击鼠标右键，从弹出的菜单中选择【栅格化矢量蒙版】命令，如图 9-62 所示，即可将矢量图层蒙版转换为图层蒙版。

9.9　快速蒙版

快速蒙版允许通过半透明的蒙版区域对图像的部分区域进行保护，没有蒙版的区域不受保护。在快速蒙版模式下，不受保护的区域可以应用绘图工具进行描绘和编辑，当退出快速蒙版模式时，非保护区域就转化为选区。

在工具箱的底部单击"快速蒙版" 按钮，进入快速蒙版模式，再单击一次退出快速蒙版模式，返回到标准模式。在英文状态下，按快捷键【Q】，也可以在快速蒙版模式和标准模式之间进行切换。

如果在没有定义选区的情况下，单击 按钮进入快速蒙版模式，会发现图像没有任何变化，代表图像没有被屏蔽，也就是不受保护。在默认情况下，受保护的区域会是 50% 的红色，用黑色的笔刷涂抹代表增加图层蒙版区域（即保护区），用白色的笔刷涂抹代表删除被蒙版区域（即选区），用灰色笔刷涂抹得到的是一种半透明的色彩，如图 9-63 所示。

(a) 打开的原图像　　　　　(b) 进入快速蒙版模式后　　　　(c) 退出快速蒙版模式后

图 9-63　快速蒙版

9.10　剪贴蒙版

剪贴蒙版被用于创建一个图层控制另一个图层显示形状及透明度的效果，它是一组图层的总称。一般将起控制作用的图层称为基层，它位于一个剪贴蒙版的最底层，而起填充作用的图层则称为内容层。

9.10.1　创建剪贴蒙版

打开一个包含三个图层的图像文件（ch09\素材\花.psd），图层顺序如图 9-64 所示。选择图层 2 为当前图层，按快捷键【Ctrl+Alt+G】创建图层剪贴蒙版，得到如图 9-65 所示的效果。

图 9-64　打开的图像文件　　　　　　　图 9-65　创建剪贴蒙版后的效果

可以看出，上方图层（即图层 2）中可显示的区域，取决于处于其下方图层（即图层 1）所具有的形状，也就是说图层 2 为内容层，图层 1 为基层。基层名称带下划线，而内容层的缩览图是缩进的，且前面带剪贴蒙版↴图标。

创建剪贴蒙版的方法非常简单，只需要确定基层与内容层后，将内容层置于基层的上方，执行菜单【图层】→【创建剪贴蒙版】命令或按快捷键【Ctrl+Alt+G】即可。

> **Tips 注意**　在一个剪贴蒙版中，基层只能有一个，而内容层则可以有无限多个，而且它还可以是调整图层、填充图层及文字图层等多种类型的图层。

9.10.2　释放图层剪贴蒙版

图层剪贴蒙版建立之后，再按一次快捷键【Ctrl+Alt+G】可以释放图层剪贴蒙版，也可以通过执行菜单【图层】→【释放剪贴蒙版】命令来完成。释放图层剪贴蒙版之后，图层又恢复至原始状态，即按顺序排在上面的非透明图层，会遮挡其下面的图层。

9.11　实例演练

9.11.1　数码相片设计

伴随着电脑及数码设备走进我们的生活，多数人已经不仅仅满足于拍摄的乐趣，更多的是 DIY 自己的照片。本例将运用相册模板，配合图层蒙板技术制作如图 9-66 所示的儿童数码相册。使用下载的模板制作相册，即可减少制作的难度，又可获得美观的视觉效果，何乐还不为呢！

图 9-66　实例效果

◎　素材文件：ch09\儿童数码相册\mb.jpg、01.jpg～05.jpg
◎　最终文件：ch09\儿童数码相册\儿童数码设计.psd
◎　学习目的：掌握使用模板制作数码相册的方法和技巧。

1 准备素材。在制作相册之前，首先要准备好所有的素材照片，以免中途停下来去找材料，这样即会打断设计思路又浪费时间。本例的素材已经过美化和修饰，可以直接使用。

2 新建文件。按【Ctrl+N】快捷键新建文件，设置文件名称为"儿童相册"、宽度为 10 英寸、高度为 5 英寸、分辨率为 150 像素/英寸、RGB 模式，如图 9-67 所示。

图 9-67　新建文件

3 制作背景。设置前景色为紫红色（#fb22fe），按快捷键【Alt+Delete】用紫红色填充背景图层。

4 复制模板。打开本例素材"mb.jpg"文件，按住【Shift】键不放，使用"移动工具"　将其拖曳至"儿童相册"文件中，模板图像就复制过来了，并自动产生图层 1，如图 9-68 所示。

图 9-68　复制模板文件得到图层 1

5 添加人物相片。打开本例素材"01.jpg"文件，同样将其拖曳至"儿童相册"文件中，放置在图像窗口的最左边位置，得到图层2，如图9-69所示。

图9-69　添加人物相片得到图层2

6 创建选区。选择"魔棒工具" ，单击工具选项栏中的"添加到选区" 按钮，设置"容差"为10，并选中"消除锯齿"与"连续"选项，如图9-70所示。接着单击图层2中的白色区域，直至白色区域全部选中为止，如图9-71所示。

图9-70　魔棒工具选项栏设置

> **Tips 提示** 在用"魔棒工具" 创建选区的过程中，可以根据需要适当的调整"容差"值，或者设置选项栏为"从选区减去" ，还可以配合使用其他的选区工具。

图9-71　创建选区　　　　　　　　　图9-72　添加图层蒙版

7 为图层2添加蒙版。执行菜单【选择】→【反向】命令，使选区反选，接着单击【图层】面板底部的"添加图层蒙版" 按钮，从选区创建图层蒙版，效果如图9-72所示。

8 添加人物相片。打开本例素材02.jpg文件，将人物拖曳至"儿童相册"文件中，得到图层3。按【Ctrl+T】快捷键，在自由变换选项栏中设置宽和高均为40%，如图9-73所示，将图像等比例缩放到40%，并按回车键确认变换。

图9-73　自由变换选项栏设置

9 为图层3添加蒙版。使用"魔棒工具" 选中图层3中的白色部分，按【Ctrl+Shift+I】快捷键，将选区反选。然后单击【图层】面板底部的"添加图层蒙版" 按钮，为图层3添加图层蒙版，并将图层3中的人物移至图层2中人物的手掌上，效果如图9-74所示。

图 9-74　移至人物的手掌上

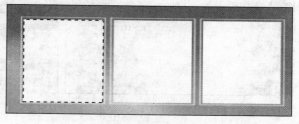

图 9-75　创建选区

10 添加素材。打开本例素材 03.jpg 文件，将人物复制到"儿童相册"文件中，得到图层 4。单击图层 4 前面的"眼睛" 图标隐藏该层，接着选择图层 1，用"魔棒工具" 单击图层 1 中的第一个白色矩形，使其成为选区，如图 9-75 所示。接着选择图层 4，并显示该层，然后单击"添加图层蒙版" 按钮，为图层 4 添加图层蒙版。

11 调整图像位置。给图层 4 添加图层蒙版后，发现被蒙住的图片位置不太理想，因此需要对图片单独移动。单击图层缩览图与图层蒙版缩览图之间的"链接" 图标，取消图层与蒙版之间的链接，然后单击图层缩览图，再用"移动工具" 调整图像的位置，如图 9-76 所示。

图 9-76　调整图像位置后的效果

图 9-77　添加图层蒙版后的效果

> **Tips 提示**　取消图层与图层蒙版之间的链接后，单击图层缩览图，用"移动工具" ，仅仅只移动图层内的图像，蒙版是固定不动的，如果图层与图层蒙版是链接状态，图层中的内容和图层蒙版会一起移动。

12 重复添加图层蒙版。打开本例素材 04.jpg 与 05.jpg 文件，采用同样的方法，分别为图层 5 和图层 6 添加图层蒙版，效果如图 9-77 所示。

> **Tips 提示**　利用反选命令也可以将矩形以外的人物部分清除掉，但是删除的部分将永久清除，不能再对图像的内容进行编辑修改。蒙版的好处就是原图会依然保持不变。

13 自由变换。打开本例素材 02.jpg 文件，将人物复制到"儿童相册"文件中，得到图层 7。按【Ctrl+T】快捷键，在自由变换选项栏中设置宽和高均为 250%，如图 9-78 所示，按回车键确认变换。

图 9-78　自由变换参数设置

203

14 调整不透明度。将图层 7 中的图像移动至如图 9-79 所示位置上，然后将图层的不透明度设置为 25%，效果如图 9-80 所示。

图 9-79　图层 7 中人物的位置　　　　　　　图 9-80　调整不透明度后的效果

15 添加图层蒙版。此时的图层 7 已经若隐若现，但是细心的读者肯定会发现左边的人物中出现了一条白色的直线，如图 9-81（a）所示，并且将人物的脸分成了两种颜色，这是怎么回事呢？原来图层 7 在最顶层，设置不透明度之后就会有一个若隐若现的边框。解决的办法很简单，单击【图层】面板底部的"添加图层蒙版" ⬜ 按钮，给图层 7 添加图层蒙版，然后选择"画笔工具" ✎，用黑色在蒙版中涂抹，仅显示头脸部区域，效果如图 9-81（b）所示。

（a）添加图层蒙版前　　　　　　　　（b）添加图层蒙版后的效果

图 9-81　添加蒙版

16 修改模板。选择图层 1 为当前图层，为图层 1 添加图层蒙版，使用"画笔工具" ✎，用黑色在蒙版中人物脸部处进行涂抹，如图 9-82 所示，这一步主要是将人物脸上的图案隐藏。至此，整个相册的制作就已经完成，最终效果如图 9-66 所示。

 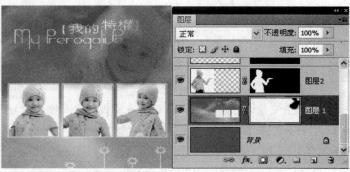

（a）添加图层蒙版前　　　　　　　　（b）添加图层蒙版后的效果

图 9-82　修改蒙版

9.12　思考与练习

1．填空题

（1）按快捷键_____或_____，可以将当前选区中的图像复制或剪贴至一个新的图层中。

（2）图层复合是_____，可以在单个的 Photoshop 图像文件中_____和_____的多个效果版本。

（3）图层剪贴蒙版建立之后，按快捷键【Ctrl+Alt+G】可以_____剪贴蒙版。

2．选择题

（1）当图层中出现锁图标 🔒 时，表示该图层_____ 。

　　A．已被锁定　　　B．与上一图层链接　　C．与下一图层编组　　　D．以上都不对

（2）在建立的图层蒙版中，用黑色画笔涂抹，表示_____。

　　A．隐藏涂抹区图像内容　　　B．显示涂抹区图像内容

　　C．半透明显示图像内容　　　D．以上都不对

（3）要将当前图层与下一个图层合并，可以按下_____快捷键。

　　A．Ctrl+E　　　B．Ctrl+G　　　　C．Ctrl+Shift+E　　　　D．Ctrl+Shift+G

3．问答题

（1）使用图层的优点是什么？Photoshop CS4 中有几种类型的图层？

（2）使用图层复合有什么好处？图层的混合模式有什么优点？

（3）矢量图层蒙版与图层蒙版最大的不同点是什么？

4．上机练习

（1）打开一幅图像，并打开【图层】面板，熟练掌握【图层】的各种基本操作，比如新建与删除图层，调整图层叠放顺序，修改图层的不透明度，显示和隐藏图层，以及使用图层组与图层复合等。

（2）请运用本章所学的知识，参照如图 9-83 所示效果，合成婚纱图像。该练习源文件参见配套光盘 ch09\上机练习\婚纱人相合成.psd。

图 9-83　婚纱人相合成效果

第 10 章　图层的高级应用

本章导读

　　图层混合模式、图层样式、调整图层的出现，是 Photoshop 一个划时代的进步。在 Photoshop 中，使用图层样式配合调整图层、图层蒙版，创造特殊图像效果，其方便程度甚至比特效本身更令人惊讶。本章会告诉您一些关于图层混合模式、图层样式、调整图层的秘密，这些都是在创作图像中最实用的技巧。了解这些后您会发现，在这些原以为简单的命令中，隐藏着一个如此宽广而神秘的天地！

学习要点

　　▲　图层混合模式　　　　　　　　　　　　▲　图层样式的添加和删除
　　▲　图层样式的修改和调整　　　　　　　　▲　填充图层的添加与应用
　　▲　【调整】面板　　　　　　　　　　　　▲　调整图层的添加与应用

10.1　图层混合模式

　　在 Photoshop 中混合模式的应用非常广泛，画笔、铅笔、渐变、图章等工具以及图层样式中均有使用，其意义基本相同，因此如果掌握了图层的混合模式，则不难掌握其他位置所出现的混合模式选项。

　　图层的混合模式用于控制上下图层中图像的混合效果，在设置混合模式的同时通常还需要调节图层的不透明度，以使其效果更加理想。使用混合模式不仅可以创作出丰富多彩的叠加及着色效果，而且可获得各种意想不到的特殊的效果。

　　图层混合模式的使用非常简单，方法如下。

　　选择要设置混合模式的图层，单击【图层】面板"正常"右侧的下"三角" 按钮，从弹出的下拉列表中选择一种混合模式即可，如图 10-1 所示，其中包括了 25 种混合模式选项。如图 10-2 所示为【图层样式】对话框中的混合模式选项。

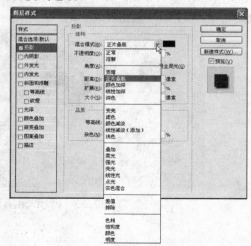

图 10-1　【图层】面板中的混合模式　　　　　　图 10-2　【图层样式】对话框中的混合模式

图层混合模式中各选项的含义如下。

◎ "正常"：使用该模式时，上方图层完全遮盖下方图层。该选项是默认设置，较为常用。

◎ "溶解"：使用该模式就是把当前图层的像素以一种颗粒状的方式作用到下层，以获取溶入式效果。若将【图层】面板中的"不透明度"值降低，溶解效果会更加明显。

◎ "变暗"：使用该模式就是查看每个通道中的颜色信息，并选择基色或混合色中较暗的颜色作为结果色。把比混合色亮的像素替换掉，而比混合色暗的像素则保持不变。

◎ "正片叠底"：使用该模式，整体效果显示了由上方图层及下方图层的像素值中较暗的像素合成的图像效果。

◎ "颜色加深"：使用该颜色模式可以查看每个通道中的颜色信息，并通过增加对比度使基色变暗以反映混合色。与白色混合后不产生变化。

◎ "线性加深"：使用该颜色模式可以查看每个通道中的颜色信息，并通过减小亮度使基色变暗以反映混合色。与白色混合后不产生变化。

◎ "变亮"：使用该模式可以查看每个通道中的颜色信息，并选择基色或混合色中较亮的颜色作为结果色。比混合色暗的像素将被替换，比混合色亮的像素则保持不变。

◎ "滤色"：使用该颜色模式可以查看每个通道的颜色信息，并将混合色的互补色与基色复合。结果色就是较亮的颜色。用黑色过滤时颜色保持不变，用白色过滤将产生白色。此效果类似于多个摄影幻灯片在彼此之上投影。

◎ "颜色减淡"：使用该颜色模式可以查看每个通道中的颜色信息，并通过减小对比度使基色变亮以反映混合色。与黑色混合则不发生变化。

◎ "线性减淡（添加）"：使用该颜色可以查看每个通道中的颜色信息，并通过增加亮度使基色变亮以反映混合色。与黑色混合则不发生变化。

◎ "叠加"：使用该模式时，图像的最终效果取决于下方图层。但上方图层的明暗对比效果也将直接影响到整体效果，叠加后下方图层的亮度区与投影区仍保留。

◎ "柔光"：使颜色变亮或变暗，具体取决于混合色。如果上方图层的像素比 50%灰色暗，则图像变亮；反之，则图像变暗。

◎ "强光"：使用该模式所产生的叠加效果与柔光类似，但其加亮与变暗的程度较柔光模式大许多。

◎ "亮光"：如果混合色比 50%灰度亮，一般通过降低对比度来加亮图像，反之通过提高对比度来使图像变暗。

◎ "线性光"：使用该模式则是通过减小或增加亮度来加深或减淡颜色，具体情况取决于混合色。如果混合色（光源）比 50%灰色亮，则通过增加亮度使图像变亮。如果混合色比 50%灰色暗，则通过减小亮度使图像变暗。

◎ "点光"：该模式是根据混合色来替换颜色。如果混合色比 50%灰色亮，则替换比混合色暗的像素，而不改变混合色亮的像素。如果混合色比 50%灰色暗，则替换比混合色亮的像素，而比混合色暗的像素则保持不变。

◎ "实色混合"：使用该模式就是在图像中进行高强度的混合。通常情况下当混合两个图层以后，亮色会更加亮，暗色会更加暗。"实色混合"模式对于一个图像本身来说具有是不确定性，例如它锐化图像是填充不透明度将控制锐化强度的大小。

◎ "差值"：使用该混合模式可以查看每个通道的颜色信息，并从基色中减去混合色，或从混合色中减去基色，具体情况则取决于哪一个颜色的亮度值更大。与白色混合将反转基色值，与黑色混合则不发生变化。

◎ "排除"：使用该混合模式可以创建一种与"差值"模式相似但对比度更低的效果。与白色混合将反转基色值，与黑色混合则不发生变化。

◎ "色相"：该选项用基色的亮度和饱和度以及混合色的色相创建结果色。
◎ "饱和度"：该模式用基色的亮度和色相以及混合色的饱和度创建结果色。在无饱和度的区域上使用此模式绘画不会产生变化。
◎ "颜色"：该模式用基色的亮度以及混合色的色相和饱和度创建结果色。这样可以保留图像中的灰阶，并且对于给单色图像上色和给彩色图像着色都非常有用。
◎ "亮度"：该模式用基色的色相和饱和度以及混合色的亮度创建结果色。此模式创建与"颜色"模式相反的效果。应用该模式会增加图像的亮度特性，但不改变色调值。

以如图 10-3 所示的素材图像为例，当两幅图像分别以上述混合模式相互叠加后，将得到不同的效果，各种效果的实例请参见本书彩页。

图 10-3　图层混合模式示例

10.2　调整图层

调整图层主要用于调整一个或多个图层的像素值、色调、饱和度、明暗和对比度，以及反相、色调分离、阈值等。使用调整图层，就像是在图像上覆盖了一块透明带颜色的玻璃一样。

调整图层对图层中图像的调整是没有破坏性的，也就是说不会永久地修改图像中的像素。

10.2.1　【调整】面板

【调整】面板是 Photoshop CS4 版本的新增功能，其作用就是在创建调整图层时，将不再通过对应的调整命令对话框设置参数，而是转为在此面板中完成。

在没有创建或选择任意一个调整图层的情况下，执行菜单【窗口】→【调整】命令将调出如图 10-4 所示的【调整】面板。

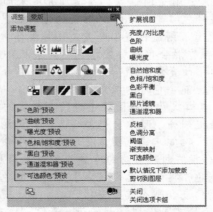

图 10-4　默认状态下的【调整】面板及面板菜单

在此状态下，在面板的底部有 2 个功能按钮，其功能解释如下。

◎ 展开视图按钮：单击此按钮可以放大调整的工作空间，以便更好地查看、选择各个调整图层。

◎ 剪贴图层按钮：单击此按钮将变为 状态，即在后面使用任意方式创建得到的调整图层，在默认情况下将与当前所选图层之间创建剪贴蒙版。

在选中或创建了调整图层后，则根据调整图层的不同，在【调整】面板中会显示与所选调整图层相对应的参数，如图 10-5 所示。

在此状态下，在面板的底部有 7 个功能按钮，其功能解释如下。

返回到调整列表按钮：单击此按钮，将返回到【调整】面板的初始状态，如图 10-6 所示，以便于继续创建其他的调整图层。这时在面板底部会显示 按钮，单击该按钮又可切换至图 10-4 所示的状态，即参数设置状态。

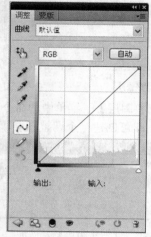
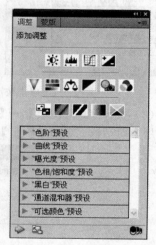

图 10-5　选择不同调整图层时的【调整】面板　　图 10-6　带"返回"按钮的【调整】面板

◎ 创建剪贴蒙版按钮：单击此按钮可以在当前调整图层与下层之间创建剪贴蒙版，再次单击则取消剪贴蒙版。

◎ 图层可见性按钮：单击此按钮可以控制当前所选调整图层的显示状态。

◎ 预览最近一次调整结果按钮：在按住此按钮的情况下，可以预览本次编辑调整图层参数时，最初始与刚刚调整完参数时的对比状态。

◎ 复位 按钮：该按钮的功能分为两部分，如果之前已经编辑过调整图层的参数，然后再次编辑此调整图层时，此按钮将变为 状态，单击此按钮可以复位至本次编辑时的初始状态，同时该按钮也变为 状态，此时再单击此按钮，则完全复位到该调整图层默认的参数状态。

◎ 删除调整图层 按钮：单击此按钮，并在弹出的对话框中单击"是"按钮，则可以删除当前所选的调整图层。

10.2.2　添加调整图层

在 Photoshop CS4 中由于新增了【调整】面板功能，因此创建调整图层的方式大大丰富且方便了。执行以下操作之一，均可创建调整图层。

（1）单击【调整】面板上半部分的各个图标，即可创建对应的调整图层，如图 10-7 所示。新的调整图层会出在当前层之上，它包括两个小的缩览图——左边是调整图层的缩览图，右边为该调整图层的图层蒙版缩览图。

（2）单击【图层】面板底部的"创建新的填充或调整图层"按钮 ⊘ ，在弹出的菜单中选择需要的命令，如图 10-8 所示，然后在【调整】面板中设置参数即可。

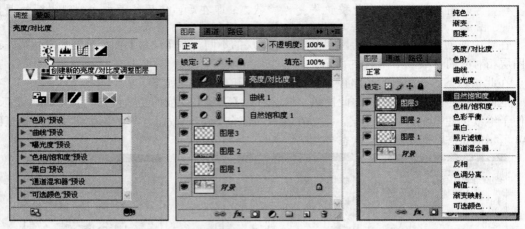

图 10-7　单击按钮创建调整图层　　　　图 10-8　从弹出的菜单中选择命令

（3）执行菜单【图层】→【新建调整图层】子菜单中的命令，则弹出如图 10-9 所示的【新建图层】对话框，单击【确定】按钮，即可创建一个调整图层。

图 10-9　【新建图层】对话框

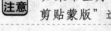
如果希望为调整图层与当前选中的图层之间创建剪贴蒙版，可以选中"与前一图层创建剪贴蒙版"选项。

10.2.3　编辑调整图层

编辑调整图层就是重新设置调整图层中所包含的命令参数，或者设置调整图层的混合模式和不透明度，或者为其添加蒙版效果，使图层产生新的调整效果。建立的调整图层是独立的，可以随时对其进行修改，而不会对原图有任何的破坏性，这正是调整图层的魅力之所在。

1．重新设置调整参数

重新设置调整图层中所包含的命令参数，有如下两种方法。

（1）在【图层】面板中双击调整图层缩览图，即可在打开的【调整】面板中修改参数。

（2）选择要修改的调整图层，执行菜单【窗口】→【调整】命令，在打开的【调整】面板中修改参数。

2．改变调整图层的混合模式和不透明度

调整图层和普通图层一样也可以设置其混合模式和不透明度，如图 10-10 所示是为图像（ch10\素材\花.jpg）添加了"阈值"调整图层后的效果及对应的【图层】面板；如图 10-11 所示为将调整图层的不透明度设置为 30%后的效果。

图 10-10　图像及对应的【图层】面板　　　图 10-11　设置图层不透明度后的效果

3．为调整图层增加蒙版效果

与普通图层一样，调整图层也一样可以利用图层蒙版效果来控制其调整的效果，不同的是调整图层在创建的同时就已经有了一个蒙版效果。如果希望调整图层在图像的某一个区域不发挥作用，只需在调整图层的蒙版对应区域填充黑色，反之则应该填充白色。

如图 10-12 所示为在图 10-10 的基础上，用黑色画笔在调整图层的蒙版区域中涂抹后的效果及对应的【图层】面板。

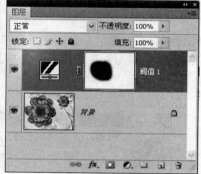

图 10-12　用黑色画笔在蒙版区域中涂抹后的效果及对应的【图层】面板

10.3　填充图层

填充图层是一类非常简单的图层，使用此类图层可以为当前图层创建填充有"纯色"、"渐变"或"图案"的 3 类图层。

由于填充图层也是图层的一类，因此也可以通过改变图层的混合模式、不透明度，为图层增加蒙版或将其应用于剪贴蒙版等操作，以获得不同的图像效果。

单击【图层】面板底部的"创建新的填充或调整图层" ⬤ 按钮，在弹出的菜单中选择一种填充类型，即可在目标图层之上创建一个填充图层。

10.3.1　创建纯色填充图层

单击【图层】面板底部的"创建新的填充或调整图层" ⬤ 按钮，在弹出的菜单中选择【纯色】命令，在弹出【拾色器】对话框中选择一种填充颜色，即可创建纯色填充图层。

10.3.2　创建渐变填充图层

单击【图层】面板底部的"创建新的填充或调整图层" ⬤ 按钮，在弹出的菜单中选择"渐变"命令，这时弹出如图 10-13 所示【渐变填充】对话框，在此可以设置填充图层的渐变效果。设置完成后，单击【确定】按钮，即可创建名为"渐变填充 1"的填充图层，如图 10-14 所示。

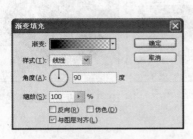

图 10-13　【渐变填充】对话框　　　　图 10-14　创建渐变填充图层

10.3.3　创建图案填充图层

单击【图层】面板底部的"创建新的填充或调整图层" ⊘ 按钮，在弹出的菜单中选择【图案】命令，弹出如图 10-15 所示【图案填充】对话框，在此可以设置填充图层的图案效果。设置完成后，单击【确定】按钮，即可创建图案填充图层。如图 10-16 所示为使用图案所创建的效果。

如果图像中存在有选区，再创建填充图层时，则填充图层仅对选区内的图像发挥作用。图 10-17 是有选区的原图与创建了图案调整图层的图像对比。

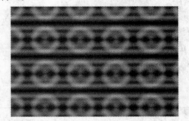

图 10-15　【图案填充】对话框　　　图 10-16　使用图案所创建的效果

图 10-17　原图（左）与创建图案填充图层的对比效果

10.4　使用图层样式

图层样式是 Photoshop 中一个集成式的功能，通过它可以轻松实现"投影"、"外发光"、"斜面和浮雕"等多种效果，而将这些效果进行组合可以得到千变万化的效果。如果您对它的了解仅限于添加简单的投影或浮雕效果，那么您就有必要坐下来，好好研究一下了。这一节会告诉您一些关于图层样式的秘密, 这些都是在创作图像中很实用的技巧。

10.4.1　添加图层样式的一般过程

为图层添加图层样式比较简单, 一般操作步骤如下。

1 选择要添加图层样式的图层, 执行菜单【图层】→【图层样式】命令, 从子菜单中选择一种图层样式, 或者单击【图层】面板底部的 "添加图层样式" **fx** 按钮, 从弹出的菜单中选择一种样式。

2 这时弹出如图 10-18 所示【图层样式】对话框, 该对话框在结构上分为 3 个区域。

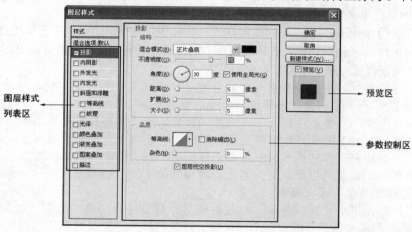

图 10-18　【图层样式】对话框

◎ 图层样式列表区: 在该区域中列出了所有的图层样式, 如果要同时应用多个图层样式, 只需选中图层样式名称左侧的选项即可; 如果要对某个图层样式的参数进行编辑, 直接单击该图层样式的名称即可在对话框中间的参数控制区域中修改其参数。

◎ 参数控制区: 在选择不同图层样式的情况下, 该区域会即时显示与之对应的参数选项。

◎ 预览区: 在该区域中可以预览当前所设置的所有图层样式叠加在一起时的效果。

3 在图层样式列表区中勾选要添加的样式, 在参数控制区中设置好参数选项。关于参数的具体设置, 将在随后的小节中详细介绍。

4 单击【确定】按钮, 即可为选中的图层添加相应的图层样式, 如图 10-19 所示。

图 10-19　添加投影样式后的效果及【图层】面板

添加了图层样式的图层称之为效果层，在【图层】面板中将显示 *fx* 按钮。双击 *fx* 按钮就可以打开【图层样式】对话框，对图层样式进行修改。

 图层效果作用于图层中的不透明像素，但背景层不能添加图层样式。

10.4.2 投影

投影效果是应用于文字、边框、按钮甚至各种图片上最基本、最常见的一种效果。添加投影图层样式后，层的下方会出现一个轮廓与层的内容相同的"影子"，这个影子有一定的偏移量，此效果会使图像产生立体感、层次感，使图像锦上添花。

单击【图层】面板底部的"添加图层样式" *fx* 按钮，从弹出的菜单中选择【投影】命令，则弹出如图 10-18 所示的对话框，在该对话框中进行适当设置即可得到需要的投影效果。

"投影"图层样式对话框各参数含义如下。

◎ "混合模式"：设置投影的色彩混合模式，在其下拉列表框右侧有一个颜色框，单击可以打开"拾色器"对话框，更改阴影颜色。
◎ "不透明度"：设置阴影的不透明度，数值越大，阴影颜色越深。
◎ "角度"：用于设置光线照明角度，阴影方向会随着角度变化而发生变化。
◎ "使用全局光"：可以为同一图像中所有图层样式设置相同的光线照明角度。
◎ "距离"：设置阴影和层的内容之间的偏移量，这个值设置得越大，会让人感觉光源的角度越低，反之越高。
◎ "扩展"：用于设置"投影"的投射强度，数值越大，则"投影"的强度越大，颜色的淤积感觉越强烈。如图 10-20 所示为其他参数不变的情况下，设置不同"扩展"值的投影效果。

(a) "扩展"为 12　　(b) "扩展"为 60　　(a) "大小"为 10　　(b) "大小"为 30

图 10-20　设置不同"扩展"值的投影效果　　图 10-21　设置不同"大小"值的投影效果

◎ "大小"：设置阴影的羽化效果，值越大，羽化程度越大，当大小为 0 时，该选项的调整将不产生任何羽化效果。图 10-21 所示为其他参数不变的情况下，设置不同"大小"值的投影效果。
◎ "等高线"：使用等高线可以定义图层样式的外观，单击此下拉列表按钮，将弹出如图 10-22 所示的"等高线"列表，在此可以选择等高线的类型。还可以单击 按钮，在打开的【等高线编辑器】对话框中自由编辑等高线，如图 10-23 所示。

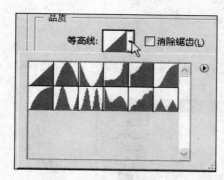

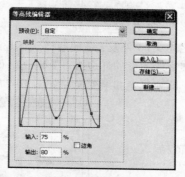

图 10-22 "等高线"列表   图 10-23 "等高线编辑器"对话框

如图 10-24 所示为在其他参数不变的情况下，选择 3 种不同的等高线得到的效果。

图 10-24 3 种不同的等高线效果

◎ "消除锯齿"：选择此选项，可以使应用等高线后的"投影"更细腻。

◎ "杂色"：选择该选项将对阴影部分添加随机的杂点。

◎ "图层挖空投影"：如果选中了这个选项，当图层的不透明度小于 100% 时，阴影部分仍然是不可见的，也就是说使透明效果对阴影失效。例如，我们将图层的不透明度设置为小于 100% 的值，下面的阴影也会显示出来一部分，但是如果选中了"图层挖空投影"，阴影将不会被显示出来。通常必须选中这个选项，道理很简单，如果物体是透明的，它怎么会留下投影呢？

由于下面介绍的各种图层样式所弹出的对话框与"投影"对话框中的参数类似，故对于其他图层样式对话框中相同的选项后面就不再重复介绍了。

10.4.3 内阴影

使用"内阴影"图层样式可以为图像添加内阴影效果。该样式与"投影"样式差不多，只是产生的阴影位置不同，投影是从对象边缘向外，而内阴影是从对象边缘向内，如图 10-25 所示。

图 10-25 "投影"（左）与"内阴影"（右）效果对比

10.4.4　外发光

顾名思义，"外发光"图层样式就是给图层中的文字或图形添加发光效果，并且发光的位置一般在文字或图形的外边缘。其对话框如图 10-26 所示，在此可以通过设置得到两种不同的发光方式，即纯色光和渐变光，如图 10-27 所示。

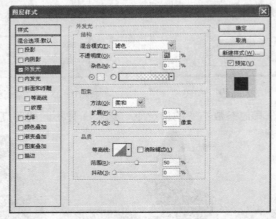

图 10-26　"外发光"图层样式对话框

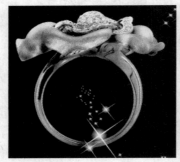 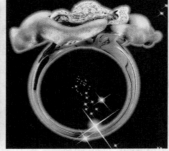 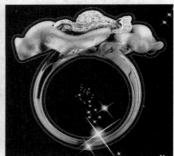

　　　原图像　　　　　　　　　纯色外发光效果　　　　　　　渐变式外发光效果

图 10-27　为图像添加外发光效果

 由于"外发光"样式默认混合模式是"滤色"，因此如果背景层被设置为白色，那么不论如何调整外侧发光的设置，效果都无法显示出来。要想在白色背景上看到外侧发光效果，必须将混合模式设置为"滤色"以外的其他值。

10.4.5　内发光

使用"内发光"图层样式，可以从图层内容的内边缘添加发光效果，该样式的对话框和"外发光"样式基本相同，除了将"扩展"变为"阻塞"外，只是在"图素"部分多了对光源位置的两种选择："居中"和"边缘"，如图 10-28 所示。

若选择"居中"，则发光就从图层内容的中心开始，直到距离对象边缘设定的数值为止；若选择"边缘"，则发光是沿对象边缘向内发光。

如图 10-29 所示为原图像，如图 10-30 所示为将"内发光"设置为单色的情况下，设置不同的等高线时的效果。

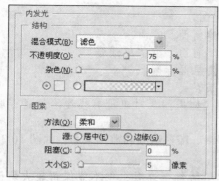

图 10-28　"内发光"参数设置　　　　图 10-29　原图像

图 10-30　设置单色发光时的不同效果

10.4.6　斜面和浮雕

在众多的图层样式中，"斜面和浮雕"是使用率最高的一种，同时也是比较不容易掌握的一种图层效果，当然，它所创造出来的效果也绝对能让你满意。

使用该图层样式，可以将各种高光和投影添加至图层中，从而创建具有立体感的图像，其参数选项对话框如图 10-31 所示。

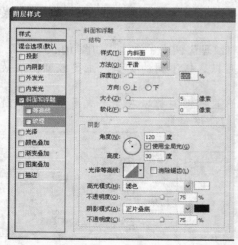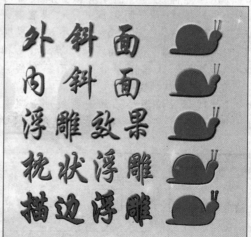

图 10-31　"斜面和浮雕"图层样式对话框　　图 10-32　5 种不同类型的浮雕样式

在"样式"下拉列表中共有 5 种样式：外斜面、内斜面、浮雕效果、枕状浮雕和描边浮雕。

图 10-32 是默认状态下，5 种类型的浮雕样式效果图。

◎ "外斜面"：从图层对象的边缘向外创建斜面。

◎ "内斜面"：从图层对象的边缘向内创建斜面，立体感最强。

◎ "浮雕效果"：使图层对象相对于下层图层呈浮雕状。

◎ "枕状浮雕"：使图层对象创建嵌入效果。

◎ "描边浮雕"：只针对图层对象的描边，如果图层对象没有描边，这种浮雕就无任
何效果。

在"方法"下拉列表中共 3 种斜面格式：平滑、雕刻清晰和雕刻柔和。如图 10-33 所示为
3 种斜面格式的效果对比图。

◎ "平滑"：模糊边缘，可适用于所有类型的斜面浮雕，但不能保留较大斜面的边缘
细节。

◎ "雕刻清晰"：保留清晰的雕刻边缘，适合用于有清晰边缘的图像。

◎ "雕刻柔和"：这种格式介于平滑和雕刻清晰之间，主要用于较大范围的对象边缘。

其中"阴影"部分（图 10-34），控制了组成样式的高光和暗调的组合，各参数含义如下。

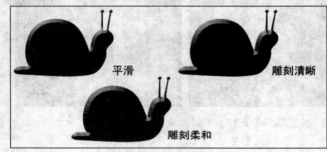

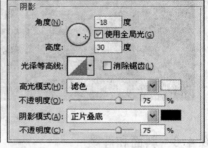

图 10-33　三种斜面格式　　　　　　　　　图 10-34　"阴影"部分

◎ "角度"：设置浮雕的投影角度。

◎ "高度"：设置浮雕的投影高度。这里的投影和图层的投影效果不同，这种添加了
高度的投影在表现图像时更加生动。

◎ "光泽等高线"：创建类似金属表面的光泽外观。

◎ "高光模式" / "阴影模式"：设置其混合模式，主要用于创造逼真的立体效果。

◎ "不透明度"：设置浮雕的不透明程度。

在"斜面和浮雕"的下面还有"等高线"和"纹理"两个子选项，如图 10-35 所示。

◎ "等高线"：给图层效果应用等高线，可以选择不同的类型，主要控制图层效果的
亮度或颜色的范围。

◎ "纹理"：给图层添加透明纹理效果。这里的图案都以灰度模式显示，也就是说纹
理不包括色彩，所采用的只是图案文件的亮度信息。

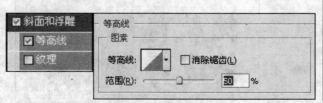

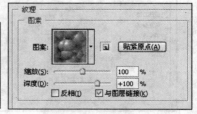

（a）"等高线"设置　　　　　　　　　　　（b）"纹理"设置

图 10-35　"斜面和浮雕"的子选项

◎ "贴紧原点"：恢复图案原点与文档原点的对齐状态。

◎ "与图层链接"：控制图案原点与图层左上角的对齐。

◎ "缩放"：用于改变纹理图案的大小。

◎ "深度"：可表现图案雕刻的立体感。

◎ "反相"：图像呈现出相反的纹理效果。

如图 10-36 所示是等高线和纹理的设置效果图。

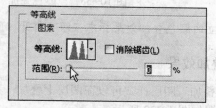

(a) 等高线范围为 0 的内浮雕效果

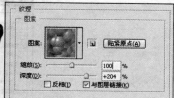

(b) 等高线范围为 50% 的内浮雕效果　　　　(c) 纹理为默认图案的内浮雕效果

图 10-36　不同选项显示的内浮雕效果

10.4.7　光泽效果

使用"光泽"图层样式，一般用于创建光滑的磨光或金属效果。如果适当地加上浮雕，会使图像呈现出奇妙的形态，如图 10-37 所示。

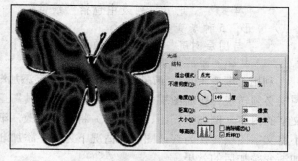

(a) 添加"斜面和浮雕"与"光泽"后的效果　　　　　(b) 光泽效果

图 10-37　添加了浮雕和光泽效果的图像

提示 决定光泽形状的是等高线，因为这种光泽效果比较柔和，所以也称为绸缎效果。

10.4.8　颜色叠加

使用"颜色叠加"图层样式可以为图层添加某种纯色，与执行菜单【编辑】→【填充】命令填充前景色功能相同，但是颜色叠加效果可以随意更改填充的颜色，使用起来更加随心所欲。

与其他的图层样式相比，"颜色叠加"的操作是最简单的，只有"颜色"的设置和"不透明度"的更改，如图 10-38 所示。

图 10-38 "颜色叠加"参数设置

提示 双击已建立的颜色叠加效果标志，即可打开"颜色叠加"对话框更改颜色。

10.4.9 渐变叠加效果

使用"渐变叠加"图层样式可以在图层上叠加一种渐变颜色，效果与在图层中填充渐变颜色相同，其对话框如图 10-39 所示。

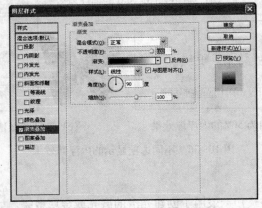

图 10-39 "渐变叠加"图层样式

◎ "样式"：此下拉列表中包括"线性"、"径向"、"角度"、"对称的"、"菱形"5 种渐变类型。

◎ "与图层对齐"：在此选项选中的情况下，如果从上至下绘制渐变，则渐变由图层中最上面的像素应用至最下面的像素。

利用"渐变工具" 在文字图层上给文字添加渐变时，会出现"禁止使用" 标志，文字图层必须转换为普通图层才可以使用"渐变工具" 。但文字图层一旦转换为普通图层之后，文字的内容（例如字间距、字体等）将不能更改，渐变叠加效果就可以弥补这一不足，可以在不将文字图层转换为普通图层的情况下为文字添加渐变效果，如图 10-40 所示为给文字图层添加渐变叠加后的效果。

图 10-40 为文字图层应用渐变叠加后的效果

10.4.10　图案叠加

使用"图案"叠加图层样式可以在图层上叠加图案，其效果与使用【编辑】→【填充】命令填充图案相同。如图 10-41 所示为填充不同的图案所产生的不同效果。

图 10-41　图案叠加效果展示

> **注意**　"颜色叠加"、"渐变叠加"、"图案叠加"这 3 种叠加样式是有主次关系的。主次关系从高到低分别为"颜色叠加"、"渐变叠加"、"图案叠加"。这就是说，如果同时添加了这 3 种样式，并且将它们的不透明度都设置为 100%，那么只能看到"颜色叠加"产生的效果。要想使层次较低的叠加效果能够显示出来，必须清除上层的叠加效果或者将上层叠加效果的不透明度设置为小于 100%的值。

10.4.11　描边效果

使用"描边"图层样式可以用指定颜色、渐变或图案 3 种方式为当前图层中的不透明像素描画轮廓，其对话框如图 10-42 所示。

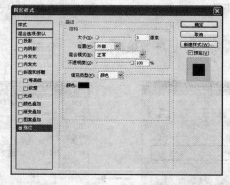

图 10-42　"描边"图层样式对话框

"描边"图层样式的主要选项有 3 种：大小、位置、填充类型，含义如下。

◎　"大小"：指定描边的宽度值，默认是 3 像素，数值越大，描的边越宽。

◎　"位置"：设置描边的位置，有 3 个选项：外部、内部、居中。

◎　"填充类型"：设置描边的填充类型，有 3 种类型：颜色、渐变、图案。

如图 10-43 所示为设置不同填充类型时所得到的描边效果。

（a）单色描边效果　　　　　（b）渐变描边效果　　　　　（c）图案描边效果

图 10-43　描边的 3 种填充类型

10.5　编辑图层样式

为图层添加图层样式后，其效果还可以进行反复修改编辑，以满足我们的工作需要。本节主要介绍常用图层样式的编辑操作。

10.5.1　显示或隐藏图层样式

为图层添加任何一种样式后，该图层即为效果层，单击图层中 *fx* 效果标志后面的三角形按钮，可以展开或收拢添加的图层效果。单击"效果"左侧的"眼睛" 图标，可以显示或隐藏所有的图层样式；单击某个图层样式效果左侧的"眼睛" 图标，可以显示或隐藏当前图层样式。

10.5.2　复制、粘贴图层样式

在同一个图像文件中，可以将图层样式复制应用到另一个图层中，使其产生相同的图层效果，这样能够加快操作速度，提高工作效率。复制图层样式操作方法如下。

在已添加图层样式的图层中单击鼠标右键，在弹出的菜单中选择【拷贝图层样式】命令，然后在需要粘贴图层样式的图层中单击鼠标右键，在弹出的菜单中选择【粘贴图层样式】命令，即可完成图层样式的复制。

另外，按住【Alt】键的同时拖曳 *fx* 效果标志至另一个图层，可以快速地复制图层样式，如图 10-44 所示。

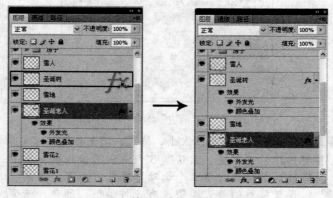

图 10-44　快速复制图层样式示意图

10.5.3　缩放图层样式

当图像大小发生变化时，图层样式却不会随着变换，这样会使原本合适的样式不再符合图层内容。

为了使图层样式和图像大小一致，在重定图像大小时，要注意和原来图像大小的百分比关联，然后右击【图层】面板中的 fx 效果标志，从弹出的菜单中选择【缩放效果】命令，设置其缩放比例与刚才对图像的缩放比例相同，这样图层样式就能与图层内容大小一致。操作过程如图 10-45 所示。

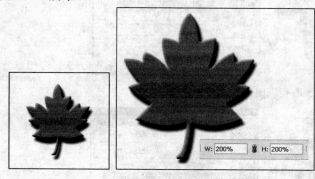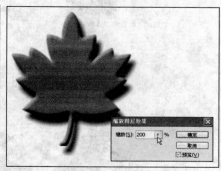

（a）原图　　　　　（b）图层中图像大小调整为 200%　　　（c）缩放效果也调整为 200%

图 10-45　缩放图层样式

10.5.4　清除图层样式

清除图层样式分为两种：清除所有图层样式和清除其中一项或几项图层样式。执行菜单【图层】→【图层样式】→【清除图层样式】命令，将清除所有的图层样式。运用该命令后，效果层转换为普通图层；如果一个图层中应用了两种或两种以上的图层样式，拖曳其中一种图层样式的效果名称至【图层】面板底部的"垃圾筒" ，即可清除该图层样式，如图 10-46 所示。

图 10-46　清除一种图层样式示意图

> **注意**　如果拖曳的图层效果名称是最顶部的"效果"时，则等同于执行菜单【图层】→【图层样式】→【清除图层样式】命令，将清除所有的图层样式。

10.5.5　将图层样式转换为图层

将图层样式转换为图层，会将图层中应用的效果从当前图层中脱离出来，成为一个单独的图层。下面以一个添加过投影的文字，使文字的投影部分脱离成为一个单独的图层为示范。

如图 10-47 所示为有投影图层样式的文字，在【图层】面板中的 fx 效果标志上单击右键，从弹出的菜单中选择【创建图层】命令，然后在弹出的提示对话框中单击【确定】按钮。此时，阴影就会分离出来成为一个新的图层，可以用"移动工具" ，移动该阴影图层，改变阴影位置，也可以用自由变形对阴影进行各种编辑，如图 10-48 所示。

图 10-47   有投影图层样式的文字

图 10-48   分离后对投影进行自由变换

10.5.6 【样式】面板

Photoshop 中有一个【样式】面板，该面板用于保存图层样式，以便下次使用相同的图层样式时就不需要再编辑调整，直接应用预设的图层样式即可。

应用预设的图层样式很简单，常规的方法是在【图层】面板中选择要添加样式的图层，然后在【样式】面板中单击要添加的样式图标，该样式就被应用到目标图层了。默认的【样式】面板如图 10-49 所示，系统提供了 20 种预设的图层样式。

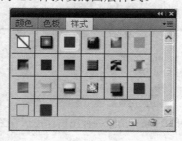

图 10-49   【样式】面板

注意 选择另一个样式后，新的样式将替换掉现存的图层样式。

Photoshop 提供了许多默认样式，读者可以载入样式使用，操作方法如下。

单击【样式】面板右上角的 按钮，在弹出的菜单底部选择一个样式，如图 10-50 所示。此时将弹出如图 10-51 所示的对话框，单击【追加】按钮，则可以将新的样式增加到【样式】

面板，如图 10-52 所示；如果单击【确定】按钮，则新载入的样式则会替换掉原有的样式，如图 10-53 所示。

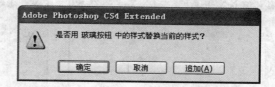

图 10-50　面板菜单　　　　　　　　　图 10-51　提示对话框

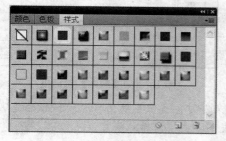

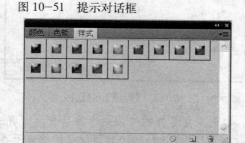

图 10-52　追加样式后的面板　　　　　图 10-53　替换原有样式后的面板

10.5.7　建立新样式

读者如果对 Photoshop CS4 中提供的图层样式不满意或者自己调整了一个非常满意的图层样式，则可以自行建立一个新的图层样式，以便以后快速套用。建立新样式操作方法如下。

选中已设置好图层样式的图层，在【样式】面板菜单中选择【新建样式】命令，此时会弹出如图 10-54 所示的【新建样式】对话框，在其中设置新样式的名称，然后单击【确定】按钮，即可创建一个新样式。

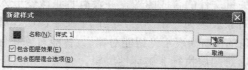

图 10-54　【新建样式】对话框

提示 Tips：单击【样式】面板底部的 "新建" 按钮，也可以建立新样式。

10.5.8　管理样式

Photoshop 保存样式的方法分为暂时和永久两种。在创建了新样式后，它会被暂时存放在【样式】面板中；但在重装了 Photoshop 之后，所有的面板、工具选项都会恢复到默认状态，这时用户辛辛苦苦保存的样式也付诸东流，因此有必要将精美的样式永久保存起来。

永久保存新建样式的操作方法如下。

在【样式】面板菜单选择【存储样式】命令，在打开的【存储】对话框（图 10-55）中设置好样式文件的保存路径和名称，然后单击【保存】按钮即可。注意文件扩展名为.asl。

如果文件保存在 Photoshop CS4 安装目录下的 Presets/Styles 文件夹中，则再次启动 Photoshop 时，这个样式的名称将出现在【样式】面板菜单的底部，方便用户选择。

单击【样式】面板菜单中【复位样式】命令，则【样式】面板会恢复至默认状态。如需套用自己存储的样式时，可单击【样式】面板菜单中【载入样式】命令，在弹出的图 10-56 所示的【载入】对话框中选择一种用户存储好的样式，单击【载入】按钮即可该载入样式。

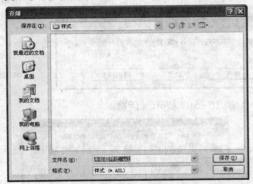

图 10-55 【存储】对话框   图 10-56 【载入】对话框

 切记要在另外的文件夹中再备份这个样式文件时，备份重要文件是一件很有意义的事情，只需花几秒钟的时间就能使你免于丢失"心血"而痛心疾首。

10.6 智能对象

10.6.1 什么是智能对象

智能对象是嵌入到 Photoshop 中的位图或矢量文件，且与当前工作的 Photoshop 文件能够保持相对的独立性。当我们修改当前工作的 Photoshop 文件或对智能对象执行缩放、旋转、变形等操作时，不会影响到嵌入的位图或矢量文件的源文件。也就是说，当我们在改变智能对象时，只是在改变嵌入的位图或矢量文件的合成图像，并没有真正改变嵌入的位图或矢量文件。

在 Photoshop 中智能对象表现为一个图层，类似于文字图层、调整图层等，如图 10-57 所示，其中图层缩览图右下角的图标 表示"智能对象"。智能对象将保留图像的源内容及其所有原始特性，从而让用户能够对图层执行非破坏性编辑。

图 10-57 【图层】面板中的常规图层和智能对象

可以利用智能对象执行以下操作。

（1）执行非破坏性变换。可以缩放、旋转智能对象图层或使图层变形，而不会丢失原始图像数据或降低品质，因为变换不会影响原始数据。

 注意 一些变换选项不可用，如"透视"和"扭曲"。

（2）由于 Photoshop 不能够处理矢量文件，因此所有置入到 Photoshop 中的矢量文件会被位图化，避免这个问题的方法就是以智能对象的形式置入矢量文件，从而既能够在 Photoshop 文件中使用矢量文件的效果，又保持了外部的矢量文件在发生改变时，Photoshop 的效果也能够发生相应的改变。

（3）可以对智能对象图层中的图像应用非破坏性的滤镜，也就是说可以像编辑图层样式一样，随时编辑应用于智能对象的滤镜。

（4）编辑一个智能对象并自动更新其所有的链接实例。

无法对智能对象图层直接执行（如绘画、减淡、加深或仿制）会改变像素数据的操作，除非先将该图层转换为常规图层（即将其栅格化）。要执行会改变像素数据的操作，可以编辑智能对象的内容。

 提示 当我们工作于一个较复杂的 Photoshop 文件时，可以将若干个图层保存为智能对象，从而降低 Photoshop 文件中图层的复杂程度，更便于管理、操作 Photoshop 文件，且对智能对象进行频繁缩放，也不会使图像变得模糊。

10.6.2　创建智能对象

执行下列任意一项操作，即可创建智能对象。

（1）执行菜单【文件】→【打开为智能对象】命令，在弹出的对话框中选择文件，然后单击【打开】按钮。

（2）执行菜单【文件】→【置入】命令，可以将文件作为智能对象导入到打开的 Photoshop 文档中。

（3）选择一个或多个图层，然后执行【图层】→【智能对象】→【转换为智能对象】命令，或单击鼠标右键，从弹出的菜单中选择【转换为智能对象】命令，则这些图层将被绑定到一个智能对象中，操作过程如图 10-58 所示。当将图层组合到一个智能对象中时，将不会保留剪贴蒙版。

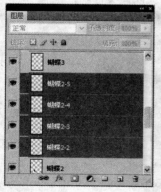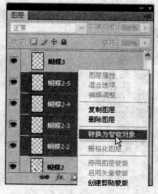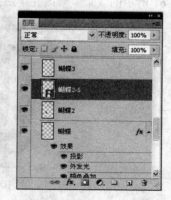

(a) 选择多个图层　　　(b) 选择【转换为智能对象】命令　　(c) 转换为智能对象后的效果

图 10-58　将多个图层转换为智能对象

（4）PDF 或 Adobe Illustrator 图层或对象拖动到 Photoshop 文档中。

（5）将 Illustrator 中的图片粘贴到 Photoshop 文档中，然后在【粘贴】对话框中选择"智能对象"。

10.6.3 编辑智能对象的源文件

智能对象的优点是能够在外部编辑智能对象的源文件，并使所有的改变都反应在当前的 Photoshop 文件中。下面以一个简单的实例，介绍如何编辑智能对象的源文件，操作步骤如下。

1 打开配套光盘 ch10\素材\智能对象.psd，如图 10-59 所示。在【图层】面板中选择智能对象图层，即图层 2，双击图层缩览图，或者执行菜单【图层】→【智能对象】→【编辑内容】命令，则弹出如图 10-60 所示的提示信息对话框。

图 10-59　智能对象源文件及其【图层】面板

2 在此对话框中单击【确定】按钮，则进入智能对象的源文件中，可以看出该源文件由两个图层组成。

图 10-60　提示信息对话框

3 在源文件中进行修改操作，比如为智能对象中的某一个图层添加图层样式后得到如图 10-61 所示的效果。修改完毕后按【Ctrl+S】快捷键保存文件，并关闭此文件。

图 10-61　为智能对象添加图层样式后的效果

4 执行上面的操作后，修改后源文件的变化会反应在智能对象中，如图 10-62 所示为修改源文件前后的效果对比。

图 10-62　修改前后效果对比

　　如果希望取消对智能对象的修改，可以按【Ctrl+Z】快捷键，此操作不仅能够取消在当前 Photoshop 文件中智能对象的修改效果，而且能够使被修改的源文件也回退至未修改前的状态。

10.6.4　栅格化智能对象

　　由于智能对象具有许多编辑限制，因此如果我们希望对智能对象进行进一步的编辑时，例如使用特殊滤镜（比如"液化"以及"消失点"）对其操作，则必须将其栅格化，即转换成普通的图层。

　　选择智能对象图层后，执行菜单【图层】→【智能对象】→【栅格化】命令即可将智能对象转换成为普通图层。另外，也可以直接在智能对象图层的名称上单击右键，在弹出的菜单中选择【栅格化图层】命令即可。

10.7　实例演练

10.7.1　蝴蝶视觉效果设计

　　本实例将运用调整图层、图层混合模式和图层样式，打造如图 10-63 所示的蝴蝶视觉效果。

图 10-63　蝴蝶视觉效果图

◎ 素材文件：ch10\蝴蝶视觉\人物.jpg、蝴蝶 1.psd～蝴蝶 6.psd

◎ 最终效果：ch10\蝴蝶视觉\蝴蝶视觉效果.psd

◎ 学习目的：灵活运用调整图层、图层混合模式和图层样式，进行视觉效果设计。

1 新建文件。按【Ctrl+N】快捷键打开【新建】对话框，设置名称为"蝴蝶视觉效果"，宽度为 800 像素、高度 1200 像素、分辨率为 150 像素/英寸、颜色模式为 RGB，如图 10-64 所示。

2 添加人物素材。打开配套光盘 ch10\蝴蝶视觉效果\人物.jpg 文件，如图 10-65 所示。使用"移动工具" ► 将其拖曳至新建文件中，得到图层 1。

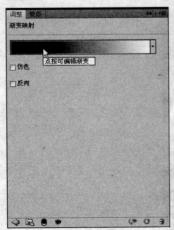

图 10-64　新建文件　　　　　　　　　　图 10-65　人物素材

由于添加的人物素材是黑白图像，有点单调，不过没有关系，下面我们将使用调整图层为其添加色彩。

3 创建调整图层。按【F7】键打开【图层】面板，单击面板底部的"创建新的填充或调整图层" ● 按钮，在弹出的菜单中选择【渐变映射】命令，在打开【调整】面板中单击颜色样本按钮，如图 10-66 所示。

这时弹出【渐变编辑器】对话框，在"预设"中选择"蓝，红，黄"颜色样本，并将红、黄两个色标移至如图 10-67 所示的位置上。单击【确定】按钮，为图层 1 添加"渐变映射 1"调整图层，【图层】面板如图 10-68 所示。

图 10-66　【调整】面板　　　图 10-67　【渐变编辑器】对话框　　　图 10-68　【图层】面板

4 编辑蒙版。在【图层】面板中将调整图层的混合模式设置为"柔光"，然后单击该图层的蒙版缩览图以选中蒙版，设置前景色为黑色，背景色为白色，使用"渐变工具" 📰 在图像中从上至下拉出一条从前景色到背景色的渐变。此时图像效果及【图层】面板如图 10-69 所示。

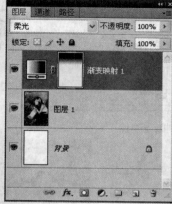

图 10-69　编辑蒙版后的图像效果及【图层】面板　　　　图 10-70　创建选区

虽然图像有了色彩，但人物头上花朵的颜色太灰，下面调整花朵的颜色。

5 创建选区。选择"磁性套索工具" 🔲 沿花朵的边缘绘制选区，如图 10-70 所示。

6 添加调整图层。在【调整】面板中单击"创建新的色彩平衡调整图层" ⚖ 按钮，在【调整】面板中设置参数，如图 10-71 所示，将花朵的色彩调整为土黄色，与画面的色彩相协调，如图 10-72 所示。

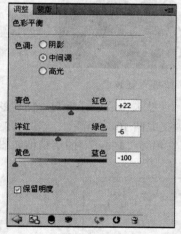

图 10-71　设置"色彩平衡"参数　　　　图 10-72　添加"色彩平衡"调整图层后的效果

7 绘制闪光小点。新建图层命名为"闪光小点"，设置前景色为白色，选择"画笔工具" ✏ ，在人物手捧落叶的位置处绘制出大大小小的闪光小点。接着按【Ctrl+J】快捷键两次，复制图层，得到"闪光小点副本"图层和"闪光小点副本 2"图层，然后调整好图层位置，效果如图 10-73 所示。

8 添加蝴蝶素材。打开本例素材"蝴蝶 1.psd"，如图 10-74 所示。将蝴蝶拖入新建文档中，得到图层 2，将图层更名为"蝴蝶"，然后按【Ctrl+T】快捷键调出自由变换控制框，调整蝴蝶的大小与旋转角度，如图 10-75 所示。

图 10-73　绘制闪光小点　　　　　　图 10-74　蝴蝶素材

图 10-75　添加蝴蝶　　　　　　图 10-76　蝴蝶飞舞效果

9 采用同样的方法，将其他蝴蝶素材均添加至新建文档中，调整大小后进行复制；复制多个后再次调整其大小与旋转角度，错落有致地摆放在画面中，效果如图 10-76 所示。

10 选中所有的蝴蝶图层，按【Ctrl+G】快捷键创建新组，命名为"蝴蝶"，图层结构如图10-77 所示。

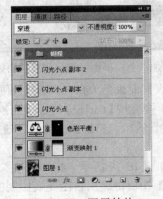

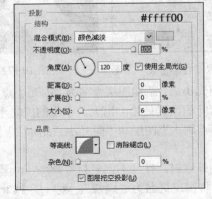

图 10-77　图层结构　　　　　　图 10-78　"投影"参数设置

画面中闪光小点处的 3 只蝴蝶是画面的重点，为了突出其效果，下面为其添加图层样式。

10 选择中间那只蝴蝶所在的图层，单击【图层】面板底部的"添加图层样式" *fx.* 按钮，从弹出的菜单中选择"投影"命令，打开【图层样式】对话框，设置参数如图 10-78 所示；然后分别勾选"外发光"与"光泽"选项，设置参数如图 10-79 和图 10-80 所示。

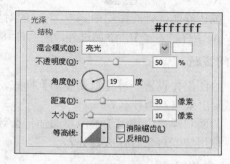

图 10-79　"外发光"参数设置　　　　图 10-80　"光泽"参数设置

11 单击【确定】按钮，得到如图 10-81 所示的发光蝴蝶效果。

图 10-81　添加图层样式后的蝴蝶效果　　　图 10-82　只蝴蝶的发光效果

12 复制图层样式。在已添加图层样式的蝴蝶图层中单击鼠标右键，在弹出的菜单中选择【拷贝图层样式】命令，然后在另外两只蝴蝶的图层中单击鼠标右键，在弹出的菜单中选择【粘贴图层样式】命令，得到另外两只蝴蝶的发光效果，如图 10-82 所示。

13 采用同样的方法，有选择地为其他几只蝴蝶添加"投影"与"外发光"图层样式。这样，蝴蝶视觉效果设计就完成了，最终效果如图 10-63 所示。

10.8　思考与练习

1．填空题

（1）图层的混合模式用于控制_____的混合效果。

（2）使用填充图层可以为当前图层创建填充有_____、_____、_____ 的 3 类图层。

（3）按住_____键的同时拖曳 _fx_ 效果标志至另一个图层，可以快速地复制图层样式。

2．选择题

（1）如果希望调整图层在图像的某一个区域不要发挥作用，只需在调整图层的蒙版对应区域填充上_____。

    A. 白色　　　　B. 黑色　　　　　　C. 灰色　　　　　　D. 以上都不对

（2）添加了图层样式的图层将显示_____图标。

    A. _fx_.　　　　B. ◧　　　　　　C. ⊘　　　　　　D. 🔍

（3）描边浮雕，针对图层中_____的对象有效。

    A. 所有　　　　B. 添加过外浮雕　　C. 添加过描边样式　　D. 以上都正确

3．问答题

（1）给图层先设置一种【渐变叠加】样式，然后添加一种【图案叠加】样式，【图案叠加】样式会显示出来吗？为什么？

（2）斜面和浮雕主要用于给图层添加什么效果？分为哪几种类型？

（2）使用智能对象有什么好处？

4．上机练习

（1）请使用本章上机练习中的素材，应用图层蒙版与图层样式，制作如图 10-83 所示的图像效果。该练习源文件参见本章上机练习\图像合成\唯美风景人物合成.psd。

（2）请使用本章上机练习中的素材，应用图层样式，制作图 10-84 所示的房卡。该练习源文件参见本章上机练习\房卡\房卡.psd。

图 10-83　唯美风景人物合成效果

图 10-84　房卡效果

第 2 部分

进阶篇

主要内容：

- 📄 路径与形状
- 📄 通道的应用

第 11 章　路径与形状

⬛ **本章导读**

路径是 Photoshop 的强大功能之一，本章主要通过介绍路径的基本概念、路径的绘制、路径的编辑、路径与选区的转换等操作，让读者可以利用路径功能绘制各种线条或曲线，并对其进行填充和描边，还可以与众多的图像编辑与图像修饰搭配使用，创建出奇妙的效果。

⬛ **学习要点**

◤ 路径的概念　　　　　　　　◤ 路径的绘制
◤ 路径的编辑　　　　　　　　◤ 绘制形状
◤ 路径与选区的转换　　　　　◤ 应用路径

11.1　关于路径

路径是基于"贝塞尔"曲线建立的矢量图形，由锚点和连接锚点的直线或曲线构成。路径不仅可以填充颜色、描边，还可以制作各种特效文字和图案，有较强的灵活性。

路径的实质是以矢量方式定义的线条轮廓，它可以是一条直线，一个矩形，一条曲线，以及各种各样形状的线条，这些线条可以是闭合的，也可以是没闭合的。路径最大的特点就是容易编辑，在任何时候都可以通过锚点、方向线任意改变它的形状。对于路径的编辑是基于数学层面的，因此，无论对它怎么编辑、放大、缩小，它都不会出现锯齿，精细度也不会下降。

路径与形状十分相似，较为明显的区别是，路径只是一条线，它不会随着图像一起打印输出，是一个虚体；而形状是一个实体，它可以拥有自己的颜色，并可以随着图像一起打印输出，而且由于它是矢量的，所以在输出时不会受到分辨率的约束，这也是形状的优点之一。

11.1.1　路径的组成

路径的组成并不复杂，下面我们就来认识一下路径的组成，如图 11-1 所示。

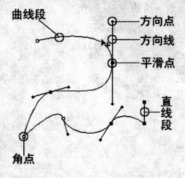

图 11-1　路径的组成

◎ "锚点"：即各线段的端点，分为直线锚点和曲线锚点，曲线锚点又分为平滑点和角点。

◎ "方向线"：即曲线段上各锚点的切线。

◎ "方向点"：即方向线的终点。主要用于控制曲线段的大小和弧度。

◎ "平滑点"：即平滑型锚点，这种锚点的两侧均有平滑的曲线，拖动描点两侧其中的一条控制句柄，另外一条会向相反的方向移动，而路径线同时发生相应的变化，如图 11-2 所示。

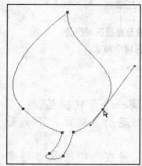 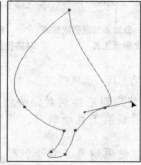 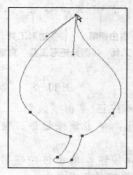 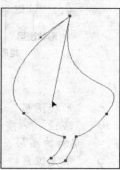

图 11-2　平滑型锚点　　　　　　　　　　图 11-3　拐角型锚点

◎ "角点"：即拐角型锚点，这种锚点的两侧也有两条方向线，但它们不在同一条直线上，而且拖动其中的一条时，另一条不会一起移动，如图 11-3 所示。

 在曲线路径中，每一个锚点都包含了两个方向线，用来精确调整锚点的方向及平滑度；而直线型路径的锚点没有方向线，因此其两侧的线段为直线段。

11.2　路径的绘制

11.2.1　认识路径工具组

Photoshop 提供了专用于绘制与编辑路径的工具，其中包括"钢笔工具" ✎、"自由钢笔工具" ✎、"添加锚点工具" ✎、"删除锚点工具" ✎ 与"转换点工具" ⌐，这几个工具处在同一个工具组中，如图 11-4 所示。

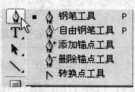

图 11-4　路径工具组

各工具功能如下。

◎ ✎ "钢笔工具"：可以绘制出多个锚点组成的矢量线条。

◎ ✎ "自由钢笔工具"：沿光标拖曳过的轨迹生成路径。

◎ ✎ "添加锚点工具"：在现有的路径上单击可增加锚点。

◎ ✎ "删除锚点工具"：在现有的路径上删除锚点。

◎ ⌐ "转换点工具"：可以转换直线段为曲线段，反之亦然。

11.2.2　钢笔工具与自由钢笔工具

创建路径最常用的办法就是使用"钢笔工具"。"钢笔工具"属于矢量绘图工具，其优点是可以绘制平滑的曲线（在缩放或者变形之后仍能保持平滑效果）。

选中"钢笔工具" ✎ 后，选项栏就会显示有关"钢笔工具"的属性，如图 11-5 所示。

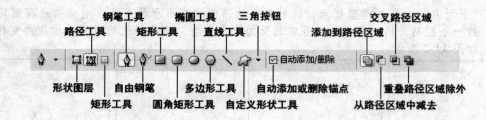

图 11-5 "钢笔工具"选项栏

- ◎ "形状图层" 按钮:单击该按钮后,使用钢笔绘制时,将创建一个形状图层。
- ◎ "路径" 按钮:单击该按钮后,使用钢笔工具绘制时,将创建一条路径,不会创建新的图层。
- ◎ "填充像素" 按钮:单击该按钮后,使用钢笔工具绘制时,将在当前图层中创建一个用前景色填充的图形。
- ◎ "钢笔工具" 按钮:可以绘制出多个锚点组成的矢量线条。
- ◎ "自由钢笔工具" 按钮:沿光标拖曳过的轨迹生成路径。
- ◎ "矩形工具" 按钮:可以创建一个矩形。
- ◎ "椭圆工具" 按钮:可以绘制一个椭圆形。
- ◎ "多边形工具" 按钮:可以绘制任意多边形。
- ◎ "直线工具" 按钮:可以直接绘制出直线段、箭头。
- ◎ "自定义形状工具" 按钮:可以绘制出系统预设的各种形状,如动物、音符、画框等。
- ◎ "三角" 按钮:单击该按钮,在弹出的下拉列表中可以进行更多的选项设置。
- ◎ 路径运算 按钮:关于这 4 个按钮的详细介绍参见本章"11.6 路径运算"。

如果选择的是"自由钢笔工具" ,选项栏的属性也会发生变化,如图 11-6 所示。

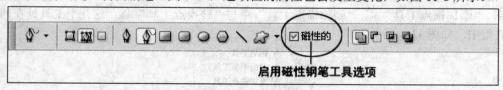

图 11-6 "自由钢笔工具"选项栏

在选项栏中的选择"磁性的"选项,可以启用"磁性钢笔工具" 。此工具能够依据当前图像的对比度自由沿边缘生成一条路径。其原理及使用方法与"磁性套索工具"类似,因此图像是否具有很好的对比度是能否得到高质量路径的关键所在。

> **注意** 使用"自由钢笔工具"时双击鼠标可以让路径闭合,或在未闭合路径之前,按住键盘中的【Ctrl】键,可以直接在当前位置至路径起点生成闭合路径。

11.2.3 闭合路径与开放路径

路径是由锚点和连接锚点的直线或曲线构成的,在绘制路径时,实际就是绘制多个锚点。路径与选区最大的不同之一,就是路径可以是开放的,也可以闭合的,而选区不行。

闭合的路径是指路径的起点和终点相连的路径,如图 11-7(a)所示。可以对闭合路径进行填充颜色和描边。开放的路径是指路径的起点和终点没有相连的路径,如图 11-7(b)所示,这种路径不能填充颜色,但可以描边。

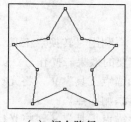 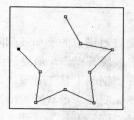

（a）闭合路径　　　　　　（b）开放路径

图 11-7　路径

11.2.4　绘制直线路径

选择"钢笔工具" ，将"钢笔工具"定位至需要绘制路径的起点位置并单击，以定义第 1 个锚点（不要拖动），然后将光标移至另一位置再次单击，即可绘制第 2 个锚点，以此类推。若要结束路径的绘制，可按住键盘上的【Ctrl】键在路径外的任意位置单击鼠标左键，即可结束路径的绘制，这样创建的路径是开放路径，如图 11-8 所示，锚点与锚点相连接的线段就是直线路径。

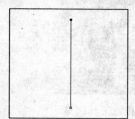 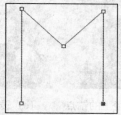 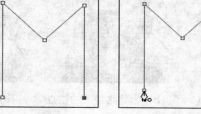 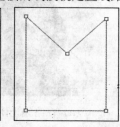

图 11-8　直线路径　　　　　　　　图 11-9　闭合路径

若要闭合路径，可将光标回到路径起点处，这时会出现 标记，单击即可闭合路径，如图 11-9 所示。如果某个锚点绘制得不如意，可以按【Ctrl+Z】快捷键撤销上一步操作，如果想多撤销几步操作，可以按快捷键【Ctrl+Alt+Z】。

 按住键盘上的【Shift】键，可以创建 45°角倍数的直线路径。

11.2.5　绘制曲线路径

使用"钢笔工具" 在图像窗口中单击以确定第一个锚点，在单击后不释放鼠标，拖动鼠标可以确定曲线段的起始方向，然后在需要的地方单击以确定第二个锚点，以此类推，创建其他锚点，如图 11-10 所示。

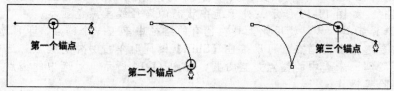

图 11-10　曲线路径的绘制流程

11.3　编辑路径

创建路径时，并不能一次就画出预期的效果，还需要对路径进行加工处理。

11.3.1 编辑锚点

编辑路径时，可以通过对锚点的添加或删除，再利用“转换点工具”可以将直线段变为曲线段，或将曲线段转为直线段等操作，最终达到需要的效果。操作方法如下：

（1）添加锚点：选择“钢笔工具”或“添加锚点工具”，将光标（鼠标指针）定位至现有路径非锚点处，当光标变成形状时单击则可添加锚点。

（2）删除锚点：选择“钢笔工具”或“删除锚点工具”，将光标停在现有路径的任意一个锚点上，当光标变成形状时单击则可删除该锚点。

（3）转换直线与曲线段。如果与锚点相邻的是曲线段，只要用“转换点工具”单击该锚点，则曲线段转为直线段。反之，如果与锚点相邻的是直线段，用鼠标拖曳该锚点，则直线段会转为曲线段。

锚点的各种编辑操作如图 11-11 所示。

(a) 在路径上添加锚点　(b) 删除路径上的锚点　(c) 转换点工具调整

图 11-11　编辑锚点

提示　使用“转换点工具”，在按住【Ctrl】键的同时拖曳方向线，仅调整一条方向线，不按【Ctrl】键时可以同时调整一个锚点上的两条方向线。

11.3.2 选择路径

创建的路径如果需要移动一个锚点，或多个锚点甚至整条路径时，就必须利用“路径选择工具”。路径选择工具组如图 11-12 所示。

图 11-12　路径选择工具组

- ◎ “路径选择工具”：使用此工具单击已有的路径，所有的锚点都被选中，即选中整条路径，如图 11-13 所示，处于选中状态的路径线呈黑色显示。
- ◎ “直接选择工具”：使用此工具在已有的路径中单击一个锚点，即可选中该锚点。如果需要选择多个锚点，可以按住【Shift】键同时单击另外的锚点。选中的锚点呈黑色实心圆，未选中的锚点是空心圆，如图 11-14 所示。对选中的锚点可以进行移动或删除等操作。

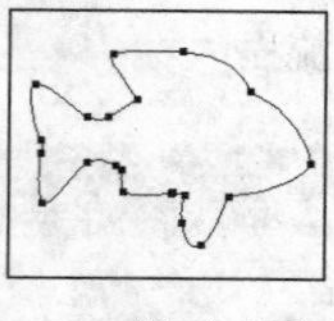

图 11-13　选中整条路径

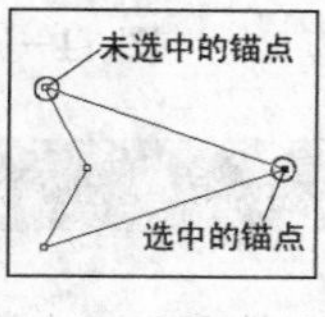

图 11-14　选择单个锚点

提示 按住【Ctrl】键单击路径上的锚点，可以在"路径选择工具"和"直接选择工具"之间转换。

11.4 使用【路径】面板管理路径

使用"钢笔工具"或"形状工具"绘制路径时，会自动在【路径】面板中创建一条工作路径，利用【路径】面板用户可以有效地填充与描边路径、新建与删除路径。执行菜单【窗口】→【路径】命令，即可打开【路径】面板，如图 11-15 所示。

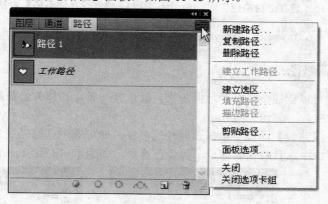

图 11-15 【路径】面板及面板菜单

◎ "用前景色填充路径" ● 按钮：用前景色填充路径区域。
◎ "用画笔描边路径" ○ 按钮：用当前选择的工具（可以是画笔、橡皮擦或工具箱中任意工具）沿路径进行描边（默认是前景色）。
◎ "将路径作为选区载入" ⊙ 按钮：单击该按钮，可以将当前的路径转换为选择区域。
◎ "从选中生成工作路径" ⌒ 按钮：单击该按钮，则将选择区域转换为工作路径。
◎ "创建新路径" ⤵ 按钮：创建一条新路径。
◎ "删除当前路径" 🗑 按钮：删除当前选择的路径。

11.4.1 新建路径与保存路径

在【路径】面板中单击"创建新路径" ⤵ 按钮，可以建立空白路径，系统默认的路径名称为"路径 1"、"路径 2"……以此类推，如图 11-16 所示。

另外，使用路径绘制工具绘制路径时，如果当前没有在【路径】面板选择任何一个路径，则会自动创建"工作路径"，且每次都只能有一条工作路径，即后绘制的路径会覆盖掉以前的工作路径，也就是说工作路径是暂时路径，不是永久性的。用户在处理图像时，可能需要绘制很多条路径，那么必须保存路径。

保存路径的方法很简单，只需要将工作路径拖曳至【路径】面板底部的"创建新路径" ⤵ 按钮上，或双击工作路径名称，在弹出的【存储路径】对话框（图 11-17）中单击【确定】按钮，即可保存路径。

图 11-16　建立空白路径　　　　　　　图 11-17　【存储路径】对话框

 如果双击的不是工作路径的名称，则可以为该路径改名。

11.4.2　选择或隐藏路径

在同一个图像中可以创建很多路径，但每次只能选择一条路径作为当前路径，在编辑路径时，只对当前路径有效。

要选择路径可在【路径】面板中单击该路径的名字，即可选中该路径成为当前路径。当前路径会显示在图像窗口中，且路径名称显示为蓝色背景，如图 11-18 所示。

图 11-18　选择路径 2 成为当前路径　　　　　图 11-19　隐藏路径

当前路径在图像窗口中会始终显示，这会给图像编辑带来不便，因此在需要时可以将路径隐藏起来，以方便我们的操作。

在【路径】面板的灰色区域中单击鼠标左键或按【Ctrl+Shift+H】快捷键，即可隐藏当前路径，如图 11-19 所示。

 路径如果不填充颜色或描边，则不会随图像打印输出。

11.4.3　复制路径

在对现有路径进行编辑的过程中，为了防止最终的修改不能达到预期的效果而破坏了现有的路径，可以对其进行备份，操作方法如下。

选择要备份的路径，单击【路径】面板右上角的███按钮，从弹出的菜单中选择【复制路径】命令，打开【复制路径】对话框，单击【确定】按钮，即可复制当前路径，如图 11-20 所示。

图 11-20 复制路径

 直接拖曳当前路径至"创建新路径" 按钮上，也可以复制当前路径。

11.4.4 删除路径

如果绘制的路径不尽如人意，可以将其删除后重新绘制。

在【路径】面板菜单中选择【删除路径】命令，即可删除当前路径；或者单击面板底部的"删除当前路径" 按钮，在弹出的提示信息对话框中单击【是】按钮，即可删除当前路径。

 拖曳当前路径至面板底部的 按钮上删除路径时，不会出现任何提示对话框。

11.5 路径的应用

路径绘制完成后，可以对其进行描边和填充操作，还可以将其转换为选区或将选区转换为路径。

11.5.1 将路径转换为选区

路径转换为选区属于路径功能之一，可以利用该功能创建许多复杂的选区，操作方法如下。

选择已创建好的路径，单击【路径】面板底部的"将路径作为选区载入" 按钮，则当前路径就被转换为选区。将路径转换为选区后，可以使用 Photoshop 中对选区操作的所有命令，如复制选区、移动选区、删除选区、填充选区等，如图 11-21 所示。

原路径

将路径转换为选区

为选区填充渐变色

图 11-21 将路径转换为选区并填充颜色

 按【Ctrl+Enter】快捷键，可以快捷地将当前路径转换为选区。如果当前路径是一条开放的路径，则转换为选区后，路径的起点和终点会自动连接，生成选区，如图 11-22 所示。

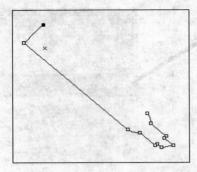 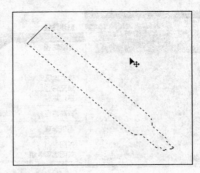

图 11-22　将开放路径转换为选区

11.5.2　将选区转换为路径

对于一些不够精确的选择区域，可以将其转换为路径然后进行编辑。操作起来很简单，直接单击【路径】面板中的"从选区生成工作路径" 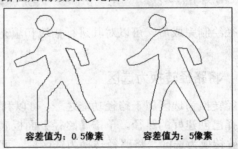 按钮，即可将选区转换为相同形状的工作路径。

默认情况下，选区转换为路径会有 2.0 像素的"容差"，容差值越大，转换后的路径越平滑。用户可以通过【路径】面板菜单命令来改变容差值，调整路径的平滑度，其容差范围为 0.5～10.0 像素之间。操作方法如下。

在已经定义选区的情况下，在【路径】面板菜单中选择【建立工作路径】命令，在弹出的对话框中设置【容差】大小，如图 11-23 所示。

如图 11-24 所示为设置不同容差的选区转为路径后的效果对比图。

图 11-23　【建立工作路径】对话框

容差值为：0.5像素　　容差值为：5像素

图 11-24　设置不同容差效果对比图

11.5.3　填充路径

路径如果不填充颜色或描边，则该路径将无法在图层中存在。若需对路径进行填充，首先须选择欲填充的路径，再单击【路径】面板底部的"用前景色填充路径" ⬤ 按钮，为路径填充前景色。

路径除了可以填充为前景色以外，还可以填充为图案或设置填充羽化值，操作方法如下。

选择要填充的路径，在【路径】面板菜单中选择【填充路径】命令，则弹出【填充路径】对话框，如图 11-25 所示。在"使用"下拉列表中选择相应的选项，在"羽化半径"中设置羽化值，然后单击【确定】按钮即可。如图 11-26 所示为一组不同填充内容的效果比较。

图 11-25　【填充路径】对话框　　　　图 11-26　不同填充内容的效果比较

 　路径填充必须在普通图层中进行，而不能在形状图层中进行。填充完成后，可按
【Ctrl+Shift+H】快捷键隐藏路径，以观察填充效果。当有多条路径需填充时，最好建立
几个新图层，分别进行填充，以方便以后的修改编辑。

11.5.4　描边路径

　　路径描边是指给路径的边缘添加一条边框线，描边后的效果与在描边路径时选择的工具，
以及工具的设置有密切的关系，因此，在描边之前一定要选择合适的工具，并设置好画笔的大
小、间距等参数，操作方法如下。

　　在【路径】面板中选择要描边的路径，然后在面板菜单中选择【描边路径】命令，则弹出
【描边路径】对话框，从下拉列表中选择任意一种工具（图 11-27），单击【确定】按钮即可完成
路径的描边。如图 11-28 所示为一组选择不同工具描边路径时的效果比较。

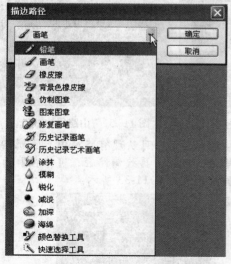

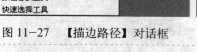

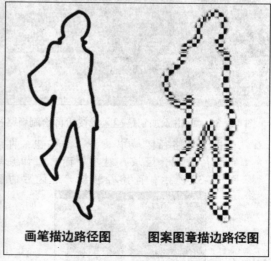

图 11-27　【描边路径】对话框　　　　图 11-28　描边路径效果

 　单击【路径】面板底部的"描边路径" ○ 按钮，可以快速使用当前选择的工具描边路径。

如果路径被隐藏，则不能进行路径的填充和描边操作。

11.6 路径运算

在绘制路径过程中，除了要掌握绘制各类路径的方法外，还应该掌握如何应用工具选项栏中的按钮，通过路径间的相互运算产生新的更为复杂的路径。

下面以图 11-29 所示的图像（ch11\素材\樱桃 1.psd）及对应的【路径】面板为例，分别介绍 4 个按钮的含义。

图 11-29　原图像及对应的【路径】面板

◎ 单击"添加到路径区域" 按钮，再绘制路径时，可向现在路径中添加新路径所定义的区域，得到如图 11-30 所示的效果。如图 11-31 所示为将路径转换为选区后的效果。

图 11-30　单击添加到路径区域按钮再绘制新路径后效果　　图 11-31　由路径生成选区

◎ 单击"从路径区域中减去" 按钮，再绘制路径时，可从现有路径中删除新路径与原路径的重叠区域。对上例而言，如果单击此按钮后再绘制路径，【路径】面板如图 11-32 所示，而路径转换为选区后的图像效果如图 11-33 所示。

图 11-32　【路径】面板　　　　　　　　图 11-33　由路径生成选区

◎　单击"交叉路径区域" 按钮，再绘制路径时，最终生成的新路径被定义为新路径
　　与原路径的交叉区域。对上例而言，如果单击此按钮后再绘制路径，【路径】面板
　　如图 11-34 所示，而路径转换为选区后的图像效果如图 11-35 所示。

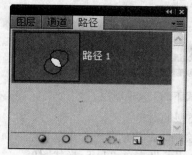

图 11-34　【路径】面板

图 11-35　由路径生成选区

◎　单击"重叠路径区域除外" 按钮，再绘制路径时，可以定义最终生成的新区域为
　　新路径和现有路径的非重叠区域。对上例而言，如果单击此按钮后再绘制路径，【路
　　径】面板如图 11-36 所示，而路径转换为选区后的图像效果如图 11-37 所示。

图 11-36　【路径】面板

图 11-37　由路径生成选区

通过以上实例，可以看出在绘制路径时，通过选择不同的选项，得到不同的新路径并生成
不同的新选区。

提示　建议读者打开配套光盘 ch11\素材\樱桃 2.psd 文件，在【路径】面板中选择其中的一条
　　　路径，然后直接在工具选项栏中单击不同的运算按钮，最后将路径转换为选区，在图像
　　　窗口中观察选择不同按钮后得到的不同效果，以增加感性认识。

11.7　形状工具的使用

Photoshop 提供了大量的几何形状和特殊形状，使用形状工具，可以非常方便地创建各种规
则的形状或路径。在工具箱中的"矩形工具" 上单击鼠标右键，将弹出如图 11-38 所示的形
状工具组。

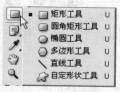

图 11-38　形状工具组

选择其中的任意一种形状工具，工具选项栏显示类似于如图 11-39 所示。

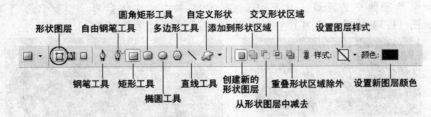

图 11-39　形状图层模式下的工具选项栏

选择任何一种形状工具都可以创建以下 3 种类型的对象。

单击"形状图层" 按钮后，使用形状工具绘制时，将创建一个形状图层，如图 11-40 所示。其选项栏如上图所示。关于形状图层的详细介绍参见本章"11.8 形状图层"。

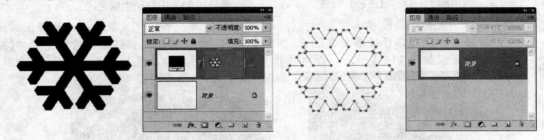

图 11-40　创建形状图层　　　　　　　　　图 11-41　创建路径

单击"路径" 按钮后，使用形状工具绘制时将创建一条路径，但不会创建新的图层，如图 11-41 所示。其选项栏如图 11-5 所示。

单击"填充像素" 按钮后，使用形状工具绘制时将在当前图层中创建一个用前景色填充的图形，如图 11-42 所示。其选项栏如图 11-43 所示。

图 11-42　绘制图形

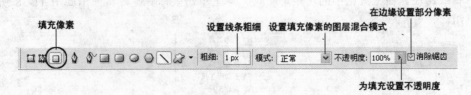

图 11-43　填充像素模式下的工具选项栏

由于形状工具选项栏与钢笔工具选项栏相似，这里就不再介绍。

11.7.1　矩形工具

单击工具箱中的"矩形工具" □ ，在图像窗口中拖曳鼠标指针，即可以创建一个矩形。其工具选项栏如图 11-43 所示，其中可以设置绘制矩形的"类型"、"模式"及"不透明度"等参数。

单击矩形工具选项栏右侧的下三角 ˅ 按钮，弹出如图 11-44 所示的【矩形选项】下拉面板，在其中可以设置相应的选项。

图 11-44　【矩形选项】下拉面板　　　　　　图 11-45　固定大小

- ◎ "不受约束"：选择该选项后，可以自由地绘制矩形，其长宽比不受限制，此为默认设置。
- ◎ "方形"：选择该选项后，绘制的所有形状都是正方形。
- ◎ "固定大小"：选择该选项后，便可在其后输入 W（宽）和 H（高）的值，以精确定义矩形的大小，如图 11-45 所示。
- ◎ "比例"：选择该选项后，便可在其后输入 W（宽）和 H（高）的值，以定义矩形宽度与高度的比例值。
- ◎ "从中心"：选择此复选框的，绘制矩形时将从中心向四周扩展。
- ◎ "对齐像素"：选择此复选框，可使绘制的矩形边缘与像素对齐，没有模糊的像素。如果不选择该选项，则图形放大后会出现模糊边缘。

> **提示**　在绘制矩形时，按住【Ctrl】键可绘制正方形；按住【Alt】键，可绘制从中心开始向四周扩展的任意矩形；按【Ctrl+Alt】快捷键，可绘制从中心向四周扩展的正方形。

11.7.2　圆角矩形工具与椭圆工具

选择"圆角矩形工具" □ ，可以绘制圆角矩形，其工具选项栏与矩形工具相似，不同的是该工具多了一个"半径"选项，如图 11-46 所示，在该数值框中输入数值，可以设置圆角的半径值。数值越大角度越圆滑，如果该值为"0"，就可以创建矩形。

图 11-46　圆角矩形工具选项栏及选项面板

如图 11-47 所示为设置不同半径、不同透明度时绘制的圆角矩形。

半径：20　不透明度：100%　　　半径：5　不透明度：50%

图 11-47　不同半径、不同透明度的圆角矩形比较

249

使用"椭圆工具" 可以绘制椭圆或正圆，其使用方法与选项设置与"矩形工具"一样，这里就不再赘述。

11.7.3 多边形工具

"多边形工具" ◯ 用于绘制不同边数的多边形或星形，其工具选项栏如图11-48所示。

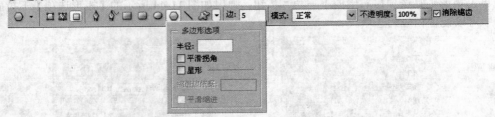

图11-48 "多边形工具"选项栏及选项面板

在"边"文本框中输入数值，可设置多边形或星形的边数，边数范围为3~100，如图11-49所示为设置不同边数绘制的多边形与星形。

图11-49 绘制的多边形与星形

图11-50 平滑拐角的三边形

【多边形选项】面板中的选项含义如下。

◎ "半径"：指定多边形的半径值。指定半径后，多边形以一个固定的大小绘制。
◎ "平滑拐角"：选择该选项后，所绘制的多边形或星形都具有圆滑形拐角，如图11-50所示。
◎ "星形"：单击此复选框可以绘制星形，且"缩进边依据"与"平滑缩进"两选项被激活。
◎ "缩进边依据"：该选项用于定义星形的收缩量，其范围为1%~100%。数值越大，星形的内缩效果越明显，如图11-51所示。
◎ "平滑缩进"：选择该选项，可使星形平滑缩进，如图11-52所示。

图11-51 "缩进边依据"设置

图11-52 平滑缩进的六边星形

提示 在未释放鼠标左键的情况下，可以按住空格键移动图形的位置。

11.7.4 直线工具

使用"直线工具" ＼ 可以绘制出不同形状的直线，根据需要还可以为直线增加箭头，其选项栏如图 11-53 所示。直线的粗细在选项栏上的"粗细"选框内进行设置，范围为 1～1000 像素，数值越大，绘制出来的线条越粗。

图 11-53 "直线工具"选项栏及选项面板

【箭头】下拉面板中各选项含义如下。

◎ "起点" / "终点"：可以指定在直线的起点或终点创建箭头，如图 11-54 所示。如果同时选择这两项，可以在直线的两端均创建箭头。

◎ "宽度" / "长度"：设置箭头的宽度或长度的百分比，范围在 10%～1000%。

◎ "凹度"：设置箭头的凹陷程度值，范围在-50%～50%，如图 11-55 所示。

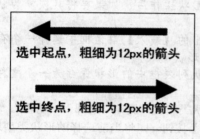

图 11-54 绘制箭头

图 11-55 设置"凹度"

11.7.5 自定形状工具

使用"自定形状工具" 🐾 可以绘制出系统预设的各种特殊形状，如动物、音符、画框等，其工具选项栏及选项面板如图 11-56 所示。

图 11-56 "自定形状工具"选项栏及选项面板

【自定形状选项】面板中的选项与【矩形工具选项】面板相似，区别是在【自定形状选项】面板中，选择"定义的比例"选项创建的形状均维持原图形的比例，选择"定义的大小"选项创建的形状是原图形的大小。

在工具选项栏单击"形状"右侧的下三角 ▾ 按钮，弹出如图 11-57 所示的形状列表框，从中选择一种形状，即可在图像窗口中创建相应的形状。

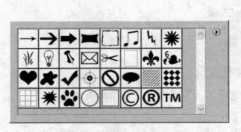

图 11-57 "形状"下拉列表框　　　　　图 11-58　下拉菜单（部分）

单击下拉列表框右上角的小三角形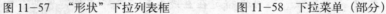按钮，弹出其下拉菜单（图 11-58），选择其中的命令可以改变图形的显示状态，并进行保存、添加或替换图形等，其中重要命令如下。

◎ 【复位形状】：在经过多次删除与增加形状操作后，如果要将其恢复为默认设置，可以选择此命令。

◎ 【载入形状】：选择此命令，可以在弹出的【载入】对话框中选择一个存储形状的文件，并将该文件所存储的形状载入到形状列表框中。

◎ 【存储形状】：选择此命令，可以将形状列表框中的形状保存为一个文件，以便以后使用。

在此下拉菜单的底部选择任何一种内置的形状类型时，例如"全部"、"动物"、"箭头"等，都会弹出如图 11-59 所示的提示信息，单击【追加】按钮，即将当前选择的形状类型增加到"形状"下拉列表框中；单击【确定】按钮，即用当前选的形状类型（如全部）替换原来的形状类型，如图 11-60 所示；单击【取消】按钮，则取消操作。

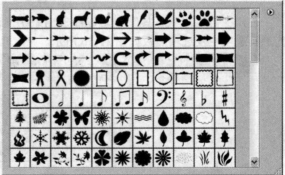

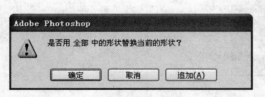

图 11-59　提示信息对话框　　　　　图 11-60　"全部"形状下拉列表框

11.8　形状图层

选择任意一种形状工具或"钢笔工具"，在工具选项栏中单击"形状图层" 按钮，在文档窗口拖曳鼠标，可以创建一个默认以前景色填充的形状图层，如图 11-61 所示。在【图层】面板中可以看到"图层缩览图"（左）和"矢量蒙版缩览图"（右），双击图层缩览图可以修改图形的填充颜色。

图 11-61 创建形状图层

11.8.1 将形状转换为选区

创建形状图层后，在相应的【路径】面板上将得到一个"形状 1 矢量蒙版"，如图 11-62 所示。在【路径】面板中将此"形状 1 矢量蒙版"转换为选区的操作方法与将路径转换为选区的操作方法相同，这里不再赘述。

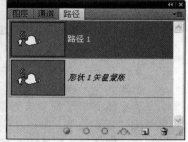

图 11-62 "形状 1 矢量蒙版"　　　　　图 11-63 将形状转换为路径

11.8.2 将形状转换为路径

在【图层】面板上选择一个形状图层后，切换至【路径】面板，双击"形状 1 矢量蒙版"的缩览图，在弹出的对话框中单击【确定】按钮，即可从形状图层中得到路径。

11.8.3 由路径得到形状

在图像中绘制一条路径并将其选中，执行菜单【编辑】→【定义自定形状】命令，弹出如图 11-64 所示的对话框，单击【确定】按钮，即可将该路径定义为形状。

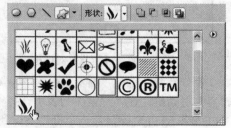

图 11-64 【形状名称】对话框　　　　　图 11-65 选择自定义形状

需要使用该形状时，只要选择"自定形状工具"，在其选项栏的"形状"下拉列表框中选择刚定义的形状（图 11-65），即可以进行绘制。

11.9 实例演练

11.9.1 圣诞贺卡设计

本例将综合应用图层样式、蒙版与滤镜来制作漂亮的圣诞贺卡。为了增加节日气氛，使用了形状工具绘制星星，画笔工具绘制雪花，使贺卡看起来更加温馨、浪漫，效果如图 11-66 所示。

图 11-66　圣诞贺卡效果

◎　素材文件：ch11\圣诞贺卡\圣诞老人.tif、雪人.tif
◎　最终文件：ch11\圣诞贺卡\圣诞贺卡.psd
◎　学习目的：了解贺卡色彩的搭配，掌握贺卡的制作方法和技巧。

具体操作步骤如下。

1 新建图像文件。按【Ctrl+N】快捷键新建一个文件，在【新建】对话框中设置相关参数，如图 11-67 所示。

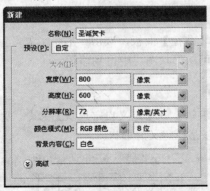

图 11-67　【新建】对话框

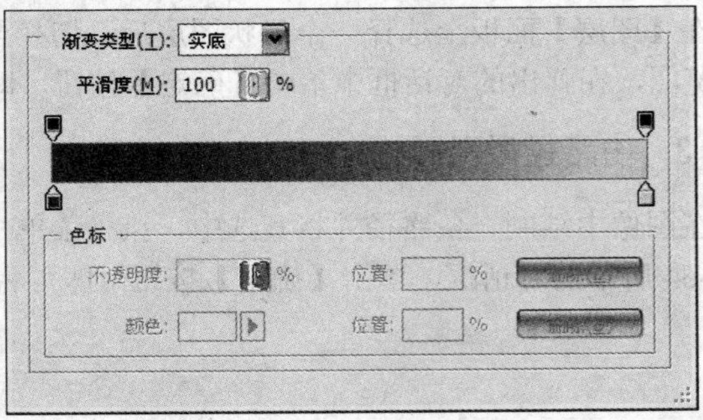

图 11-68　设置渐变

2 制作背景。选择"渐变工具" ，在工具选项栏中激活"线性渐变"按钮，打开【渐变编辑器】对话框，在"预设"列表中选择"橙黄橙渐变"色块，在渐变条中将色标 1 设置为红色（FF0000），并删除最后一个橙色，得到如图 11-68 所示的渐变条。

单击【确定】按钮，在背景层里由上而下拉出由红到黄的渐变背景，如图 11-69 所示。这样贺卡的背景就做好了。

3 绘制月亮。隐藏背景层，新建图层 1，按住【Shift】键用"椭圆选框工具" 创建一个适当大小的圆形选区。

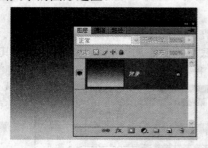

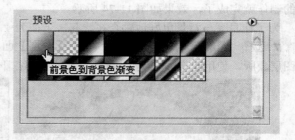

图 11-69 "线性渐变"背景　　　　　图 11-70 选择"前景色到背景色渐变"色块

设置前景色为淡黄色（#FFF491），背景色为橙色（#FD9E11）。选择"渐变工具" ，在选项栏中激活"径向渐变"按钮，打开【渐变编辑器】对话框，在"预设"列表中选择"前景色到背景色渐变"色块，如图 11-70 所示。单击【确定】按钮，在选区中拖曳鼠标指针，绘制一个月亮，如图 11-71 所示。

4 绘制月亮高光。设置前景色为白色，在【渐变编辑器】对话框中选择第二个"前景色到透明渐变"色块，然后在渐变工具选项栏中设置"不透明度"为 41%，如图 11-72 所示。新建图层 2，使用"渐变工具"在月亮上画出高光，如图 11-73 所示。可以看出，月亮变得更亮了。

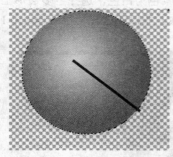

图 11-71 绘制月亮　　　　　　　　图 11-73 绘制高光

图 11-72 "渐变工具"选项栏

5 模糊月亮。按【Ctrl+D】快捷键取消选区，按【Ctrl+E】快捷键合并可见图层，得到图层 1，并按【Ctrl+J】快捷键复制图层 1。执行菜单【滤镜】→【模糊】→【高斯模糊】→命令，在弹出的【高斯模糊】对话框中设置"半径"为"30"像素，如图 11-73 所示。单击【确定】按钮，退出对话框。

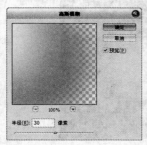

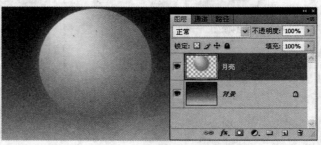

图 11-73 【高斯模糊】对话框　　　　图 11-74 制作完成的月亮

6 按【Ctrl+E】快捷键合并可见图层，并将图层 1 命名为"月亮"，然后显示背景层。至此，亮的制作就完成了，效果如图 11-74 所示。

为了让月亮与背景更好地融合在一起，下面为"月亮"图层添加图层蒙版。

7 选择"月亮"图层为当前层，单击【图层】面板底部的"添加图层蒙版"  按钮为其添加图层蒙版，使用"渐变工具" ▭ 从月亮的中部往下拉出一个线性渐变，如图 11-75 所示。

图 11-75　添加图层蒙版

8 制作星星。新建图层命名为"星星"，设置前景色为白色，选择"多边形工具" ⬡ ，在选项栏中单击"填充像素" ▭ 按钮，在【多边形选项】面板中选择"星形"（图 11-76），在图像窗口中画出一个小星星，如图 11-77 所示。

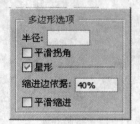

图 11-76　【多边形选项】面板

图 11-77　绘制白色五角星

> **提示**　为了让读者看得更清楚，图 11-77 为画布放大到 300% 的效果。

9 添加外发光效果。单击【图层】面板底部的 *fx* 按钮，在弹出的菜单中选择"外发光"选项，设置颜色为白色，"大小"为"6"像素。单击【确定】按钮，如图 11-77 所示。

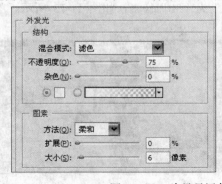

图 11-78　为星星添加外发光效果

10 制作一串星星。选择"移动工具" ，在按住【Alt】键的同时移动星星，得到"星星副本"图层，按【Ctrl+T】快捷键调出自由变换控制框，缩小复制的星星，并设置图层的"不透明度"为 80%，然后将小星星摆放到合适的位置处，如图 11-79 所示。采用同样的方法，再制作 5 颗小星星，摆放位置如图 11-80 所示，这样一串星星就制作好了。

图 11-79 制作小星星

图 11-80 一串星星效果

11 选择所有的星星图层，按【Ctrl+E】快捷键合并图层，得到"星星副本 6"图层。采用同样的方法对 "星星副本 6"图层进行复制，复制多个，然后按【Ctrl+T】快捷键打开自由变换控制框，在按住【Shift】键的同时将它们缩小或放大，放在画面合适的位置上，效果如图 11-81 所示。然后选择所有的星星图层，按快捷键【Ctrl+G】得到组 1，改组名为"星星"，如图 11-82 所示。

图 11-81 完成的画面效果

图 11-82 创建"星星"图层组

 当一个图像文件有很多图层时，管理起来会很不方便，这时可以使用图层组来对图层进行分类管理。

12 绘制雪花。在"星星"图层组的上方新建图层命名为"雪花 1"，使用"画笔工具" ，设置适当的笔触形状、大小、硬度和不透度明，在图像窗口中绘制雪花。采用同样的方法，再新建一层，绘制另一种形状的雪花，完成后的效果如图 11-83 所示。

图 11-83 绘制雪花装饰画面

图 11-84 圣诞老人

257

在绘制雪花时，画笔的软硬度与不透明度，可以根据画面的需要进行设定。

13 添加圣诞老人。打开本例素材图像"圣诞老人.tif"，如图 11-84 所示。使用"移动工具" 将其拖曳至"圣诞贺卡"文件中，得到图层 1，改图层名为"圣诞老人"。然后按【Ctrl+T】快捷键调出自由变换控制框，将其等比例缩小到原来的 50%，摆放位置如图 11-85 所示。

图 11-85　添加圣诞老人　　　　　　图 11-86　设置"外发光"参数

14 添加图层样式。单击【图层】面板底部的 *fx* 按钮，在弹出的菜单中选择"颜色叠加"选项，将颜色设置为白色，其他保持默认设置；再选择"外发光"选项，将外发光的"颜色"设置为白色，"大小"为"43"像素，其他参数保持默认设置，如图 11-86 所示。单击【确定】按钮，效果如图 11-87 所示。

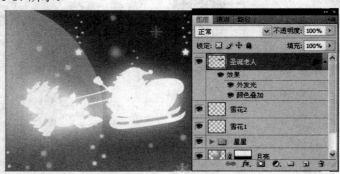

图 11-87　添加图层样式后的效果

下面我们开始绘制雪地和圣诞树，并添加房子和雪人等素材。

15 制作雪地。新建图层命名为"雪地"，选择"钢笔工具" ，在选项栏中单击"路径" 按钮，在图像的底部绘制如图 11-88 所示的闭合路径。

图 11-88　绘制路径

设置前景色为白色，切换至【路径】面板，单击"用前景色填充路径" 按钮，并按【Ctrl+Shift+H】快捷键隐藏路径，得到如图 11-89 所示的雪地效果。

图 11-89　雪地效果

16 绘制圣诞树。选择"自定形状工具" ，在工具选项栏的"形状"下拉列表框中选择"树"形状，在雪地上中绘制两棵不同大小的白色圣诞树，如图 11-90 所示。

图 11-90　绘制圣诞树

图 11-91　素材图像

提示 如果在"形状"下拉列表框中找不到"树"形状，可以先载入"全部"形状，方法参见"11.7.5 自定形状工具"。

17 添加素材。打开本例素材图像"房子.tif"和"雪人.tif"，如图 11-91 所示。使用"移动工具" 将其分别移至"圣诞贺卡"文件中，复制后调整大小和方向，摆放位置如图 11-92 所示。

图 11-92　添加房子和雪人

18 添加文字。使用"横排文字工具" 在图像窗口中输入文字"Marry Christmas"，并为文字添加投影和外发光图层样式，各参数均保持默认设置。完成后的文字效果如图 11-93 所示，【图层】面板如图 11-94 所示。

图 11-93　文字效果

图 11-94　【图层】面板

至此，圣诞贺卡就制作完成了，最终效果参见图 11-66 所示。

11.10　思考与练习

1．填空题

（1）使用"钢笔工具"可以建立_____和_____两种类型的路径。

（2）用"椭圆工具"绘图时，按住键盘上的_____键，可以绘制成正圆形。

（3）用"直接选择工具" ↖ 单击一个锚点，然后拖曳，移动的是_____；用路径选择工具 ↖ 单击一个锚点，然后拖曳，移动的是_____。

（4）路径转换为选区的快捷键是_____。

2．选择题

（1）按_____快捷键，可以隐藏路径。

A. Shift+H　　　B. Ctrl+G　　　C. Alt+H　　　　　　D. Ctrl+Shift+H

（2）可以删除锚点的是_____工具。

A. ●　　　B. ◊　　　C. ◊⁺　　　D. ↖

（3）选区转换为路径的容差范围是_____。

A.0.0～250.0 像素　　B.0.0～10.0 像素　　C.0.5～10.0 像素　　D.0.5～250.0 像素

（4）以下_____按钮可以将选区转换为路径。

A. ○　　　B. ▦　　　C. ◉　　　D. ♧

3．问答题

（1）路径是由什么组成的？有何特点？

（2）如何创建形状图层？如何由路径得到形状？

（3）路径的描边和路径的填充有何区别？

4．上机练习

（1）请读者打开本章上机练习\katong.jpg 图像，利用"钢笔工具"制作连体流线文字，效果如图 11-95 所示。该练习源文件参见上机练习\爱上天使.psd。

图 11-95　连体流线字效果

（2）请读者使用"钢笔工具"制作企业标志，效果如图 11-96 所示。

图 11-96　企业标志效果

第 12 章　通道的应用

📖 **本章导读**

通道在 Photoshop 的图像高级处理中起着相当重要的作用。使用通道，不仅能够对图像进行非常细致的调节，还能够保存图像的颜色信息。本章将从通道的基本概念出发，详细介绍通道的使用方法，通道与选区的关系等多方面知识，从而揭开通道的神秘面纱！

🖱 **学习要点**

◢ 通道的概念和功能　　　　　◢ 通道的种类
◢ 通道的创建　　　　　　　　◢ 通道的编辑和应用
◢ 图像合成技术　　　　　　　◢ 利用通道抠出人物的头发

12.1　通道的基本功能

在图像处理过程中，通道应用得相当广泛。通道有两大突出的功能。

第一，用于保存颜色信息。任何一幅 RGB 图像都会有 4 个默认的颜色通道：分别是 R（红）、G（绿）、B（蓝）、RGB（复合）通道，如图 12-1 所示。R、G、B 这三个通道称为单色通道或原色通道，单独选择这三个通道中的任意一个通道都会呈现不同明度的灰色，它的作用是分别进行明暗度、对比度的调整；RGB 复合通道用于编辑图像。例如，提升 R（红）色通道中的亮度值，在 RGB 复合通道中会反映出来，将呈现整个图像的红色区域就会增加，使图像偏红。

图 12-1　RGB 图像的颜色通道

提示 颜色通道的数目由图像颜色模式所决定，RGB 颜色模式的图像有 4 个颜色通道，而 CMYK 模式的图像则有 5 个，如图 12-2 所示。

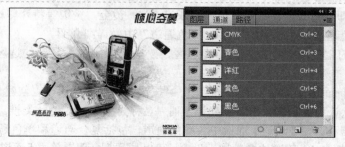

图 12-2　有 5 个颜色通道的 CMYK 模式图像

第二，保存选区。创建一些复杂图像的选区时，往往需要花很久的时间才能完成，如果下次需要修改这部分区域，又需要重新定义选区，那么又需要花大量的时间做重复的工作。为了避免出现这种情况，我们可以将定义的选区保存在 Alpha 通道中，方便以后重复使用，这样可以大大地提高工作效率。

12.2　通道的操作

通过上节介绍通道的基本功能以后，相信读者对通道有了初步的认识。若想通道的功能得到充分发挥，除了理解概念是远远不够的，本节我们就来学习通道的基本操作。

12.2.1　【通道】面板

使用【通道】面板可以完成所有的通道操作，如新建、复制、隐藏通道等。执行菜单【窗口】→【通道】命令，即可打开【通道】面板，如图 12-3 所示。

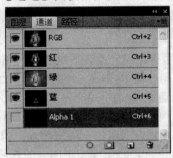

图 12-3　【通道】面板

- ◎ "将通道作为选区载入" ○：单击该按钮，可以将当前通道中的内容转换为选择区域。
- ◎ "将选区存储为通道" ▣：单击该按钮，可以将当前图像中的选区保存到通道中，生成一个 Alpha 通道。该功能与【选择】→【保存选区】菜单命令功能相同。
- ◎ 创建新通道" ▣ "：单击该按钮，可以创建一个新的 Alpha 通道。
- ◎ "删除当前通道" ▤：单击该按钮，可以删除当前选择的通道。
- ◎ 面板菜单▤：单击该按钮，可以在弹出的菜单中选择通道操作的相关命令。
- ◎ 通道可视 ● 图标：单击眼睛 ● 图标可以显示或隐藏当前通道。

12.2.2　新建Alpha通道

专色通道和 Alpha 通道都是需要用户自行创建的通道，其中专色通道用于在照排发片时生成第 5 块色版，即专色版，在进行专色印刷或进 UV、烫金、烫银等特殊印刷工艺时将用到此类通道。关于专色通道将在本章的"12.3 专色通道"中做详细介绍。

Alpha 通道的主要功能是制作与保存选区，一些在图层中不易到的选区，可以灵活使用 Alpha 通道得到。

单击【通道】面板底部的"创建新通道" ▣ 按钮，可以按默认设置创建一个空白的 Alpha 通道，通道名称默认为 Alpha1，再次创建通道时，名称为 Alpha2，以此类推。双击 Alpha 通道，可以更改通道的名称，而【通道】面板中各颜色通道，包括复合通道和单色通道，都不能改名。

如果要对创建 Alpha 通道的参数进行设置，可以按住【Alt】键单击【通道】面板底部的"创建新通道"⬛按钮，则打开【新建通道】对话框，如图 12-4 所示。

图 12-4　【新建通道】对话框

【新建通道】对话框中的各参数含义如下。

◎ "名称"：在此文本框中可输入新通道的名称。
◎ "被蒙版区域"：选择此选项后，新建的 Alpha 通道显示为黑色，如图 12-5 所示，Alpha 通道中的白色代表选区。

图 12-5　Alpha 通道显示为黑色

◎ "所选区域"：选择此选项后，新建的 Alpha 通道显示为白色，Alpha 通道中的黑色代表选区。
◎ "颜色"：单击该颜色块，在弹出的【颜色】对话框中指定快速蒙版的颜色。
◎ "不透明度"：在此指定快速的不透明度显示。

> **Tips 提示**　本书后面介绍的例子，若没有特别指明，新建通道时均采用默认选项"被蒙版区域"，即白色表示选择区域，黑色表示非选区。

12.2.3　显示和隐藏通道

默认状态下【通道】面板中显示所有的颜色通道，为了查看某一个单色通道中的颜色信息，或者查看 Alpha 通道中的选区信息，可以将不需要查看的通道隐藏起来。

单击其中任何一个单色通道，其他的通道会自动隐藏，被选中的通道为当前通道，如图 12-6 所示。单击 Alpha1 通道，颜色通道就会自动隐藏。

图 12-6　只显示绿色通道的状态

单击颜色通道左侧的眼睛 👁 图标，可以隐藏此颜色通道或复合通道，如图 12-7 所示，再次单击可恢复显示。

图 12-7　隐藏蓝色通道时的状态

12.2.4　将选区存储为通道

为一些复杂图像创建选择区域时，为了避免再次使用该选区时重新定义，可以将选区存储为 Alpha 通道。操作方法如下。

在图像窗口中用"套索工具"或"魔棒工具"等创建选区后，单击【通道】面板底部的"将选区存储为通道" 🔲 按钮，即可产生一个新的 Alpha 通道，将选区存储在该通道中，如图 12-8 所示，Alpha1 通道中，白色部分是选区内容。

图 12-7　将选区存储为 Alpha 通道

12.2.5　将通道转换为选区

选区存储在 Alpha 通道中后，可以在需要的时候随时调用。

先选择一个 Alpha 通道，接着单击【通道】面板底部的"将通道作为选区载入" ◎ 按钮，即可将当前选择的 Alpha 通道转换为选区。也可以按住【Ctrl】键的同时单击其中一个 Alpha 通道，即可将该通道作为选区载入。

> **提示**　按住【Ctrl】键不放，将鼠标指针停在通道上，鼠标指针会变为 🖐 形状。

不仅 Alpha 通道可以转换为选区，各单色通道也可以转换为选区。在颜色通道中，纯白色表示选择范围，纯黑色表示非选择范围，灰色表示半透明选择范围。也就是说，单色通道中的白色值越多，表示选区的范围越宽，黑色值越多，表示选区范围越窄。这里以载入红色通道为例，首先观察图像中红色通道，红色通道中白色部分居多，黑色部分只有一小部分。按住【Ctrl】键的同时单击红色通道，即将红色通道中的白色部分转换为选区，如图 12-8 所示。

图 12-8　将红色通道转换为选区　　　　　　　图 12-9　【通道】面板菜单

12.2.6　编辑Alpha通道

当 Alpha 通道被创建后，即可使用"画笔工具"、"渐变工具"、"形状等工具"编辑 Alpha 通道中的黑色与白色区域的大小与位置，以创建相对应的合适的选区，

除此之外，还可以通过填充白色或黑色、应用滤镜、使用图像调整命令等手段编辑 Alpha 通道，总之所有在图层上可以应用的作图手段在此都同样可用。

下面通过一个具体的实例，介绍在 Alpha 通道中如何通过应用滤镜创建所需的散点状选区，操作步骤如下。

1 打开配套光盘 ch12\散点效果\小蝴蝶.jpg，使用"快速选择工具" 或"磁性套索工具" ，将图像中的蝴蝶和小孩选中，如图 12-10 所示。

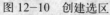

图 12-10　创建选区　　　　　　　图 12-11　复制选区内的图像

2 按【Ctrl+J】快捷键复制选区内的图像得到图层 1，如图 12-11 所示。

3 按住【Ctrl】键单击图层 1 缩览图载入选区，执行菜单【选择】→【修改】→【扩展】命令，在弹出的对话框中设置"扩展量"为"12"像素，单击【确定】按钮退出对话框。

4 切换到【通道】面板，单击"将选区存储为通道" 按钮，得到通道 Alpha1，然后选中 Alpha1 通道，如图 12-12 所示。

图 12-12　创建并选择通道 "Alpha1"

5 按【Ctrl+D】快捷键取消选区，执行菜单【滤镜】→【模糊】→【高斯模糊】命令，在弹出的对话框中设置 "半径" 为 "20" 像素，单击【确定】按钮，得到如图 12-13 所示的效果。

6 按【Ctrl+I】快捷键做反相操作，执行菜单【滤镜】→【像素化】→【彩色半调】命令，在弹出的对话框中设置 "最大半径" 为 "6" 像素，其他参数保持默认设置，如图 12-14 所示。单击【确定】按钮，得到如图 11-15 所示的效果。

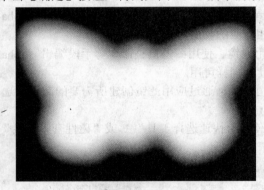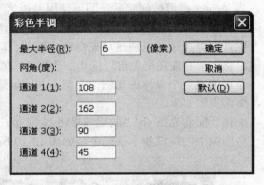

图 12-13　高斯模糊后的效果　　　　　图 12-14　【彩色半调】对话框

7 按【Ctrl+I】快捷键做反相操作，按住【Ctrl】键单击 Alpha1 缩览图载入选区，并切换至【图层】面板，图像如图 12-16 所示。

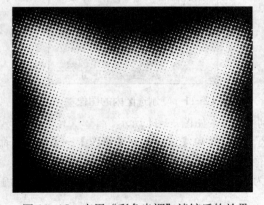

图 11-15　应用 "彩色半调" 滤镜后的效果　　　图 12-16　切换至【图层】面板后的效果

8 在背景层的上方新建图层 2，设置前景色为白色，按【Alt+Delete】快捷键填充选区，按

【Ctrl+D】快捷键取消选区，得到如图 12-17 所示的效果，图层结构如图 12-18 所示。

图 12-17　最终效果　　　　　　　　　图 12-18　图层结构

本实例最终源文件参见配套光盘 ch12\散点效果\小蝴蝶.psd。

12.2.7　复制和删除通道

保存了一个选区在通道中后，可以对该通道中的内容进行编辑（如改变大小、改变形状、添加各种滤镜等），从而制作一些特效。为了防止编辑后的效果不尽如人意，而原通道已改变，不能恢复至原通道效果，可以复制通道作为备份。

复制通道的方法和复制图层的方法一样，先选中要复制的通道，然后选择【通道】面板菜单（图 12-9）中的【复制通道】命令，在打开的对话框中输入通道的名称后，单击【好】按钮，即可复制通道。默认的通道名称是原通道的名称后面加"副本"两字，如图 12-19 所示。

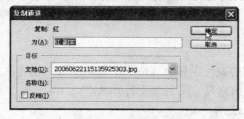

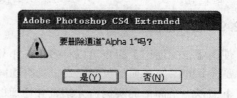

图 12-19　【复制通道】对话框　　　　　图 12-20　提示信息对话框

该对话框中的"反相"复选框，等同于菜单【图像】→【调整】→【反相】命令，可以令通道中的颜色反相，即黑色变为白色，白色变为黑色。

　直接拖曳欲复制的通道至【通道】面板底部的"创建新通道" 按钮上后释放鼠标，也可复制通道。

【通道】面板中的通道越多，占据的存储空间就越大，从而影响了 Photoshop 的运行速度。为了提高计算机的运行速度，读者应该定时清理不需要的多余通道，操作方法如下。

选择要删除的通道，单击【通道】面板底部的"删除当前通道" 按钮，则会弹出如图 12-20 的提示信息对话框，单击【是】按钮，即可删除该通道。

在【通道】面板中删除任意一个单色通道，图像的颜色模式就变为"多通道"模式，转换为该模式时会合并所有的图层，该模式适合某些专业打印领域。例如，RGB 模式的图像转为多通道后，R（红）、G（绿）、B（蓝）三个单色通道转换为 C（青色）、M（洋红）、Y（黄）通道。所以在删除图像的单色通道时，一定要慎重。

12.2.8 分离通道

使用【分离通道】命令可以将每个通道分离为独立的灰度文件。只有当图像文件只有一个"背景"图层时，该命令才可以使用，操作方法如下。

在【通道】面板菜单中选择【分离通道】命令，则系统自动将每一个通道从原图像中分离出来，成为单独的灰度图像，同时关闭原图像。分离出来的图像文件名称是原文件名称再加上当前通道的英文缩写。

例如，一个文件名为"小狗.jpg"的 RGB 模式图像，通道分离后，会产生 3 个灰度模式文件，文件名分别为：小狗.jpg_R、小狗.jpg_G、小狗.jpg_B，如图 12-21 所示。

分离的红色通道文件　　　　　分离的绿色通道文件　　　　　分离的蓝色通道文件

图 12-21　通道分离所产生的文件

如果当前操作的是 CMYK 模式的图像，则经过此操作后得到的是 4 个灰度图像。

> **提示** 如果当前操作的图像有专色通道或 Alpha 通道，则经过此操作后，这些专色通道或 Alpha 通道也将被分离成一个单独的灰度图像。

12.2.9 合并通道

使用【合并通道】命令可以将多个大小相同的灰度图像合并成一个彩色图像。需要注意的是，要合并的图像必须是灰度模式，具有相同的像素尺寸并且处于打开状态。

下面以一个简单的实例，介绍合并通道的方法。

1 打开配套光盘 ch12\合并通道\a1.jpg～a3.jpg 文件，如图 12-22 所示。

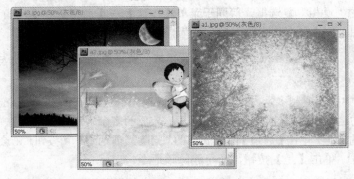

图 12-22　打开的多个灰度图像

2 单击【通道】面板菜单中的【合并通道】命令，弹出如图 12-23 所示的【合并通道】对话框，具体设置如图 12-23 所示。在对话框中选择颜色模式和通道的个数，RGB 颜色模式的通道个数为 3，CMYK 颜色模式的通道个数为 4。

3 单击【确定】按钮，则弹出如图 12-24 所示的对话框，单击【确定】按钮，则返回【合并通道】对话框进行重新设置。设置好后单击【确定】按钮，即可完成通道的合并。

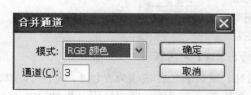

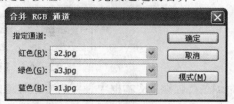

图 12-23 【合并通道】对话框　　图 12-24 【合并 RGB 通道】对话框

合并后的彩色图像效果及其【通道】面板如图 12-25 所示。

图 12-25 合并后的图像效果及其【通道】面板

该实例源文件参见配套光盘 ch12\合并通道\合并后图像.psd。

 合并通道时，各源文件的分辨率和尺寸必须相同，否则不能进行合并操作。

12.3 专色通道

专色通道，即可以保存专色信息的通道。可以理解为作为一个专色版应用到图像和印刷当中，这是它区别于 Alpha 通道的明显之处。同时，专色通道具有 Alpha 通道的一切特点：保存选区信息、透明度信息。每个专色通道只是一个以灰度图形式存储相应专色信息，与其在屏幕上的彩色显示无关。

专色油墨是指一种预先混合好的特定彩色油墨(或叫特殊的预混油墨)，用来替代或补充印刷色(CMYK)油墨，如荧光色、金属金银色油墨等，或者可以是烫金版、凹凸版等，它不是靠 CMYK 四色混合出来的，每种专色在付印时要求专用的印版 (可以简单理解为一付专色胶片、印刷时为专色单独晒版)，专色意味着准确的颜色。

12.3.1 建立专色通道

建立专色通道，操作方法如下。

1 首先为需要覆盖专色的区域制作选区，然后单击【通道】面板菜单中的【新专色通道】命令，或者按住【Ctrl】键单击【通道】面板底部的"创建新通道" 按钮，则弹出如图 12-26 所示的【新建专色通道】对话框。

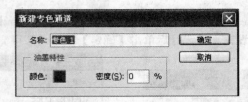

图 12-26　【新建专色通道】对话框

2 在"名称"文本框中设置新专色通道的名称，默认的名称依次为专色 1、专色 2，以此类推；在"颜色"框可以设置颜色，代表选择的油墨颜色，该颜色在印刷输出时生效；在"密度"文本框中可以设置 0%~100%的油墨密度。

3 设置完成后，单击【确定】按钮，即可创建专色道道，如图 12-27 所示。

图 12-27　新建专色通道

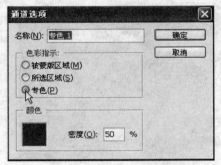

图 12-28　【通道选项】对话框

12.3.2　将Alpha通道转换为专色通道

专色通道不仅可以通过【新建专色通道】命令创建，还可以将 Alpha 通道转换成为一个专色通道。操作方法如下：

首先选择一个 Alpha 通道，然后选择【通道】面板菜单中的【通道选项】命令，打开【通道选项】对话框，如图 12-28 所示。在"名称"文本框中输入通道的名称，设置"色彩指示"为"专色"，在"颜色"选项组中设置专色颜色和密度。单击【确定】按钮，即可将该 Alpha 通道转换为专色通道。

> **提示**　直接双击 Alpha 通道名称，可以快速打开【通道选项】对话框进行转换。

12.3.3　合并专色通道

新创建的专色通道可以直接与原色通道（即单色通道）融合，操作方法如下。

首先选择专色通道为当前通道，在【通道】面板菜单中选择【合并专色通道】命令，即可完成专色通道与原色通道的融合。执行该命令后，专色通道中的颜色被分别混合到每一个原色通道中。

12.4　应用图像命令

【应用图像】命令可以实现通道的计算，即可以用于综合通道的合成，也可以合成单个通道的内容；可以将一个图像的内容放到另一个图像文件中，也可以将图像放置到指定的通道中，从而产生各种合成特效。

下面用一个简单的实例介绍【应用图像】命令的功能，操作步骤如下。

1 打开配套光盘 ch12\应用图像\水果.jpg、12.jpg 两个图像文件，如图 12-29 所示。

（a）源文件（水果.jpg）　　　　　　（b）目标文件（12.jpg）

图 12-29　打开的两幅图像

> **注意** 用于合成图像的两张图片必须有相同的尺寸、分辨率与颜色模式，且颜色模式应该为 RGB、CMYK、Lab 或灰度 4 种颜色模式中的一种。

2 选择图像文件 12.jpg，执行菜单【图像】→【应用图像】命令，弹出【应用图像】对话框，在"源"下拉列表选择"水果.jpg"，其他参数保持默认设置，如图 12-30 所示。

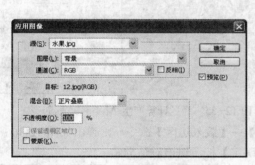

图 12-30　【应用图像】对话框　　　　　图 12-31　最终的合成效果

3 单击【确定】按钮，即可产生一幅合成图片，如图 12-20 所示。

不同颜色的图片、不同的混合模式会产生不同的合成结果，读者可以根据图片来调整各参数值。

12.5　计算命令

【计算】命令通过选择混合选项和改变不透明度值，在通道之间产生混合效果，从而创建一个新的合成通道。

【应用图像】命令和【计算】命令具有相同的功能，两者的区别是：【计算】命令的效果只能显示于 Alpha 通道或者 Alpha 通道的选区中，而不是图像的复合通道中。

下面利用【计算】命令来制作图像与 Alpha 通道的合成特效。

1 打开配套光盘 ch12\计算\天空.jpg 文件，如图 12-32 所示。在【通道】面板中单击"创建新通道" 按钮，创建 Alpha 1 通道。

图 12-32　打开的原图文件　　　　　　图 12-33　在 Alpha1 通道中输入文字

2 使用"横排文字工具" **T**.在 Alpha 1 中输入白色文字，如图 12-33 所示。

3 执行菜单【滤镜】→【扭曲】→【玻璃】命令，在打开的【玻璃】对话框中单击【确定】按钮添加玻璃滤镜。

4 执行菜单【图像】→【计算】命令，打开【计算】对话框，具体参数的设置如图 12-34 所示。然后单击【确定】按钮，则产生一个 Alpha 2 通道，如图 12-35 所示。

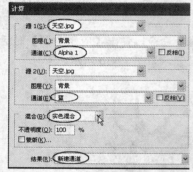
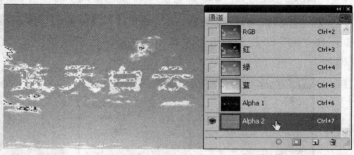

图 12-34　【计算】对话框　　　　　　图 12-35　经过计算产生 Alpha 2 通道

5 选择 RGB 复合通道，执行菜单【选择】→【载入选区】命令，则弹出如图 12-36 所示的对话框，将"通道"设置为 Alpha 2，单击【确定】按钮退出对话框。

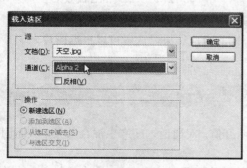

图 12-36　【载入选区】对话框　　　　图 12-37　最终效果

6 设置前景色为白色，按【Alt+Delete】快捷键填充选区，按【Ctrl+D】快捷键取消选区，最终效果如图 12-37 所示。

该实例源文件参见配套光盘 ch12\计算\蓝天白云.psd。

12.6 实例演练

12.6.1 抠出人物的头发

本实例主要利用通道抠出人物的头发，从而改变图像的背景，效果如图 12-38 所示。

图 12-38 实例效果

◎ 素材文件：ch12\抠出头发\披头散发.jpg、背景.jpg
◎ 最终文件：ch12\抠出头发\披头散发.psd
◎ 学习目的：掌握 Alpha 通道的创建和编辑，以及复杂图像的抠出方法和技巧。

1 打开本章素材图像"披头散发.jpg"，如图 12-39 所示。

图 12-39 素材图像   图 12-40 用多边形套索工具创建选区

2 创建选区。在工具箱中选择"多边形套索工具" ，在图像窗口中将人物的主体部分创建为选区，如图 12-40 所示。

注意 在创建选区时，头发飘散的部分不要选择，因为飘散的头发分散得太宽，如果选择不好就会将背景部分创建成选区。

3 将选区存储为通道。打开【通道】面板，单击"将选择存储为通道" 按钮，则刚才定义的选区生成了一个 Alpha 1 通道，如图 12-41 所示。

4 复制原色通道。按【Ctrl+D】快捷键取消选区，然后观察红、绿、蓝 3 个原色通道，看哪个通道中的头发部分与背景的反差最明显，本例选中的是绿色通道。拖曳绿色通道至"创建新通道" 按钮上，则产生一个"绿副本"通道，如图 12-42 所示。

273

图 12-41　创建的 Alpha1　　　　　图 12-42　复制绿色通道

5 编辑通道。按快捷键【Ctrl+M】，打开【曲线】对话框，选择"设置黑场" ✓ 按钮，如图 12-43 所示。然后在图像窗口的背景中取样，如图 12-44 所示。

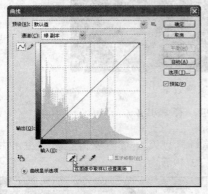

图 12-43　【曲线】对话框　　　　　图 12-44　在图像中取样

6 取样后单击【确定】按钮，此时绿色副本通道中的头发变为白色，背景部分变为黑色，如图 12-45（a）所示。通过观察，发现图像背景左上角还不够黑，这时可以使用"画笔工具" ✓ ，设置前景色为黑色，将左上角的灰色抹成黑色，如图 12-45（b）所示。

（a）背景部分为黑色　　　　　　　（b）将左上角的灰色抹成黑色

图 12-45　编辑"绿副本"通道

Alpha 通道内只会显示不同亮度值的灰度图像，纯白色表示选区，纯黑色表示非选区，灰色表示半透明选区（即半隐半现）。将人物从背景中抠出来，实际上只要在通道中将需要抠出的部分创建成白色即可。为了让抠出的头发自然些，披散的头发应该是稍微偏灰色的。

7 将多个通道合成一个整体通道。单击【通道】面板底部的"创建新通道" ▣ 按钮，创建

"Alpha 2"通道。按住【Ctrl】键的同时单击 Alpha1,载入选区。按【D】键,将前/背景颜色恢复至默认设置,然后按【Alt+Delete】快捷键,将选区填充为白色,如图 12-46 所示。

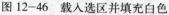

图 12-46 载入选区并填充白色

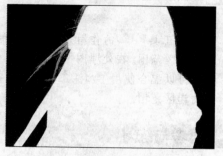

图 12-47 Alpha2 的效果

8 采用同样的方法,载入"绿副本"通道为选区,将其填充为白色,并按【Ctrl+D】快捷键取消选择,效果如图 12-47 所示。

9 将背景层转换为普通图层。选择 RGB 复合通道,单击【图层】选项卡,切换至【图层】面板。双击背景层,在弹出的【新建图层】对话框单击【确定】按钮,将背景层转换为普通图层,得到图层 0。

10 打开本章素材图像"背景.jpg",如图 12-48 所示。

图 12-48 背景素材

图 12-49 【图层】面板

11 复制背景图像。按【Ctrl+A】快捷键全选背景图像,按快捷键【Ctrl+C】复制图像,然后切换至"披头散发.jpg"文件中,按快捷键【Ctrl+V】粘贴图像,得到图层 1。然后将图层 1 拖曳至图层 0 的下面,图层的排列顺序如图 12-49 所示。

12 更换图像背景。选择图层 0 为当前图层,执行菜单【选择】→【载入选区】命令,设置【载入选区】对话框如 12-50 所示。然后单击【图层】面板底部的"添加图层蒙版" 按钮,则图层 0 中的背景不见了,显示的是图层 1 中的背景图像,如图 12-51 所示。

图 12-50 载入 Alpha 2

图 12-51 为图层 0 添加图层蒙版后的效果

从图 12-39 中可以发现，抠取出来的人物头发很不自然，需要进一步修改。

13 在图层 0 的图层蒙版中，使用"减淡工具" 涂抹头发披散处，最终效果如图 12-38 所示。

> **提示** "减淡工具" 的作用是提高图像的亮度值，在图层蒙版中提高亮度，相当于增加图像的选区范围。在处理图像的过程中，可能会遇到蒙版调得太亮而显示出了原图的背景，这时可以配合使用"加深工具" ，"加深工具"的功能与"减淡工具"相反，减少图像的选区范围。

12.7 思考与练习

1．填空题

（1）通道的两大突出功能是：_____和_____。

（2）Alpha 通道中的纯白色区域代表_____。

2．选择题

（1）使用【应用图像】菜单命令有一定的限制，文件必须是_____。

    A．相同的高度   B．相同的宽度   C．分辨率一致   D．以上都对

（2）打开【新建专色通道】对话框的快捷方法是_____

    A．Ctrl+N   B．按住 Ctrl 键，单击【通道】面板底部的 按钮

    C．Ctrl+Alt+N   D．按住 Alt 键，单击【通道】面板底部的 按钮

（3）下列关于【通道】面板的说法不正确的是_____

    A．【通道】面板中可以创建 Alpha 通道   B．【通道】面板可用来存储选区

    C．【通道】面板可用来创建路径   D．【通道】面板中只有不同亮度的灰度值

3．问答题

（1）什么是专色？专色在印刷中所起的作用是什么？

（2）怎样才能使含有专色信息的文件能在其他桌面软件中工作？

（3）如果【通道分离】命令呈灰色，当前不能使用，造成这种现象有哪几种可能？

4．上机练习

（1）请读者利用【合并通道】命令，将多个大小相同的灰度图像合并成一个彩色图像。

（2）请读者打开本章上机练习\美女.jpg（图 12-52），利用通道将人物从背景中抠出来，并添加一副图像背景。

图 12-52　素材图像

第3部分

滤镜篇

主要内容：

📄 应用滤镜创建特效

第 13 章 应用滤镜创建特效

滤镜是 Photoshop 为用户提供的又一强大的功能。应用滤镜，用户不必执行复杂的操作，就可以为图像添加各种特殊的效果。本章先为读者介绍 Photoshop 的内置滤镜，让读者初步了解滤镜的各种功能，然后通过实例让读者进一步掌握滤镜的使用方法和技巧。希望读者在本章学习的基础上，在实践中不断积累经验，才能使滤镜的应用水平到达更高的境界，创作出具有迷幻色彩的电脑艺术作品。

💻 **学习要点**

⊿ 认识滤镜
⊿ 使用内置滤镜
　　　　　　　　⊿ 滤镜的类型
　　　　　　　　⊿ 使用特殊滤镜与智能滤镜

13.1　认识滤镜

13.1.1　什么是滤镜

滤镜是 PhotoShop 中功能最丰富、效果最奇特的工具之一。滤镜是通过不同的方式改变像素数据，以达到对图像进行抽象、艺术化的特殊处理效果。

Photoshop 自带的滤镜数目多达 100 多种，这些滤镜都按组放置在【滤镜】菜单中，每组滤镜都有不同的功能，如图 13-1 所示。使用滤镜可以在很短的时间内，执行一个简单的命令就可产生许多令人眼花缭乱、变换万千的特殊效果，而不必执行复杂的操作。

图 13-1　【滤镜】菜单

由于内置滤镜的数目较多，限于篇幅，就不一一介绍了。本章中仅对部分特色滤镜进行详细介绍，其他滤镜相对较为简单，读者可以根据本章对每一个滤镜的注释自行练习，直至掌握。

13.1.2　滤镜的分类

Photoshop 滤镜大致可以分为两种类型：内置滤镜(自带滤镜)和外挂滤镜(第三方滤镜)。

（1）内置滤镜：是指在介绍默认安装 Photoshop 时，安装程序自动安装到 plug-ins 目录下的那些滤镜。

内置滤镜被广泛应用于纹理制作、图像处理、文字特效制作和图像特效制作等各个方面。在 Photoshop 的【滤镜】菜单（图 13-1 中）列出了这些滤镜，其中【液化】和【消失点】滤镜，由于使用方法比较特殊，且每个滤镜都有自己的专一用途，因此常被称为特殊滤镜。

（2）外挂滤镜：是指除内置滤镜外，由第三方厂商为 Photoshop 所生产的滤镜。此类滤镜需要用户单独购买，安装后才能使用。如果希望在 Photoshop 的【滤镜】菜单中列出这些滤镜，在安装时就要将其安装目录指定为 "\Adobe\ Photoshop CS4\ plug-ins" 目录。

外挂滤镜不仅种类齐全，品种繁多而且功能强大，同时版本与种类也在不断升级与更新。著名的外挂滤镜有 Meta Creations 公司出品的 KPT 系列滤镜、Alien Skin 公司生产的 Eye Candy 4000 系列滤镜、EXTENSIS 公司的 Photo Tools 3.0 系列滤镜等。

13.1.3 滤镜使用技巧

（1）滤镜只能应用于当前可视图层，且可以反复应用，连续应用，但一次只能应用在一个图层上。

（2）滤镜不能应用于位图模式，索引颜色和 48 位 RGB 模式的图像，某些滤镜只对 RGB 模式的图像起作用，如 Brush Strokes 滤镜和 Sketch 滤镜就不能在 CMYK 模式下使用。还有，滤镜只能应用于图层的有色区域，对完全透明的区域没有效果。

（3）有些滤镜完全在内存中处理，所以内存的容量对滤镜的生成速度影响很大。

（4）有些滤镜很复杂，或者应用滤镜的图像尺寸很大，执行时需要很长时间，如果想结束正在生成的滤镜效果，只需按【Esc】键即可。

（5）上次使用的滤镜将出现在【滤镜】菜单的顶部，如图 13-1 所示的"高斯模糊"滤镜，可以通过执行此命令，或按快捷键【Ctrl+F】键，对图像再次应用上次使用过的滤镜效果。

（6）如果在滤镜设置窗口中对自己调节的效果感觉不满意，希望恢复调节前的参数，可以按住【Alt】键，这时【取消】按钮会变为【复位】按钮，单击此按钮就可以将参数重置为调节前的状态。

13.2 使用内置滤镜

13.2.1 【风格化】滤镜组

【风格化】滤镜主要是通过移动、置换和查找图像的像素并提高图像的对比度，产生印象派及其他风格化效果，如图 13-2 所示。

(a) 原图   (b)【查找边缘】效果   (c)【等高线】效果

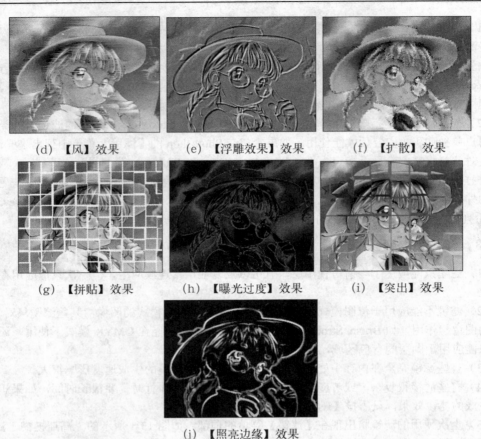

(d) 【风】效果　　　　　(e) 【浮雕效果】效果　　　　　(f) 【扩散】效果

(g) 【拼贴】效果　　　　　(h) 【曝光过度】效果　　　　　(i) 【突出】效果

(j) 【照亮边缘】效果

图 13-2　应用【风格化】滤镜组效果

13.2.2 【画笔描边】滤镜

　　【画笔描边】类滤镜通过模拟不同的画笔和油墨描边，创造出绘画效果的图像，如图 13-3 所示。

(a) 原图　　　　　(b) 【成角的线条】效果　　　　　(c) 【墨水轮廓】效果

(d) 【喷溅】效果　　　　　(e) 【喷色描边】效果　　　　　(f) 【强化的边缘】效果

　　（g）【深色线条】效果　　　　（h）【烟灰墨】效果　　　（i）【阴影线】效果

图 13-3　应用【画笔描边】滤镜组效果

13.2.3　【模糊】滤镜

　　通过对选区或图像进行柔和，淡化图像中不同色彩的边界，以掩盖图像的缺陷或创造出特殊效果，如图 13-4 所示。

　　（a）原图　　　　　（b）【表现模糊】效果　　　（c）【动感模糊】效果

　　（d）【方框模糊】效果　　（e）【高斯模糊】效果　　（f）【进一步模糊】效果

　　（g）【径向模糊】效果　　（h）【镜头模糊】效果　　　（i）【模糊】效果

　　（j）【特殊模糊】效果　　　（k）【形状模糊】效果

图 13-4　应用【模糊】滤镜组效果图

281

13.2.4 【扭曲】滤镜

使用【扭曲】类滤镜可以将图像进行几何变形，创建波纹、球面化、三维或其他变形效果，如图 13-5 所示。

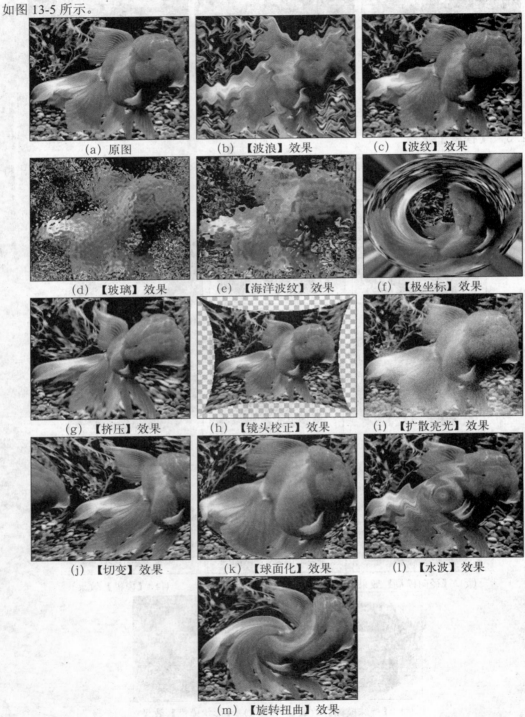

(a) 原图　　(b) 【波浪】效果　　(c) 【波纹】效果

(d) 【玻璃】效果　　(e) 【海洋波纹】效果　　(f) 【极坐标】效果

(g) 【挤压】效果　　(h) 【镜头校正】效果　　(i) 【扩散亮光】效果

(j) 【切变】效果　　(k) 【球面化】效果　　(l) 【水波】效果

(m) 【旋转扭曲】效果

图 13—5　应用【扭曲】滤镜组效果图

13.2.5 【锐化】滤镜

【锐化】类滤镜通过增加相邻像素的对比度使模糊图像变清晰,效果如图 13-6 所示。

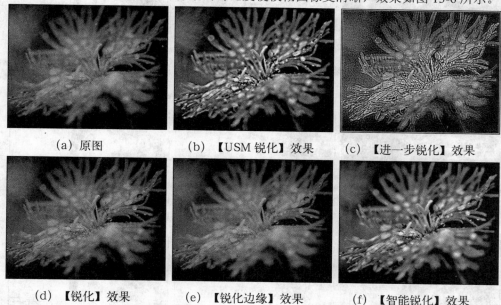

(a) 原图   (b) 【USM 锐化】效果   (c) 【进一步锐化】效果

(d) 【锐化】效果   (e) 【锐化边缘】效果   (f) 【智能锐化】效果

图 13-6　应用【锐化】滤镜组效果图

13.2.6 【视频】滤镜

【视频】滤镜主要将色域限制为电视画面可重现的颜色范围。

【NTSC】滤镜一般用于制作 VCD 静止帧的图像,创建用于电视或视频中的图像。将图像的色彩范围限制为 NTSC(国际电视标准委员会)制式,电视可以接收并表现的颜色。

【逐行】滤镜可去掉视频图像中的奇数或偶数行,以平滑在视频中捕捉的图像。该滤镜也用于视频中静止图像帧的制作。

13.2.7 【素描】滤镜

【素描】类滤镜通过为图像增加纹理或使用其他方式重绘图像,最终获得手绘图像的效果,如图 13-7 所示。这是一个丰富而适用的滤镜组。使用该滤镜组时应注意,许多滤镜在重绘图像时使用了前景色和背景色。

(a) 原图   (b) 【半调图案】效果   (c) 【便条纸】效果

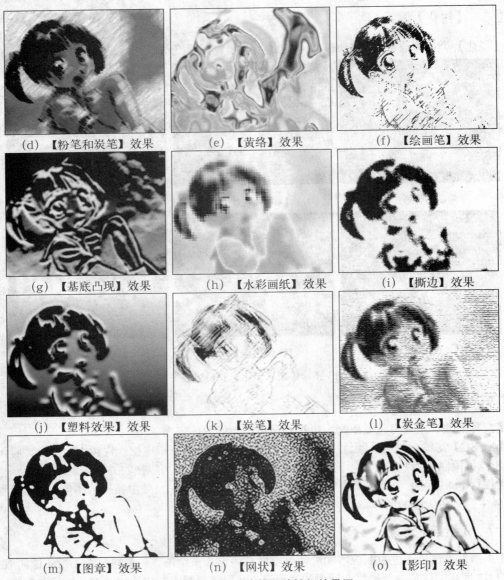

(d) 【粉笔和炭笔】效果　　(e) 【黄络】效果　　(f) 【绘画笔】效果

(g) 【基底凸现】效果　　(h) 【水彩画纸】效果　　(i) 【撕边】效果

(j) 【塑料效果】效果　　(k) 【炭笔】效果　　(l) 【炭金笔】效果

(m) 【图章】效果　　(n) 【网状】效果　　(o) 【影印】效果

图 13-7　应用【素描】滤镜组效果图

13.2.8　【纹理】滤镜

使用【纹理】滤镜组为图像添加各种纹理效果，造成深度感和材质感，效果如图 13-8 所示。

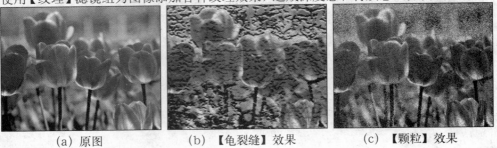

(a) 原图　　(b) 【龟裂缝】效果　　(c) 【颗粒】效果

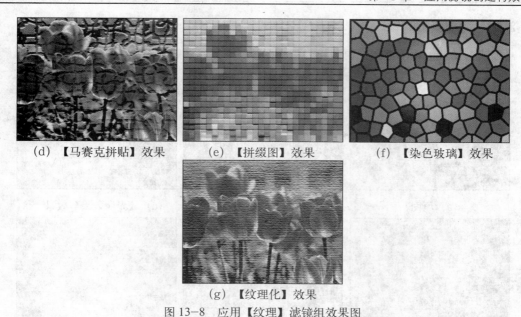

(d)　【马赛克拼贴】效果　　　　(e)　【拼缀图】效果　　　　(f)　【染色玻璃】效果

(g)　【纹理化】效果

图 13-8　应用【纹理】滤镜组效果图

13.2.9　【像素化】滤镜

大部分像素化滤镜通过以纯色代替图像中颜色值相近的像素的方法，将其转换成平面色块组成的图案，效果如图 13-9 所示。只有【彩块化】和【碎片】没有对应的参数设置对话框。

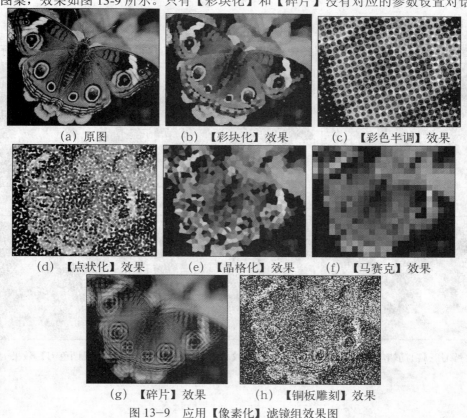

(a)　原图　　　　　　(b)　【彩块化】效果　　　　(c)　【彩色半调】效果

(d)　【点状化】效果　　　(e)　【晶格化】效果　　　(f)　【马赛克】效果

(g)　【碎片】效果　　　　(h)　【铜板雕刻】效果

图 13-9　应用【像素化】滤镜组效果图

13.2.10 【渲染】滤镜

【渲染】滤镜组用于在图像中创建云彩、折射和模拟光线等效果，如图 13-10 所示。

(a) 原图　　　　(b) 【分层云彩】效果　　　　(c) 【光照效果】效果

(d) 【镜头光晕】效果　　　(e) 【纤维】效果　　　(f) 【云彩】效果

图 13-10　应用【渲染】滤镜组效果图

13.2.11 【艺术效果】滤镜

【艺术效果】类滤镜用于制作各种绘画效果或特殊风格的图像，效果如图 13-11 所示。

(a) 原图　　　　(b) 【壁图】效果　　　　(c) 【彩色铅笔】效果

(d) 【粗糙蜡笔】效果　　　(e) 【底纹效果】效果　　　(f) 【调色刀】效果

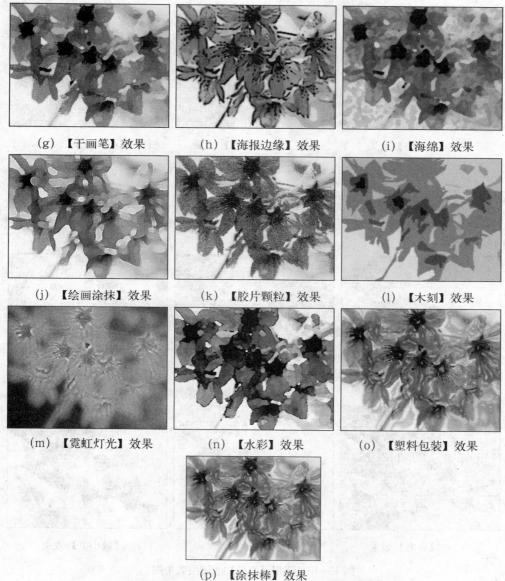

(g)　【干画笔】效果　　　　(h)　【海报边缘】效果　　　　(i)　【海绵】效果

(j)　【绘画涂抹】效果　　　　(k)　【胶片颗粒】效果　　　　(l)　【木刻】效果

(m)　【霓虹灯光】效果　　　　(n)　【水彩】效果　　　　(o)　【塑料包装】效果

(p)　【涂抹棒】效果

图 13-11　应用【艺术效果】滤镜组效果图

13.2.12　【杂色】滤镜

使用【杂色】类滤镜可随机分布像素，可添加或去掉杂色，如图 13-12 所示。

(a)　原图　　　　　　(b)　【减少杂色】效果　　　　(c)　【蒙尘与划痕】效果

(d) 【去斑】效果　　　　　(e) 【添加杂色】效果　　　　　(f) 【中间值】效果

图 13-12　应用【杂色】滤镜组效果图

13.2.13　【其他】滤镜

【其他】滤镜组主要用于修改图像的某些细节部分，还可以让用户创建自己的特殊效果滤镜，如图 13-13 所示。

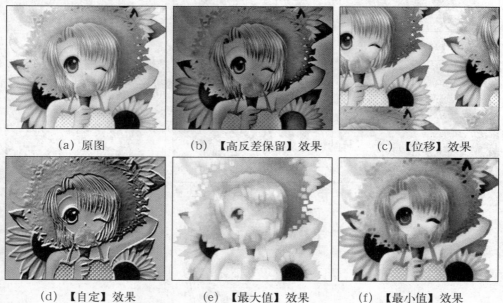

(a) 原图　　　　　　(b) 【高反差保留】效果　　　　　(c) 【位移】效果

(d) 【自定】效果　　　　　(e) 【最大值】效果　　　　　(f) 【最小值】效果

图 13-13　应用【其他】滤镜组效果图

13.2.14　【Digimarc】滤镜

【Digimarc（数字水印）】滤镜与前面的滤镜不同，它的功能并不是为图像添加特殊效果，而是将数字水印嵌入到图像中以储存著作权信息，或是读取已嵌入的著作权信息。该滤镜子菜单中包括【读取水印】和【嵌入水印】两个命令。

> **提示** 要在图像中嵌入水印，首先必须浏览 Digimarc 公司的官方网站并得到一个 Creator ID，然后将这个 ID 和著作权一同插入到图像中，完成数字水印的嵌入。

13.3　使用【滤镜库】

【滤镜库】是将常用滤镜组合在一个对话框中，以折叠菜单的方式显示，并为滤镜提供了直观的效果预览，还可以在该对话框里为图像连续使用多个滤镜。

打开一幅图像，然后执行菜单【滤镜】→【滤镜库】命令，打开【滤镜库】对话框，如图13-14 所示。

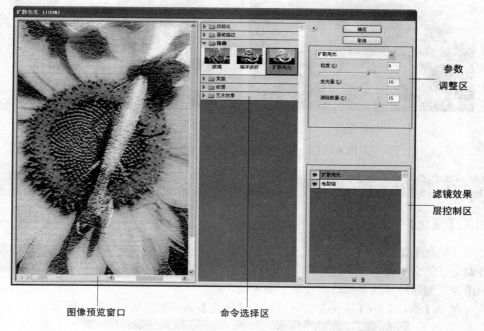

图 13-14　【滤镜库】对话框

可以看出，【滤镜库】对话框共分为 4 个部分："图像预览窗口"、"命令选择区"、"参数调整区"和"滤镜效果层控制区"。

"图像预览窗口"用于预览由当前滤镜处理得到的效果，在左侧底部单击 ➕ 和 ➖ 按钮，可放大和缩小图像的显示比例。

"命令选择区"用于选择处理图像的滤镜。在显示的滤镜列表中单击 ▷ 按钮可以展开相应的滤镜组，浏览该滤镜组中的各个滤镜，从中选择要应用的滤镜。

"参数调整区"用于设置所选择滤镜的参数；右侧的底部为"滤镜效果层控制区"。

滤镜库的最大特点在于提出了一个滤镜效果图层的概念，即在【滤镜库】对话框中可以对当前操作的图像应用多个滤镜命令，每个滤镜命令可以被认为是一个滤镜效果图层。

与操作普通图层一样，用户可以在【滤镜库】对话框中新建、删除或隐藏这些效果图层，从而将这些滤镜命令得到的效果叠加起来，得到更加丰富的效果；还可以通过修改滤镜效果图层的顺序修改应用这些滤镜所得到的效果。

在"滤镜效果层控制区"可以进行如下操作。

单击"眼睛" 👁 按钮，可隐藏或显示图像当前滤镜效果，方便用户对比图像的原始效果；单击"新建效果图层"按钮 🔲，可以在新建效果层中添加其他滤镜效果；单击"删除效果图层"按钮 🗑，可删除当前效果层中的滤镜效果。

如图 13-15 所示为原图与应用【龟裂缝】、【扩散亮光】两个滤镜后的效果图。

（a）原图　　　　　　　　　　　（b）应用两个滤镜后的效果

图 13-15　在【滤镜库】中为图像添加滤镜

13.4　使用特殊滤镜

13.4.1　【液化】

使用【液化】滤镜可以对图像任意扭曲和变形，不但可以自己定义扭曲的范围和强度，还可以将调整好的变形效果存储起来或载入以前存储的变形效果。【液化】命令为用户在 Photoshop 中变形图像、创建特殊效果和动画提供了强大的功能。

执行菜单【滤镜】→【液化】命令，打开【液化】对话框，如图 13-16 所示。

图 13-16　【液化】对话框

可以看出，【液化】对话框共分为 3 个部分：工具箱、图像预览窗口、参数设置区。

1．工具箱

在【液化】对话框的工具箱中共有 12 种工具，如图 13-17 所示。

各工具的功能和含义如下。

◎　"弯曲工具" ：直接用弯曲工具拖曳 图像，　　图 13-17　【液化】工具箱

290

可以将图像顺着鼠标拖曳的方向变形，效果很像涂抹工具，如图 13-18（b）所示。

◎ "褶皱工具" ／ "膨胀工具" ：使用褶皱工具可以将图像向内侧压缩，造成图像缩小的变化，如图 13-18（c）所示；而膨胀变形工具则刚好相反，可以将图像向外鼓起，制造出图像膨胀的变化，如图 13-18（d）所示。

（a）原图

（b）弯曲工具效果

（c）褶皱工具效果

（d）膨胀工具效果

图 13-18　使用弯曲、褶皱和膨胀工具调整图像

◎ "顺时针旋转扭曲工具" ：可以使用该工具拖曳图像，使图像产生沿顺时针方向旋转扭曲变形，效果如图 13-19（b）所示。

◎ "湍流工具" ：使用此工具拖曳图像时，可以将图像沿着鼠标拖曳的方向产生柔顺的弯曲变形，如图 13-19（c）所示。该工具很适合使用在火焰、云彩、布纹等需要产生柔顺而纷乱的变形环境下。使用该工具时，还需要结合"工具选项"设置栏中的"湍流抖动"设置来使用。

（a）原图

（b）顺时针旋转扭曲工具效果

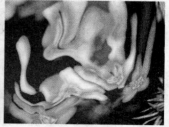

（c）湍流工具效果

图 13-19　使用旋转、湍流工具调整图像

◎ "左推工具" ：使用该工具拖曳图像，图像将以与移动方向垂直的方向移动，产生图像被推挤的效果。向左移动则图像向下推挤；向右移动则图像向上推挤；向上移动则图像向左推挤；向下移动则图像向右推挤，如图 13-20（b）所示。

◎ "镜像工具" ：使用该工具拖曳图像，垂直方向的图像将被复制并推挤，生成图像变形的效果，如图 13-20（c）所示。

（a）原图　　　　　　（b）左推工具效果　　　　　（c）镜像工具效果

图 13-20　使用左推、镜像工具调整图像

◎ "重建工具" ：对变形的图像进行完全或部分的恢复。
◎ "冻结工具" ：可以使用此工具绘制不会被扭曲的区域。
◎ "解冻工具" ：使用此工具可以使冻结的区域解冻。
◎ "抓手工具" ：当图像无法完整显示时,可以使用此工具对其进行移动操作。
◎ "缩放工具" ：可以放大或缩小图像。

2．参数设置区

参数设置区共有 4 个选项设置栏："工具选项"、"重建选项"、"蒙版选项"、"视图选项"。

（1）"工具选项"设置栏。

在使用工具前，首先要在【液化】对话框的"工具选项"中进行各种设置，如图 13-21 所示。

图 l3-21　【工具选项】设置栏　　　　图 13-22　【重建选项】设置栏

◎ "画笔大小"：设置变形工具的画笔宽度。
◎ "画笔密度"：控制画笔如何在边缘羽化。产生的效果是：画笔的中心最强，边缘处最轻。
◎ "画笔压力"：设置变形工具的变形程度，数值越大则变形程度越明显。
◎ "画笔速率"：设置变形工具的扭曲速度，数值越大则应用扭曲的速度就越快。
◎ "湍流抖动"：控制湍流工具对像素混杂的紧密程度。
◎ "重建模式"：用于重建工具，选取的模式确定该工具如何重建预览图像的区域。

◎ "光笔压力"：使用光笔绘图板中的压力读数（只有在使用光笔绘图板时，此选项才可用）。

（2）【重建选项】设置栏。

◎ 图像在经过变形后，可以在"重建选项"设置栏中还原图像，如图 13-22 所示。

◎ 【模式】：在该下拉菜单中选择以哪种模式进行重置操作，包括："恢复"、"刚硬"、"僵硬"、"平滑"、"疏松"。

◎ 【重建】按钮：单击该按钮，使图像逐步还原变形的效果。

◎ 【恢复全部】按钮：单击该按钮，可以移动所有扭曲，将图像还原到初始状态。

（3）冻结区域和"蒙版选项"设置栏。

◎ 对图像进行局部变形，除了可以设置选取范围外，还可以使用"冻结工具" 和"解冻工具" 设置图像的变形范围，操作方法如下。

◎ 选取"冻结工具" ，在"工具选项"设置栏中设置画笔的大小与压力，在图像上涂抹，会出现红色的冻结保护蒙版，使该部分的图像不会受到变形工具的影响，如图 13-23 所示。

图 13-23　冻结局部图像　　　　　　　图 13-24　"蒙版选项"设置栏

◎ 对于冻结保护蒙版，可使用解冻工具将冻结区域擦除掉。此外，还可以使用"蒙版选项"设置栏中的设置，协助设置变形范围，如图 13-24 所示。

◎ 【无】：单击此按钮，图像中无冻结区域。

◎ 【全部蒙住】：单击此按钮，可以将所有的图像全部冻结而不被更改。

◎ 【全部反相】：单击此按钮，可以使冻结区域完全解冻，而未冻结区域被冻结。

（4）"视图选项"设置栏。

在"视图选项"设置栏中可以进行以下几项设置，如图 13-25 所示。

图 13-25　"视图选项"设置栏

293

◎ "显示图像"：勾选此复选框，可以显示变形的图像。

◎ "显示网格"：勾选此复选框，可以显示变形的网格。

◎ "显示蒙版"：勾选此复选框，在创建冻结区域时显示红色蒙版。

◎ "显示背景"：勾选此复选框，可以显示图形未变形前的样子，还可以通过设置不透明度来显示变形的强度。

13.4.2 【消失点】滤镜

使用该命令可以在保持图像透视角度不变的情况下，对图像进行复制、修复及变换等操作，执行菜单【滤镜】→【消失点】命令即可调出其对话框，如图 13-26 所示。该对话框中包含用于定义透视平面的工具、用于编辑图像的工具以及图像编辑区。使用消失点的基本方法是：首先在预览图像中指定透视平面，然后就可以在这些平面中绘制、仿制、复制、粘贴和变换内容。

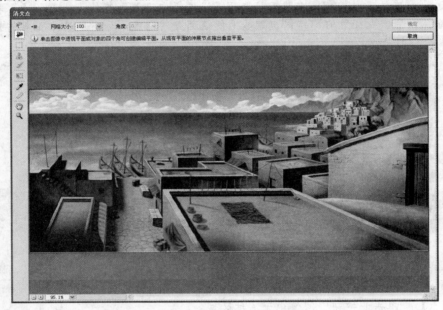

图 13-26 【消失点】对话框

下面以复制图像屋顶上的瓷坛和瓷碗为例，介绍【消失点】滤镜的使用方法。

1 打开配套光盘 ch13\消失点\海边.jpg 文件，执行菜单【滤镜】→【消失点】命令，打开【消失点】对话框，选择工具箱中的"创建平面工具" ，沿屋顶的平台绘制一个透视网格，如图 13-27 所示。

图 13-27 绘制透视网格

②透视网络绘制好后，如果觉得不满意，可以使用"编辑平面工具" ▶ 对其进行调整，如图 13-28 所示。

图 13-28　通过拖曳控制点调整透视网络

③选择"图章工具" ▲，在该对话框顶部的工具选项栏中设置笔刷"直径"为"26"像素，在"修复"下拉列表中选择"关"，按住【Alt】键单击瓷坛进行取样；接着在离我们较近的平台上涂抹，复制出一个瓷坛，如图 13-29 所示。可以看出，由于近大远小的透视规律，复制出的瓷坛比原来的瓷坛稍大一些。

图 13-29　取样后拖曳鼠标指针进行涂抹，复制瓷坛

④采用同样的方法，对瓷碗进行取样并复制，效果如图 13-30 所示。

图 13-30　完成后的效果

⑤得到满意的效果后，单击【确定】按钮退出对话框即可。

本实例源文件参见配套光盘 ch13\消失点\海边-end.jpg 文件。

13.5　智能滤镜

应用于智能对象的任何滤镜都是智能滤镜。应用智能滤镜已经可以像图层样式那样灵活地进行操作，也就是说在编辑图像的同时保留图像数据的完整性。还可以随时添加、替换和重新编辑这些滤镜。如果觉得某滤镜不合适，可以暂时关闭或者退回到应用滤镜前的初始状态。

智能滤镜在 Photoshop CS4 中得到了增强，在使用 CS4 之前的版本时，如果要对智能对象图层中的图像应用智能滤镜，就必须将该智能对象图层栅格化，然后才能应用智能滤镜，但如果我们要再修改智能对象中的内容时，则还需要重新应用滤镜，这样就在无形中增加了操作的复杂程度。

13.5.1 添加智能滤镜

在 Photoshop CS4 中，可以将任何 Photoshop 滤镜（除【液化】、【消失点】之外）作为智能滤镜应用。此外，还可以将菜单【图像】→【调整】中的【阴影/高光】和【变化】作为智能滤镜应用。

要添加智能滤镜，操作方法如下。

1 首先执行下列操作之一：

（1）要将智能滤镜应用于整个智能对象图层，请在【图层】面板中选择相应的图层。

（2）要将智能滤镜的效果限制在智能对象图层的选定区域，请建立选区。

（3）要将智能滤镜应用于常规图层，请选择相应的图层，然后执行菜单【滤镜】→【转换为智能滤镜】命令，在弹出如图 13-31 所示的提示信息对话框中单击【确定】按钮。

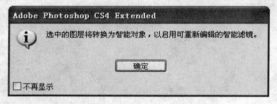

图 13-31　提示信息对话框

2 在【滤镜】菜单中选择要应用的滤镜命令，或者从【图像】→【调整】子菜单中选择【阴影/高光】、【变化】命令，并设置适当的参数。

3 设置完毕后，单击【确定】退出对话框，即可生成一个对应的智能滤镜图层。

4 如果要添加多个智能滤镜，可重复第 2～3 步的操作，直到得到满意的效果。

如图 13-32 所示为原图像（ch13\素材\智能滤镜.psd）及对应的【图层】面板，如图 13-33 所示为添加【龟裂缝】、【阴影/高光】与【波纹】滤镜后的效果及对应的【图层】面板，可以看出，在原智能对象图层的下方多了一个智能滤镜图层。

图 13-32　原图像及对应的【图层】面板

图 13-33　添加滤镜后的效果及对应的【图层】面板

可以看出在一个智能滤镜图层中，主要是由滤镜蒙版以及智能滤镜列表构成，其中滤镜蒙版主要是用于隐藏智能滤镜对图像的处理效果，而智能滤镜列表则显示了当前智能滤镜图层所应用的滤镜名称。

13.5.2　编辑智能滤镜

如果智能滤镜包含可编辑设置，则可以随时编辑它，还可以编辑智能滤镜的混合选项。

 当用户编辑某个智能滤镜时，将无法预览堆叠在其上方的滤镜。编辑完智能滤镜后，Photoshop 会再次显示堆叠在其上方的滤镜。

编辑智能滤镜设置，操作方法如下。

在【图层】面板中双击要编辑的智能滤镜名称，在弹出的对话框中设置滤镜选项，如图 13-34 所示。单击【确定】按钮即可完成编辑。

图 13-34　设置滤镜

图 13-35　编辑智能滤镜【混合选项】

编辑智能滤镜【混合选项】类似于在对传统图层应用滤镜时使用"渐隐"命令，操作方法如下。

在【图层】面板中双击该滤镜旁边的"编辑混合选项" 图标，在弹出的对话框中设置混合选项，如图 13-35 所示。然后单击【确定】按钮完成编辑。

13.5.3　编辑滤镜蒙版

当将智能滤镜应用于某个智能对象时，Photoshop 会在【图层】面板中的智能滤镜行上显示一个空白（白色）蒙版缩览图，默认情况下，此蒙版显示完整的滤镜效果。如果在应用智能滤镜前已建立选区，则 Photoshop 会在【图层】面板中的智能滤镜行上显示适当的蒙版而非一个空白蒙版，如图 13-36 所示。

图 13-36　显示一个非空白蒙版（ch13\素材\小女孩.psd）

使用滤镜蒙版可有选择地遮盖智能滤镜。当遮盖智能滤镜时，蒙版将应用于所有智能滤镜，而无法遮盖单个智能滤镜。

滤镜蒙版的工作方式与图层蒙版非常类似，可以对它们使用许多相同的技巧。与图层蒙版一样，滤镜蒙版将作为 Alpha 通道存储在【通道】面板中，可以将其边界作为选区载入。

与图层蒙版一样，用户可以在滤镜蒙版上进行绘画。用黑色绘制的区域将隐藏；用白色绘制的区域将可见；用灰度绘制的区域将以不同级别的透明度出现，如图 13-37 所示。

图 13-37　选择滤镜蒙版，用黑色涂抹小女孩脸部后的效果

 默认情况下，图层蒙版将链接到常规图层。当使用"移动工具" ⊕ 移动图层蒙版或图层时，它们将作为一个单元移动。应用于智能对象图层的蒙版（包括滤镜蒙版）不会链接到图层。如果使用移动工具移动滤镜蒙版或图层，它们将不会作为一个单元移动，如图 13-38 所示。

图 13-38　移动滤镜蒙版

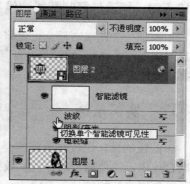

13.5.4　删除滤镜蒙版

如果要删除滤镜蒙版，可以直接在"智能滤镜"这 4 个字上单击右键，在弹出的菜单中选择【删除滤镜蒙版】命令，如图 13-39 所示。

图 13-39　删除滤镜蒙版　　　图 13-40　添加滤镜蒙版　　　图 13-41　隐藏单个智能滤镜

在删除滤镜蒙版后，如果要重新添加蒙版，可在"智能滤镜"这 4 个字上单击右键，在弹出的菜单中选择【添加滤镜蒙版】命令，如图 13-40 所示。

13.5.5　隐藏/显示智能滤镜

隐藏/显示智能滤镜可分为两种操作，即对所有的智能滤镜操作和对单个智能滤镜操作。

要隐藏单个智能滤镜，可在【图层】面板中单击该智能滤镜旁边的"眼睛"图标，如图 13-41 所示。要显示智能滤镜，可在该位置再次单击。

要隐藏应用于智能对象图层的所有智能滤镜，可在【图层】面板中单击滤镜蒙版缩览图旁边的"眼睛"图标。要显示智能滤镜，可在该位置再次单击。

13.5.6　停用/启用智能滤镜

要停用所有智能滤镜，可以在"智能滤镜"这 4 个字上单击右键，在弹出的菜单中选择【停用智能滤镜】命令，如图 13-42 所示；再次在该位置单击右键，在弹出的菜单中选择【启用智能滤镜】命令，即可启用智能滤镜。

图 13-42　停用智能滤镜　　　　　　图 13-43　清除智能滤镜

13.5.7　删除智能滤镜与滤镜蒙版

要删除单个智能滤镜，只需将该滤镜拖动到【图层】面板底部的"删除"按钮上即可。

要删除应用于智能对象图层的所有智能滤镜，则可以在"智能滤镜"这 4 个字上单击右键，在弹出的菜单中选择【清除智能滤镜】命令，如图 13-43 所示，或者直接执行菜单【图层】→【智能滤镜】→【清除智能滤镜】命令。

13.5.8 移动与复制智能滤镜

添加智能滤镜之后，可以将其（或整个智能滤镜组）拖动到【图层】面板中的其他智能对象图层上，从而移动智能滤镜；如果按住【Alt】键的同时拖动，则可以复制智能滤镜，但无法将智能滤镜拖动到常规图层上。

13.6 实例演练

滤镜的操作比较简单，但要真正应用起来却很难恰到好处。滤镜通常需要同通道、图层等联合使用，才能取得最佳艺术效果。由于篇幅的限制，本节将以两个典型实例，为读者介绍滤镜的使用方法和技巧，希望读者能够举一反三，在今后的实践中不断积累经验，才能使滤镜的应用水平到达更高的境界，创作出更精彩的电脑艺术作品。

13.6.1 背景马赛克效果

本例主要使用 Photoshop 的滤镜和图层功能，配合历史记录画笔工具，制作背景马赛克效果，如图 13-44 所示。

图 13-44　背景马赛克效果

◎　素材文件：第 13 章\背景马赛克\荷花.jpg
◎　最终文件：第 13 章\背景马赛克\背景马赛克效果.psd
◎　学习目的：掌握如何利用滤镜制作特殊效果背景

1 打开素材。按【Ctrl+O】快捷键，打开本例素材文件"荷花.jpg"，如图 13-45 所示。然后执行菜单【文件】→【存储为】命令，将图像另存为"背景马赛克效果.psd"。

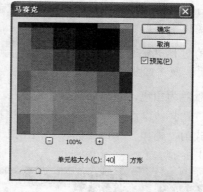

图 13-45　素材图像　　　　　　　图 13-46　"马赛克"对话框

2 按【Ctrl+J】快捷键复制背景层，得到图层 1。执行菜单【滤镜】→【像素化】→【马赛克】命令，打开【马赛克】对话框，设置【单元格大小】为"40"，如图 13-46 所示。

3 单击【确定】按钮，将图层 1 的混合模式设置为"叠加"，如图 13-47 所示。

4 执行菜单【滤镜】→【锐化】→【锐化】命令，锐化图像。这时锐化效果并不明显，再按 3 次【Ctrl+F】快捷键进一步锐化图像，效果如图 13-48 所示。

图 13-47　设置图层 1 的混合模式为"叠加"　　　图 13-48　锐化图像后的效果

5 在【图层】面板中单击"添加图层蒙版"按钮，为图层 1 添加蒙版。选择"渐变工具"，在蒙版中拉出一条从左至右的线性渐变，隐藏文字部分的马赛克效果，如图 13-49 所示。

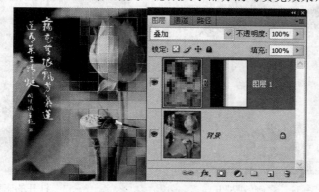

图 13-49　添加图层蒙版

6 新建图层得到图层 2，选择"历史记录画笔工具" ，设置适当的画笔大小，在荷花、蜻蜓与莲蓬上仔细涂抹，将其恢复到打开时的状态，效果如图 13-50 所示。这样，荷花就从马赛克背景中脱离出来了。

注意 在涂抹的过程中要适当调整画笔的大小，尤其是在涂抹边缘时要选择小一点的画笔，以免涂抹出边缘，影响效果。

7 设置前景色为白色，新建图层得到图层 3，按【Alt+Delete】快捷键填充白色，然后为其添加图层蒙版。选择"渐变工具" ，在蒙版中拉出一条从中心至四角的径向渐变，并设置该图层的混合模式为"叠加"，图层结构如图 13-51 所示。至此，背景马赛克效果就完成了，最终效果如图 13-44 所示。

图 13-50 恢复到打开时的状态   图 13-51 图层结构

13.6.2 数码照片的美容

应用滤镜不仅可以创建图像特效，还可以美化数码照片。本例将运用滤镜，结合图层技术，最终使一幅偏色、而且满脸斑点的人物照片脱胎换骨，效果如图 13-52 所示。

图 13-52 实例效果图   图 13-53 打开的素材图像

◎　素材文件：ch13\数码照片的美容\满脸的斑点 a.psd
◎　最终文件：ch13\数码照片的美容\满脸的斑点 b.psd
◎　学习目的：掌握图像色彩校正与美容的方法和技巧

1 打开素材图像。打开本章素材图像"满脸的斑点 a.psd"，如图 13-53 所示。仔细观察图像，发现人物除了满脸的斑点以外，颜色还有点偏绿、偏暗。下面首先修正图像的颜色。

2 调整图像亮度。复制"背景"层得到"背景副本"层，按【F7】键打开【图层】面板，单击面板底部的"创建新的调整或填充图层" 按钮，从弹出的菜单中选择"曲线"命令，在打开的【调整】面板提升整幅图片的亮度值，如图 13-54 所示。单击【确定】按钮，效果如图 15-55 所示，可以看出图像变亮后，人物脸上的斑点淡化了不少。

3 校正偏色。单击【调整】面板底部的 按钮返回调整列表，单击【调整】面板中的"创建新的曲线调整图层" 按钮，在通道中选择"绿"色通道，因为图像偏绿，所以将绿色通道内的值降低一些，如图 13-56 所示。单击【确定】按钮，效果如图 13-57 所示。

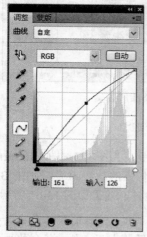  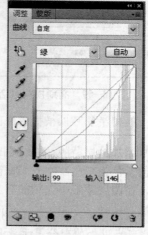

图 13-54　曲线【调整】面板　　图 13-55　调整亮度后效果　　图 13-56　降低绿色通道的值

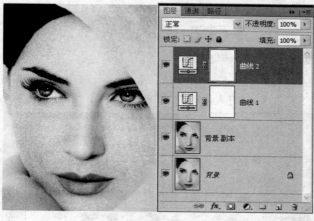 

图 13-57　校正偏色后的效果及【图层】面板　　　图 13-58　盖印图层

 对于图像颜色校正，就必须要了解一下颜色的补色。青色与红色互为补色；洋红色与绿色互为补色；黄色与蓝色互为补色。如果图像偏黄，则可以提升蓝色通道的亮度值，这样就可以使颜色平衡了。

至此，人物的肤色已经正常，但是斑点还是比较明显，下面为人物进行去斑。

4 高斯模糊图像。选择除背景层外的三个图层，按快捷键【Ctrl+Alt+E】盖印图层，得到图层 "曲线 1（合并）"，如图 13-58 所示。执行菜单【滤镜】→【模糊】→【高斯模糊】命令，在打开的对话框中设置 "半径" 为 "8.9" 像素，如图 13-59 所示。单击【确定】按钮，退出对话框。

图 13-59　高斯模糊对话框　　　　　　　　　图 13-61　涂抹后效果

 模糊半径可以根据图像而定，以看不到脸上的斑点为最终目的。

5 添加图层蒙版。单击【图层】调板底部的 "添加蒙版" 按钮，为图层 1 添加图层蒙版。设置前景色为黑色，单击 "画笔工具" ，选择 "笔触" 为 "100" 像素的软边画笔，如图 13-60 所示，在图层蒙版中人物的眉毛、眼睛、鼻子、嘴巴、头发等处涂抹，效果如图 13-61 所示。

 在涂抹的过程中，可以根据需要随时调整画笔的大小及不透明度。涂抹的目的是将脸上斑点以外的部分显示背景层上的图像，使图层 1 上的图像除了脸上斑点处，其余的地方都清晰。

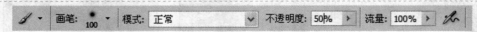

图 13-60　设置画笔选项

脸上的斑点消除后，下面来调整人物嘴唇的色彩。

6 创建选区。选择 "多边形套索工具" ，将人物的嘴唇创建为选区，如图 13-62 所示。

图 13-62　创建选区　　　　　　　　　图 13-63　将图层 1 移至顶层

304

7 复制嘴唇。选择背景层，按【Ctrl+J】快捷键复制选区中的图像（即嘴唇部分）得到图层1，然后按快捷键【Ctrl+Shift+]】，将图层 1 移至最顶层，图层的顺序如图 13-63 所示。

8 添加杂色。执行菜单【滤镜】→【杂色】→【添加杂色】命令，在弹出的对话框中，设置参数，如图 13-64 所示。单击【确定】按钮，人物的嘴唇如图 13-65 所示。

图 13-64　添加杂色的参数设置　　　　图 13-65　添加杂色后的嘴唇效果

9 降低图层的不透明度。将图层 1 的"不透明度"调整为"55%"，然后按住【Ctrl】键单击图层 1，将嘴唇激活成为选区。

10 添加填充图层。单击【图层】面板底部的"创建新的调整或填充图层" 按钮，从弹出的菜单中选择"纯色"，这时弹出【拾取实色】对话框，从中选择一个比较亮丽的颜色，此处选择玫瑰红色（R245，G61，B212）。单击【确定】按钮，则添加了一个"颜色填充 1"图层，如图 13-66 所示，可以发现人物嘴唇颜色变得很不自然。

图 13-66　添加颜色填充图层　　　　　　图 13-67　设置混合模式与不透明度

11 设置图层混合模式。将填充图层的混合模式设置为"颜色"，并降低图层的"不透明度"为"20%"，如图 13-67 所示，这样，人物的嘴唇就变得自然了。读者也可以根据个人喜好，设置不同的混合模式，则会得到不同的图像效果，此处再将图层 1 的混合模式设置为"变亮"，最终效果参见图 13-52。

读者可以尝试设置图层的不同混合模式及不透明度，看看图像会是什么效果。

13.7 思考与练习

1．填空题

（1）要对图像再次应用上次使用过的滤镜效果，可以按快捷键_____。

（2）要将图像进行几何变形，创建波纹、球面化或其他变形效果，可以使用_____滤镜。

（3）对文本图层执行滤镜时，会提示先转换为_____图层之后，才可执行滤镜。

2．问答题

（1）滤镜有什么功能？可以分为哪几种类型？

（2）智能滤镜是什么？有什么作用？

3．上机练习

（1）请读者使用上机练习中的素材，综合运用滤镜、快速蒙版与图层技术，制作发光边框效果，如图 13-68 所示。该练习源文件参见配套光盘 ch13\上机练习\发光边框效果.psd。

图 13-95　发光边框效果

图 13-69　迷幻效果

（2）请运用本章所学的知识，制作类似图 13-69 所示的迷幻特效。该练习源文件参见配套光盘 ch13\上机练习\迷幻效果.psd 文件。

第 4 部分

动作与动画篇

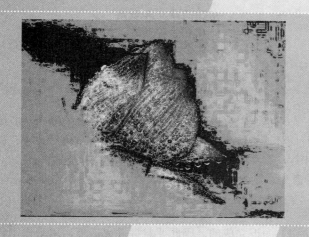

主要内容：

- 动作与自动化操作
- 动画制作

第 14 章　动作与自动化操作

📖 **本章导读**

在实际工作中，我们经常需要对图片的格式、大小等进行修改，如果有成百上千张图片需要进行相同的修改，一张张地进行处理，那将是很烦人的一件事。而利用 Photoshop 的动作命令以及批处理功能，就可以方便地进行大量图片的处理，快速完成一系列重复性的任务，提高工作效率。本章将详细介绍 Photoshop 的动作、批处理以及自动化操作。

📑 **学习要点**

- ▲ 【动作】面板
- ▲ 插入菜单项目
- ▲ 图像的批处理

- ▲ 动作的建立和使用
- ▲ 播放和管理动作
- ▲ 制作全景图像

14.1　关于动作

"动作"是 Photoshop 中非常重要的一个功能，它可以很方便地将用户执行过的操作及应用过的命令等详细记录下来，当需要再次执行同样或类似的操作时，只需要应用所录制的"动作"就可以了。例如，如果经常要处理大量数码相片，需要将照片调整为统一尺寸，并自动调整颜色、对比度、亮度、色阶等，就可以将所有这些命令录制为动作，然后为文件播放这些动作即可。

14.1.1　【动作】面板

有关动作的各种操作，都是通过【动作】面板完成的。因此要掌握并灵活地运用动作，首先要掌握【动作】面板。

执行菜单【窗口】→【动作】命令或按【Alt+F9】快捷键，弹出如图 14-1 所示的【动作】面板。该面板的默认显示方式是"序列"模式。在"序列"模式下，不仅可以在面板中看到不同的动作，而且可以看到执行该动作时运行的 Photoshop 命令。【动作】面板的底部是动作的编辑控制栏，在这里可以对动作进行"播放" ▶、"录制" ●、"停止" ■、"新建" 🗋、"删除" 🗑 等操作。

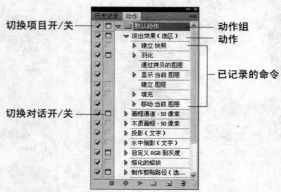

图 14-1　【动作】面板

【动作】面板中各个参数含义如下。

◎ "停止播放/记录" ■ 按钮：在录制状态下，单击该按钮将停止录制当前动作。

◎ "开始记录" ● 按钮：单击该按钮可开始录制动作，此时按钮会变成红色。

◎ "播放" ▶ 按钮：单击该按钮可重放当前选定的动作。

◎ "创建新组" ■ 按钮：单击该按钮将弹出【新建组】对话框，设置好新建组的名称后单击【确定】按钮，即可新建一个用来存放动作的组。

◎ "创建新动作" 🗋 按钮：单击该按钮新建一个动作。

◎ "删除" 🗑 按钮：单击该按钮可从当前动作组中删除选定的动作。

◎ 面板菜单 ▤ 按钮：单击该按钮，将弹出面板菜单，从中可选择各种命令对动作进行编辑。

◎ 切换项目开/关 ✔：该方框位于【动作】面板的第 1 列。若该框中没有 "√" 符号，则表示相应的动作或动作组不能播放；若该框内有一个红色的 "√" 符号，则表示相应的动作组中有部分动作不能播放；若该框内的 "√" 符号为黑色。则表示该动作组中的所有动作都可播放。在小方框内单击鼠标左键就可以取消或显示 "√" 符号。

◎ 切换对话开/关 ▢：该方框位于【动作】面板的第 2 列。若该框是 ▢，则表示执行这个动作过程中系统不会暂停；若该框是红色边框，则表示该动作集中只有部分动作在执行过程中暂停；若该框是黑色边框，则表示该动作集的所有动作在执行过程中都会暂停。

◎ 展开动作 ▶：单击该按钮，可展开（或折叠）一个组中的全部动作或一个动作中的全部命令，此时该按钮变为方向朝下，再次单击，将折叠起来回到原状态。

◎ 文件夹图标 🗀：文件夹是一组动作的集合，在文件夹的右边是动作组的名称。用鼠标左键双击文件夹，可以更改动作组的名称。

14.1.2　应用预设动作

Photoshop 为用户提供了大量的预设动作，并将这些动作进行了简单的分类和命名。这些预设动作能够帮助用户完成许多常见的工作，例如，创建图像效果或文字效果、制作纹理或画框等，如图 14-2 所示。

(a) 暴风雪效果

(b) 照片卡角效果

(c) 未状粉笔效果

(d) 文字光晕效果

图 14-2　应用预设动作生成的各类效果

下面以为图像增加"笔刷形画框"为例，介绍如何应用这些预设的动作。

1 打开配套光盘 ch14\边框效果\天鹅.jpg 文件，如图 14-3 所示。

图 14-3 素材图像　　　　　　　　　　　图 14-4 选择"笔刷形画框"动作

2 单击【动作】面板右上角的 按钮，从弹出的菜单中选择【画框】命令，将预置"画框"动作组添加到动作列表中。展开该动作组，从中选择"笔刷形画框"动作，如图 14-4 所示。

3 单击"播放动作" 按钮，则自动执行"笔刷形画框"动作中的一系列操作，完成后的效果如图 14-5 所示。单击"笔刷形画框"动作左侧的 按钮展开该动作，可以查看该动作的全部命令，如图 14-6 所示。

图 14-5 笔刷形画框效果　　　　　　　　图 14-6 展开动作

 对一个文件可以进行多个动作操作。

14.2 新动作的创建与使用

虽然 Photoshop 预置了大量的预设动作，但有时候并不能满足用户的要求。因此，多数情况下用户需要创建自定义的动作，下面我们就来学习自定义动作的创建与使用。

14.2.1 创建动作组

要建立动作，可以先新建一个动作组，因为所有的动作都是包含在动作组中的。

单击【动作】面板下面的"创建新组" 按钮，或在面板菜单中选择【新建组】命令，在弹出的【新建组】对话框中设置新组的名称，默认名称为"组1"，如图 14-7 所示。单击【确定】

按钮完成设置，这时在【动作】面板上就可看到新增的动作组"组 1"了，如图 14-8 所示。

图 14-7　【新建组】对话框　　　　　图 14-8　新建动作组

> **提示**　新建组这一操作并非必要，用户可以根据实际情况确定是否需要创建一个放置新动作的组；如果没有创建新组，则创建的动作将放置在默认的动作组，即"默认动作"组中。

14.2.2　创建并存储动作

要创建新的动作，【动作】面板必须处于列表显示模式，否则看不到"开始记录"和"播放"按钮。创建并存储动作操作方法如下。

1 新建动作。打开一幅图像，在【动作】面板中单击"创建新动作" 📄 按钮，打开【新建动作】对话框，如图 14-9 所示。

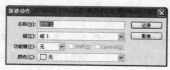

图 14-9　【新建动作】对话框

【新建动作】对话框中各参数含义如下。
- ◎ "名称"：用于给创建的动作命名，不修改则保持默认名称"动作 1"。
- ◎ "组"：在该下拉列表中可以选择这个动作属于哪一个组。
- ◎ "功能键"：在该下拉列表中可以选择该动作的快捷键。在功能键的右边还有两个复选框"Shift"和"Control"，可以勾选以配合快捷键的使用。
- ◎ "颜色"：在该下拉列表中可以选择按钮模式中的按钮颜色，这样可以使其与其他动作的颜色有所区别。

2 记录动作。设置完成后，在【动作】面板单击"记录"按钮，即可新建一个动作并自动开始记录操作，如图 14-10 所示，随后执行的各种操作将被记录下来。

3 进行编辑图像的操作完成后，单击【动作】面板中的"停止记录" ■ 按钮，结束记录动作。这时在面板中可以看到刚才的所有操作都记录下来了，如图 14-11 所示。

图 14-10　开始记录动作　　　　图 14-11　"动作 1"记录的命令

动作中无法记录撤销操作及使用绘图工具所进行的绘制类操作。

将录制好的动作存储起来，以便于在以后的工作中重复使用。

4 在【动作】面板中单击"组1"，在面板菜单中选择【存储动作】命令（图 14-12），这时弹出【存储】对话框，如图 14-13 所示。在"文件名"文本框中为该动作命名，也可用默认名称，单击【保存】按钮完成动作的存储。

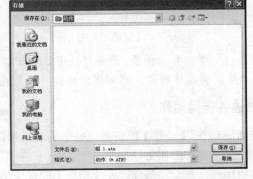

图 14-12 选择【存储动作】命令　　　　　图 14-13 【存储】对话框

14.2.3 播放动作

播放动作将执行该动作已记录的一系列命令。播放动作的方法有如下 3 种。

（1）在【动作】面板选中要播放的动作，然后单击"播放" ▶ 按钮，可执行整个动作。

（2）用快捷键播放动作。播放动作的快捷键在【新建动作】对话框（图 14-9）中进行设置。若没有设置，则不能使用该方法。

（3）单击【动作】面板右上角的 按钮，在弹出的菜单中选择【按钮模式】命令，【动作】面板将以按钮模式显示，如图 14-14 所示，单击要执行的动作名称即可执行动作。

图 14-14 【按钮模式】　　　　　图 14-15 【回放选项】对话框

14.2.4 回放选项

动作有时不能正常播放，却难以断定问题发生在何处，使用【回放选项】命令提供的速度设置可看到每一条命令的执行情况。在【动作】面板菜单中选择【回放选项】命令，即可打开【回放选项】对话框，如图 14-15 所示。

【回放选项】对话框中的参数含义如下：

◎ "加速"：选择该单选项，以正常的速度播放动作。

◎ "逐步"：选择该单选项，可完成每个命令并重绘图像，然后进行动作中的下一个命令。

◎ "暂停"：选择该单选项，可设置 Photoshop 在执行动作中各命令之间暂停的时间。

14.2.5　跳过命令播放

如果要应用的动作中包含了一些不需要的命令，则无需重新录制动作或删除这些命令，只需单击此命令左侧的 ✔ 标志使其显示为 ☐，就可以在动作播放的过程中跳过此命令，如图 14-16 所示。

图 14-16　跳过播放此命令　　　图 14-17　设置此命令的参数

14.2.6　设置命令参数

如果需要重新设置某些动作的命令参数，只需要单击此命令左侧的 ☐ 标志使其显示为 ▣，如图 14-17 所示，即可使 Photoshop 在应用此命令时显示此命令的对话框，此时用户可以根据不同的情况为对话框设置不同的参数，从而使一个动作能够适用于多种情况。

14.3　调整和编辑动作

14.3.1　插入菜单项目

插入菜单项目就是在原有的动作中插入菜单命令。例如，已经在【动作】面板中记录了"动作 1"，如图 14-18 所示。在"动作 1"的记录命令中选择"亮度 / 对比度"命令，然后单击【动作】面板右上角的 ≡ 按钮，在弹出的菜单中选择【插入菜单项目】命令，则弹出如图 14-19 所示的提示框。

图 14-18　"动作 1"记录的命令

图 14-19　提示框

313

在该提示框中不要单击【确定】按钮退出，而应该选择需要录制的命令，例如执行菜单【图像】→【调整】→【色相／饱和度】命令，此时对话框中的"无选择"变成"调整：色相／饱和度"，如图 14-20 所示。单击【确定】按钮，这时在【动作】面板中的"亮度／对比度"下增加了一个"色相／饱和度"命令，如图 14-21 所示。

图 14-20 "插入菜单项目"后的状态　　　图 14-21 插入的菜单命令

此时，"色相／饱和度"命令还没有执行，单击"播放" 按钮或双击动作中的"色相／饱和度"命令，在打开的【色相／饱和度】对话框中设置适当的参数，如图 14-22 所示。单击【确定】按钮，此时在【动作】面板中的"色相／饱和度"命令前增加了一个 按钮，如图 14-23 所示，表示已执行了该命令。

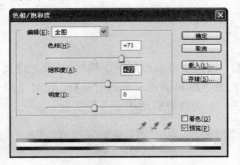

图 14-22 【色相／饱和度】对话框　　　图 14-23 【动作】面板

14.3.2 插入停止

由于某些操作无法被记录在动作中，如使用绘图工具所进行的绘制类操作，但有时又必须执行，这时可以在录制过程中插入一个"停止"提示对话框，以提示操作者手动执行这些操作。

插入停止操作步骤如下。

1 在【动作】面板中选择要插入"停止"处的上一个命令，然后单击面板右上角的 按钮，在弹出的菜单中选择"插入停止"命令，打开如图 14-24 所示的【记录停止】对话框。

2 在"信息"区域中输入提示文字，例如，图 14-25 所示的文字。

图 14-24 【记录停止】对话框　　　图 14-25 输入提示文字

【记录停止】对话框中各参数含义如下。

◎ "信息"：在该区域中输入提示文字，当前动作播放至该命令时自动停止，并弹出所输入的文字信息，如图 14-26 所示

◎ "允许继续"：选择该选项后，则当播放至该命令时，除了弹出对话框外，还允许用户单击【继续】按钮应用当前动作，如图 14-27 所示；如果没有选择该选项，则弹出的提示对话框中就只有一个【停止】按钮。

图 14-26　信息提示框（一）

图 14-27　信息提示框（二）

图 14-28　插入"停止"动作

3 设置完毕后，单击【确定】按钮，则在【动作】面板中插入一个停止动作，如图 14-28 所示。

14.3.3　继续录制动作

单击"停止记录" ■ 按钮可以结束一个动作记录，但用户仍然可以根据需要在动作中继续记录其他命令，其操作方法如下。

在【动作】面板中选择一个命令，然后单击"开始记录" ● 按钮。接着执行需要记录的操作，录制完成后单击"停止记录" ■ 按钮即可。

14.3.4　复制命令、动作或动作组

复制命令、动作或动作组，操作比较简单。以复制动作为例，先在用户【动作】面板中选中要复制的动作，按住鼠标左键不放将其拖动至面板底部的"创建新动作" ◩ 按钮上即可，如图 14-29 所示。复制得到的新动作将位于源动作的下面，如图 14-30 所示。

图 14-29　复制动作

图 14-30　新动作位于源动作的下面

14.3.5　删除命令、动作或动作组

删除命令、动作或动作组，可以在【动作】面板中将其选中，然后单击"删除" 🗑 按钮即

可将选中的命令、动作或动作组删除掉。

14.3.6 载入、替换与复位动作

要将已经存储的动作载入到【动作】面板中，可以从【动作】面板菜单中选择【载入动作】命令，这时弹出【载入】对话框，从中选择要载入的动作，然后单击【载入】按钮可将该动作载入到【动作】面板中，如图 13-31 所示。

> **Tips 提示** 在【动作】面板菜单的底部显示了 Photoshop 预设的动作组名称，如图 14-32 所示，选择这些命令可以载入相应的动作组。

使用【载入动作】命令不会替换【动作】面板上的动作。如果要替换动作，可以选择面板菜单的【替换动作】命令，即可将【动作】面板上的"默认动作"替换。图 14-31 所示为替换前的【动作】面板，如图 14-33 所示为使用"PAA-整体处理"替换"默认动作"后的【动作】面板。

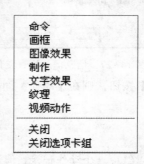

图 14-31　载入动作后的【动作】面板　　图 14-32　预设动作组　　图 14-33　替换"默认动作"

如果要将【动作】面板上的动作恢复到默认状态，可以选择面板菜单的【复位动作】命令，即可。

14.4　自动化命令

我们已经知道"动作"能够记录用户所执行的操作，以便于在以后的工作中重复使用，从而提高工作效率。本节将要介绍的"自动化命令"则更胜一筹，它能够实现更加快捷的处理。

执行菜单【文件】→【自动】命令，其子菜单如图 14-34 所示。其中包括"批处理"、"创建快捷批处理"、"裁剪并修齐照片"、"Photomerge"等自动化命令，由于篇幅的限制，下面只对"批处理"、"Photomerge"进行详细介绍。

图 14-34　【自动】子菜单

14.4.1　批处理图像

Photoshop 提供的【批处理】命令，允许用户对一个文件夹中的所有图像文件执行指定的动作，从而大幅度地提高用户处理图像的效率。例如，如果用户要把某个文件夹内所有图像的

文件颜色模式转换为另一种颜色模式，只需要录制一个相应的动作并在【批处理】命令中为要处理的图像指定这个动作即可快速完成这个任务，从而成批地实现各图像文件的颜色模式转换。

批处理图像的操作是在【批处理】对话框中进行设置，执行菜单【文件】→【自动】→【批处理】命令，弹出【批处理】对话框，如图 14-35 所示。

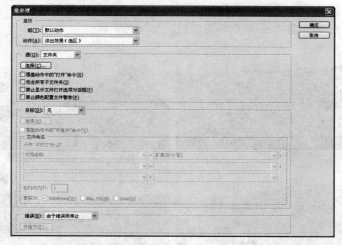

图 14-35　【批处理】对话框

此对话框中的各项设置含义如下。

◎ "播放"：在"组"和"动作"下拉列表中选择要播放动作所在的组和动作名。

◎ "源"：设置源图像文件的位置以及打开文件的方式。

◎ "源"下拉列表中包括"文件夹"、"输入"、"打开的文件"和"Bridge"4 个选项。

◎ "选择"：单击此按钮选择来源图像文件所在的文件夹。

◎ "覆盖动作中的打开命令"：选择此复选框，若在指定的动作中包含"打开"命令的话，批处理操作时就会自动跳过该命令。

◎ "包括所有子文件夹"：选择此复选框，表示指定的文件夹若包含有子文件夹时也会一齐执行批处理操作。

◎ "禁止显示文件打开选项对话框"：选择此复选框，表示执行批处理文件操作时不弹出文件选项对话框。

◎ "禁止颜色配置文件警告"：选择此复选框，表示打开文件的颜色与原来定义的文件不同时，不弹出提示对话框。

◎ "目标"：在该下拉列表中包括"无"，表示不对处理后的图像文件做任何操作；选择"存储并关闭"选项，将进行批处理的文件存储并关闭以覆盖原来的图像文件；选择"文件夹"选项，并单击下面的"选择"按钮，可以为进行批处理的图像指定一个文件夹，以将处理后的文件保存于该文件夹中。

◎ "错误"：在该下拉列表中选择"由于错误而停止"选项，可以指定当前动作在执行过程中发生错误时处理错误的方式；选择"将错误记录到文件"选项，将错误信息记录到指定的文件中。

关于【批处理】命令的具体应用参见本章 14.5 实例演练。

14.4.2　轻松打造完美全景图

对于普通的摄影爱好者来说，最遗憾的事可能就是无法将一些壮丽的景色在同一张照片中拍摄出来，因为普通的非专业照相机通常没有广角镜头，但是利用 Photomerge 命令只需短短几分钟时间就能够将具有重合区域的连续拍摄照片拼合成一个连续的全景图，从而有效地弥补了此遗憾。

制作全景图操作步骤如下。

1 准备素材。首先需要准备好要拼接的数码照片，本例使用的照片一共有 4 张，如图 14-36 所示，读者可以在配套光盘"ch14\全景图素材"文件夹下找到。

图 14-36　要拼接的数码照片

> **Tips 注意**　因为相机拍摄的景物大小有所限制，所以要得到 360° 的景色相片，必须使用相机将前、后、左、右每个方位的景色都拍摄成相片，且照片之间要有一定的重叠，否则将无法完成合成全景图。

2 执行菜单【文件】→【自动】→【Photomerge】命令，这时弹出【Photomerge】对话框，如图 14-37 所示。

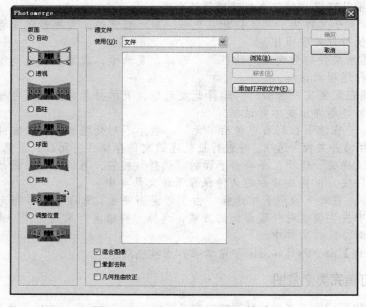

图 14-37　【Photomerge】对话框

3在"使用"下拉列表中选择一个选项，如果希望使用已经打开的文件，单击"添加打开的文件"按钮。

◎ "文件"：可使用单个文件生成 Photomerge 合成图像。

◎ "文件夹"：使用存储在一个文件夹中的所有图像创建 Photomerge 合成图像。

这里选择"文件夹"选项，然后单击【浏览】按钮，在弹出的【选择文件夹】对话框中选择放置图像的文件夹，如图 14-38 所示。

 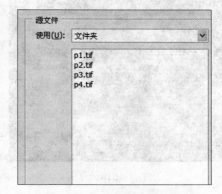

图 14-38 【选择文件夹】对话框　　　图 14-39 选择的源文件图片

4单击【确定】按钮，这时在"源文件"的空白对话框中显示了"全景图素材"文件夹中的所有图像，如图 14-39 所示。这里可以再针对单独的图片进行挑选，不需要的图片可以单击"移去"按钮将其删除。

> **提示** 如果选择"混合图像"复选框，可以使 Photoshop 自动排列这些图像；如果希望自己手动排列工作区域中的图像，则要取消选择该选项。

5在【版面】列中选择不同的选项，可以制作出不同的拼合效果。这里保持默认设置"自动"，然后单击【确定】按钮，Photoshop 将自动拼合出一幅缝合得很好的全景图，如图 14-40 所示。可以看出，图像的色调也变得很均匀。

图 14-40 拼合的全景图

6选择"裁剪工具" ，将图片拼合时留下的透明区域裁剪掉，效果如图 14-41 所示。

图 14-41 裁剪后的效果

读者可以尝试采用其他的"版面"选项，以制作出不同的拼合效果。

14.5 实例演练

14.5.1 应用批处理打造照片梦幻晶莹效果

本实例先录制一个"梦幻晶莹效果"的动作，然后使用"批处理"命令为要处理的图像指定这个动作，从而快速实现图像特效的成批制作。原图与效果图对比如图 14-42 所示。

(a) 原图　　　　　　　　　　　　(b) 效果图

图 14-42　原图与效果图对比

◎　素材文件夹：ch14\风景\
◎　最终文件夹：ch14\风景效果
◎　学习目的：掌握应用动作与批处理功能，批量制作图像特效

1 打开配套光盘 ch14\素材\fj.jpg 文件，如图 14-42（a）所示。

2 新建组。按【F9】键打开【动作】面板，单击"创建新组" ▭ 按钮，弹出【新建组】对话框，保持默认设置后，单击【确定】按钮创建组。

3 新建动作。在【动作】面板中单击"创建新动作" ◳ 按钮，打开【新建动作】对话框，将动作命名为"梦幻晶莹效果"，其他参数保持默认设置，如图 14-43 所示。

图 14-43　新建动作

4 记录动作。单击【记录】按钮，即可在【动作】面板中新建一个动作，并自动开始记录操作，如图 14-44 所示。随后执行的各种操作将被记录下来。

图 14-44　开始记录动作

图 14-45　复制背景层

⑤复制背景图层。按【F7】键打开【图层】面板，按【Ctrl+J】快捷键复制"背景"图层得到图层 1，如图 14-45 所示。

⑥添加模糊滤镜。执行菜单【滤镜】→【模糊】→【高斯模糊】命令，打开【高斯模糊】对话框，设置"半径"为"5"像素，如图 14-46 所示。单击【确定】按钮退出对话框。

⑦调整图像饱和度。按【Ctrl+U】快捷键打开【色相/饱和度】对话框，具体参数的设置如图 14-47 所示。单击【确定】按钮退出对话框。

图 14-46　【高斯模糊】对话框

图 14-47　【色相/饱和度】对话框

⑧设置混合模式。选择图层 1，设置图层的混合模式为"变亮"，如图 14-48 所示。

图 14-48　设置混合模式

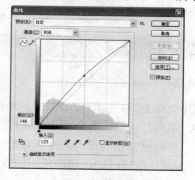

图 14-49　【曲线】对话框

⑨调整图像的亮度。执行菜单【图像】→【调整】→【曲线】命令，打开【曲线】对话框，具体设置如图 14-49 所示。单击【确定】按钮退出对话框。

⑩完成记录。至此，动作"梦幻晶莹效果"操作就记录完成了。切换至【动作】面板，单击"停止记录"  按钮结束记录动作，如图 14-50 所示。

图 14-50　完成记录

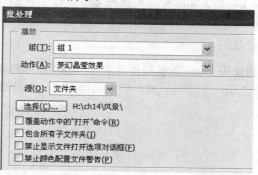

图 14-51　在【批处理】对话框设置参数

11 批处理图像。执行菜单【文件】→【自动】→【批处理】命令，弹出【批处理】对话框，设置"播放"中的"组"为"组 1"，"动作"为"梦幻晶莹效果"；然后单击"源"下方的"选择"按钮，在弹出的【浏览文件夹】对话框中选择"ch14\风景"文件夹，单击【确定】按钮，如图 14-51 所示。

12 在该对话框中单击"目标"下方的"选择"按钮，在弹出的【浏览文件夹】对话框中选择磁盘上的某一个文件夹，如：D:\风景效果。然后单击【确定】按钮，如图 14-52 所示。

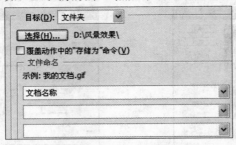

图 14-52 设置目标文件夹

13 设置完毕后，单击【确定】按钮，则 Photoshop 自动对源文件夹下的所有图像执行动作"梦幻晶莹效果"。在执行过程中将弹出【存储为】对话框，单击【保存】按钮即可将源文件保存到指定的目标文件夹下。

14.6 思考与练习

1．选择题

在使用【动作】面板功能时，如果单击动作左侧的 标志使其显示为 ，则表示_____。

    A. 该动作中的所有命令不能执行　　　B. 该动作中部分命令不能执行

    C. 重新设置该动作中的命令参数　　　D. 以上都不对

（2）要展开当前所选动作组中所有动作中的内容，可以按下_____。

    A. Shift 键单击展开按钮▶　　　　　　B. Alt 键单击展开按钮▶

    C. Ctrl 键单击展开按钮 ▶　　　　　　D. 以上都不对

2．问答题

（1）动作有什么功能？请举例说明。

（2）在【动作】面板中如何插入菜单项目？

（3）使用自动化命令能够实现什么功能？

3．上机练习

（1）请使用 Photoshop 的预设动作，制作图像特效、纹理或画框。

（2）请先录一个动作，然后使用该动作对一个批图像进行处理。

第 15 章　动画制作

📖 **本章导读**

在 Photoshop CS4 中，使用【动画】面板可以创建 GIF 动画。本章将详细介绍如何使用 Photoshop CS4 创建、优化与保存动画。通过本章的学习，读者应掌握【动画】面板的使用方法，并能制作简单的动画。

📑 **学习要点**

◢　【动画】面板　　　　　　　　　　　◢　设置与创建动画
◢　优化与存储动画　　　　　　　　　　◢　制作网站 banner
◢　制作手机待机动画

15.1　关于动画

动画实际上就是一系列连续出现的静态图像，每一幅静态图像称为一帧。每一帧较前一帧都有轻微的变化，当连续、快速地显示这些帧时就会形成动画。

15.1.1　【动画】面板

在 Photoshop 中，有关动画的各种操作都是通过【动画】面板完成的。因此要掌握动画的制作，首先要掌握【动画】面板。

打开配套光盘 ch15\上机练习\待机动画.psd 文件，然后执行菜单【窗口】→【动画】命令，即可打开【动画】面板，如图 15-1 所示。

图 15-1　【动画】面板

可以看到，【动画】面板以帧模式出现，并显示了动画中的每一帧的缩览图，使用面板底部的工具可浏览各个帧，设置循环选项，添加和删除帧以及预览动画等。

◎　面板菜单███按钮：单击该按钮将弹出面板菜单，其中包含"新建帧"、"删除单帧"、"删除动画"、"拷贝单帧"，以及配置面板外观的各种命令。
◎　"选择循环选项"▼：用于设置动画在作为 GIF 动画文件导出时的播放次数。
◎　"选择第一帧"◀◀：单击该按钮，不管当前选择的是哪一帧，都返回至第一帧。
◎　"选择上一帧"◀▮：单击该按钮，则选中当前帧的上一帧。
◎　"播放动画"▶：依照数字的顺序，播放所有的动画帧。
◎　"选择下一帧"▮▶：单击该按钮，则选中当前帧的下一帧。
◎　"过渡动画帧"　：在两个现有帧之间添加一系列帧，并让新帧之间的图层属性均匀变化。
◎　"复制所选帧"　：单击该按钮，则复制当前帧。
◎　"删除所选帧"　：单击该按钮，则删除当前选中的帧。

◎ 转换为时间轴动画 ：在 Photoshop CS4 中，可以按照帧模式或时间轴模式使用【动画】面板。单击该按钮，即可将帧模式转换为时间轴模式，如图 15-2 所示，时间轴模式显示了文档图层的帧持续时间和动画属性。

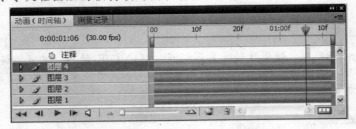

图 15-2　时间轴模式下的【动画】面板

在时间轴模式中，文档的每个图层（除背景图层之外），只要进行了"添加"、"删除"、"重命名"、"复制图层"或"为图层分配颜色"等操作，就会在两个面板中更新所做的更改。

> **注意** 如果没有新建或打开文件，则【动画】面板中将没有动画帧，各按钮都呈现灰色不可用状态，如图 15-3 所示。

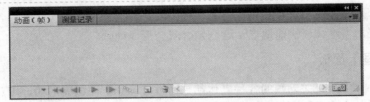

图 15-3　没有新建或打开文件时的【动画】面板

15.2　创建动画

15.2.1　结合【图层】与【动画】面板制作动画

在 Photoshop CS4 中，结合使用【动画】面板和【图层】面板便可以制作动画。下面以一个简单的实例，为读者介绍动画的制作方法。操作步骤如下：

1 打开配套光盘 ch15\素材\bug01.png 与 bug02.png 两张图像，如图 15-4 所示。按住【Shift】键将 bug02.png 拖至 bug01.png 文件中，使两张图片分别位于两个图层中，如图 15-5 所示。

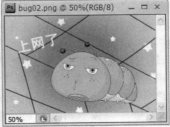

图 15-4　打开的两张图像文件　　　　　　　　图 15-5　【图层】面板

2 单击图层 1 左边的"眼睛" 图标，隐藏图层 1，如图 15-6 所示。

3 执行菜单【窗口】→【动画】命令，打开【动画】面板，如图 15-7 所示。可以看到，第 1 帧显示的是背景图层的内容，这是因为图层 1 是隐藏的。

图 15-6　隐藏图层 1　　　　　　　　　　　图 15-7　【动画】面板

4 在【动画】面板中单击"复制所选帧"▣按钮，复制 1 帧，然后在【图层】面板中显示图层 1，如图 15-8 所示。可以看到，第 2 帧显示的是图层 1 的内容。

图 15-8　创建第 2 帧

5 这样两个图像交替闪烁的动画就完成了。在【动画】面板中单击"播放"▶按钮，便可预览动画效果。

该实例源文件参见配套光盘 ch15\素材\bug01.psd 文件。

15.2.2　选择帧

对一个动画帧进行编辑前，首先要选择该帧为当前帧，当前帧的内容会显示在图像窗口中，如图 15-9 所示。当选择多个动画帧时，图像窗口中只显示当前帧的内容。

图 15-9　选择第 4 帧时，在图像窗口中只显示第 4 帧的内容

执行下列任何一种方法都可选择帧，被选中的帧有蓝色的边框。

（1）在【动画】面板中单击要选择的帧缩览图。

（2）在【动画】面板中，单击"选择下一帧"▮▶按钮、"选择上一帧"◀▮按钮或"选择第一帧"◀◀按钮，即可选择下一帧、上一帧或第一帧作为当前帧。

（3）如果要选择连续的多个帧，可按住【Shift】键，用鼠标单击所要选择的第 1 帧，然后再单击最后 1 帧，即可把这两个帧之间的帧（包括这两帧）全部选中，如图 15-10 所示；如果要选择不连续的多个帧，按住【Ctrl】键，单击所需选择的帧，即可选择不连续的多个帧，如图 15-11 所示。

图 15-10 选择连续的帧   图 15-11 选择不连续的帧

15.2.3 拷贝和粘贴帧

【拷贝单帧】和【粘贴单帧】命令位于【动画】面板菜单中。拷贝帧就是复制图层的所有设置，包括位置和其他属性；粘贴帧就是将复制的图层设置应用到目标帧。执行【粘贴单帧】命令后，会打开【粘贴帧】对话框，如图 15-12 所示。

图 15-12 【粘贴帧】对话框

◎ "替换帧"：可用复制的帧替换所选的帧。如果是将这些帧粘贴到同一图像，则不会增加新图层；如果是在各个图像之间粘贴帧，则产生新图层。
◎ "粘贴在所选帧之上"：将粘贴的帧的内容作为新图层添加到图像中。
◎ "粘贴在所选帧之前"：在当前帧之前添加拷贝的帧。
◎ "粘贴在所选帧之后"：在当前帧之后添加拷贝的帧。

15.2.4 过渡帧

过渡帧是在两个已有帧之间自动添加的一系列帧，它可以均匀地改变新帧之间的图层属性（位置、不透明度或效果参数），以创建一系列连续变化的效果。必须在两个图层之间才可以创建过渡帧。在【动画】面板上单击"动画帧过渡" ▦ 按钮，打开【过渡】对话框，如图 15-13 所示。

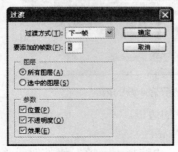 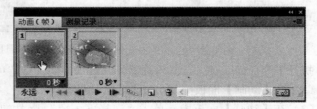

图 15-13 【过渡】对话框   图 15-14 选择第 1 帧

◎ "过渡方式"：确定当前帧与上下帧之间的动画，在其下拉列表中有上一帧、下一帧、最后一帧等选项。

◎ "要添加的帧数"：在此文本框中输入要添加帧的数量。

◎ "图层"：确定本对话框中的设置用于所有图层还是所选择的图层。

◎ "位置"：可在起始帧和结束帧处均匀地改变图层内容在新帧中的位置。

◎ "不透明度"：可在开始帧和结束帧处均匀地改变新帧的不透明度。

◎ "效果"：可在起始帧和结束帧处均匀地改变图层效果的参数设置。

◎ 打开前面创建的动画源文件 bug01.psd，在【动画】面板中选择第 1 帧，如图 15-14 所示。然后单击"动画帧过渡" 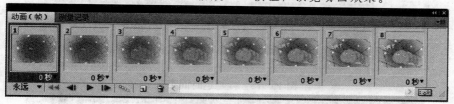 按钮，打开【过渡】对话框，设置"要添加的帧数"为"6"，其他参数保持默认设置。单击【确定】按钮，则在【动画】面板中的第 1 帧与第 2 帧之间添加了 6 帧，并且产生了由一幅图像逐渐变至另一帧图像的动画，如图 15-15 所示。单击"播放" ▶ 按钮，预览动画效果。

图 15-15　创建过渡动画

该实例源文件参见配套光盘 ch15\素材\bug02.psd 文件。

15.2.5　指定循环

要指定动画序列在播放时重复的次数，方法如下。

单击【动画】面板左下角的小三角 ▼ 按钮，在弹出的菜单中选择需要的循环方式，如图 15-16 所示。供选择的循环方式有"一次"、"永远"和"其他"，默认为"永远"，即表示动画将不断循环播放。

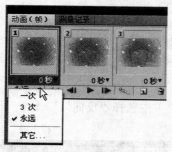
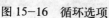

图 15-16　循环选项　　　　图 15-17　【设置循环计数】对话框

选择"其他"选项，可打开【设置循环计数】对话框，进行播放次数的设置，如图 15-17 所示。

15.2.6　设置帧延迟时间

设置延迟时间可以控制动画播放的速度。在【动画】面板中，可以为单个或多个帧指定延迟（显示帧的时间）。

延迟时间以秒为单位显示，秒的几分之一以小数值显示。例如，将四分之一秒指定为 0.25 秒。如果在当前帧上设置延迟，则之后创建的每个帧都将记忆并应用该延迟时间，系统默认为

0 秒，即无延迟。

为所有帧设置相同的延迟时间，方法如下：

1 先选择要延迟的第 1 帧，然后按住【Shift】键选择最后一帧，则【动画】面板中所有帧被　选中。

2 在【动画】面板中，单击帧缩略图下面的时间，弹出如图 15-18 所示的快捷菜单，从中选择要延迟的时间，如选择 0.2 秒，则当前帧的延时时间都改为 0.2 秒，如图 15-19 所示。

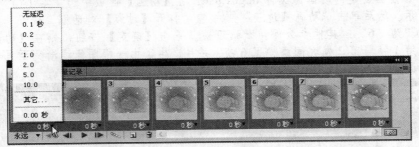

图 15-18　帧延迟时间菜单

图 15-19　设置帧延迟时间

若要为某个帧设置不同的延迟时间，可先选择该帧，然后进行相同的操作。

若要设置其他的延迟时间，可以选择"其他"选项，在弹出的对话框中设置延迟时间。

15.2.7　重新排列与删除帧

在【动画】面板中可以反转连续帧的顺序，更改帧的位置，也可以删除所选的帧或整个动画。

1．反转连续帧的顺序

单击【动画】面板右上角 ≡ 按钮，在弹出的菜单中选择"反向帧"命令，结果如图 15-20 所示。

（a）反向前

（b）反向后

图 15-20　使帧反向

2．改变帧的位置

拖动要移动的帧到所需的位置，如 15-21 所示，松开鼠标即可将所选的帧移动到目标位置，如图 15-22 所示。

图 15-21 拖动第 3 帧　　　　　　　　图 15-22 第 3 帧移至第 2 帧

3．删除选中的帧

单击【动画】面板底部的"删除所选帧" 按钮，或在面板菜单中选择"删除单帧"命令，在弹出的警告对话框中单击【是】按钮，即可删除所选择的帧。

若要删除多个帧，可先选中要删除的多个帧，然后单击"删除所选帧" 按钮。若要删除整个动画，可在【动画】面板菜单中选择【删除动画】命令。

15.3 预览动画与存储动画

15.3.1 预览动画

一幅动画作品初步完稿时，可以直接在电脑上预览一下动画效果。

单击【动画】面板中的"播放" 按钮，即可在图像窗口中预览动画效果。若要停止动画，可单击"停止" 按钮。如 15.2.4 节中制作的动画，预览效果如图 15-23 所示。

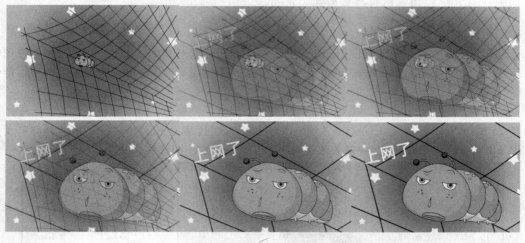

图 15-23 预览动画效果

提示 使用空格键可以播放/暂停动画，按一次空格键播放动画，再次按空格键则暂停播放动画。

15.3.2 优化并存储动画

动画完成后，可以将动画存储于本地磁盘上，以便下次查看或上传动画等。

优化并存储动画，操作方法如下：

1 执行菜单【文件】→【存储为 Web 和设备所用格式】命令或按快捷键【Ctrl+Shift+Alt+S】，打开【存储为 Web 和设备所用格式】对话框，在该对话框中可对图像进行优化设定，如图 15-24 所示。

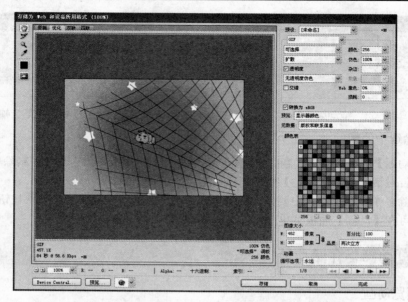

图 15-24　【存储为 Web 和设备所用格式】对话框

该对话框中有 4 个不同优化的设置：

◎　"原稿"：原稿图像没有优化设置。
◎　"优化"：图像执行当前的优化设置。
◎　"双联"：观看两个不同优化版本的图像效果。
◎　"四联"：观看四个不同优化版本的图像效果。

选择双联或四联视图时，Photoshop CS4 会根据图像的宽度和高度比例来决定图像在视图中的排列方法，如 4 个图像或垂直水平或以 2×2 的布局排列。可以在"优化设置"中改变内定的优化设置。

优化设置图像的方法是：在双联或四联视图中选择一个视图，显示蓝色方框表示选中，如图 15-25 所示。在该对话框中，单击"预设"右侧的 按钮，从下拉菜单（图 12-26）中选择【重组视图】命令。Photoshop CS4 基于选中的版本，产生较小的图像优化版本。

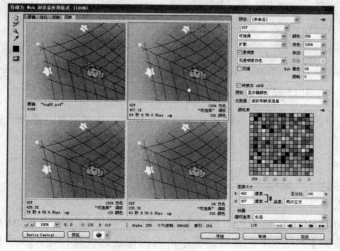

图 15-25　选择视图

图 15-26　下拉菜单

单击【存储】按钮，在弹出的对话框中设置好动画的保存路径与文件名，即可存储动画为 GIF 格式。在看图软件与 IE 浏览器中，都可以浏览此动画。GIF 动画在各种类型的浏览器上都能够正常显示。

15.4 实例演练

15.4.1 制作网站链接动态 logo

之所以叫做"互联网"，在于各个网站之间可以互相链接。通过友情链接，可以从当前网站进入到另一个网站，如图 15-27 所示。从中可以看出 Logo 图形化的形式，特别是动态的 Logo，比普通文字形式的链接更能吸引人的注意。

图 15-27 友情链接中的 Logo

下面就以时尚彩妆网站 Logo 为例，介绍如何为商业网站制作具有动态效果的链接 Logo，效果如图 15-28 所示。

图 15-28 实例效果

◎ 最终文件：ch15\时尚彩妆\时尚彩妆 logo.psd、时尚彩妆 logo.gif
◎ 学习目的：掌握网站动态链接 Logo 的制作方法与技巧

1 启动 Photoshop CS4，按【Ctrl+N】快捷键新建一个"宽度"和"高度"为"88×31"像素，"分辨率"为 72 像素/英寸，"名称"为时尚彩妆 logo 的文档，如图 15-29 所示。

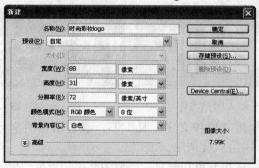

图 15-29 新建文档

2 选择"矩形选框工具" ，在工具选项栏中设置"样式"为固定大小，"宽度"和"高度"为"88×8"像素，在画布顶部单击创建矩形选区；新建图层 1，为矩形选区填充红色（#ff007b），如图 15-30 所示。

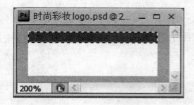

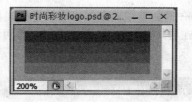

图 15-30　填充矩形选区　　　　　　　图 15-31　彩色条纹背景

3 将矩形选区向下移动 8 个像素，填充为玫瑰红色（#ff4294）；再次将选区向下移动 7 个像素，填充为稍淡一点的红色（#ff5aa5）；同样移动选区至底部，填充颜色为（#ff84bd），最后按【Ctrl+ D】快捷键取消选择。这样，就得到了如图 15-31 所示的彩色条纹背景。

4 新建图层命名为"心 1"，选择"自定形状工具" ，在工具选项栏中激活填充"像素" 按钮，在【形状】下拉列表中选择"红心形卡"图形，在画布的左下角绘制一颗白色心形；采用同样的方法，新建图层"心 2"与"心 3"，分别绘制稍微大一点的心形，如图 15-32 所示。

图 15-32　新建 3 个图层，分别绘制白色心形

5 隐藏图层"心 1"、"心 2"与"心 3"，选择"横排文字工具" ，设置"字体"为方正综艺简体，"大小"为 11 点，"字高"为 130%，"字距"为 150，在画布的中心处输入网站名称"时尚彩妆"，如图 15-33 所示。

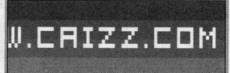

图 15-33　输入网站名称　　　　　　　图 15-34　输入网站地址

6 隐藏文字图层，使用"横排文字工具" ，设置适当的字体、大小，输入网站地址"WWW.CAIZZ.COM"，如图 15-34 所示。

为了让 Logo 在网站中应用时更加醒目，需要为其添加一个边框。

7 在所有图层的上方新建图层命名为"边框"，使用"矩形选框工具" ，创建一个与画布大小（"88×31"像素）相同的选区，然后执行菜单【编辑】→【描边】命令，打开【描边】对话框，设置"宽度"为 1 像素，"颜色"为黑色，"位置"为居中，如图 15-35 所示。单击【确定】按钮，为 Logo 加上 1 像素的黑边，如图 15-36 所示，图层结构如图 15-37 所示。

图 15-35 【描边】对话框　　图 15-36　为 Logo 加上 1 像素的黑边　　图 15-37　图层结构

至此，动态 Logo 的静态部分就制作好了，下面来制作动画效果。

8 执行菜单【窗口】→【动画】命令，打开【动画】面板，隐藏其他所有图层，仅显示图层 1 和"边框"图层。然后单击【动画】面板底部的"复制所选帧" 按钮，复制第 1 帧得到第 2 帧，并在【图层】面板中显示图层"心 1"。这样，第 2 帧便会出现一颗"心"，如图 15-38 所示。

图 15-38　复制帧并显示图层"心 1"

> **注意** 在制作动画的过程中，图层 1 和图层"边框"自始至终都要保持为显示状态。

9 采用同样的方法，再复制两帧，并在第 3 帧处增加显示图层"心 2"，在第 4 帧处增加显示图层"心 3"，如图 15-39 所示。这样，3 颗心逐渐显示的动画就基本上做好了。为了让动画更有节奏感，还需要对延时时间进行修改。

图 15-39　用 4 帧制作 3 颗心逐渐显示的动画

10 在【动画】面板中依次将各帧的延时时间设置为 0.1 秒、0.2 秒、0.2 秒、0.5 秒，如图 15-40 所示。

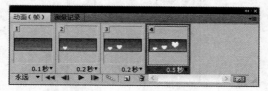

图 15-40　设置各帧的延时时间

下面来制作文字动画。

11 单击【动画】面板底部的"复制所选帧" 按钮，复制第 4 帧得到第 5 帧，隐藏 3 个"心"图层，显示图层"时尚彩妆"，然后将该帧的延时时间设置为 1 秒，如图 15-41 所示。

图 15-41　制作第 5 帧

> **注意** 这样设置的目的是，以便访问者能有足够的时间看清网站的名称。

12 复制第 5 帧得到第 6 帧，隐藏图层"时尚彩妆"，选择并显示图层"WWW.CAIZZ.COM"；继续复制帧得到第 7 帧，如图 15-42 所示。

图 15-42　第 6 帧与第 7 帧

13 选择第 6 帧，将该帧的延时时间设置为 0.2 秒，并在图像窗口中将文字向右平移一段距离，让其仅显示第 1 个字母"W"，如图 15-43 所示。

图 15-43　制作第 6 帧

14 保持第 6 帧为选中状态，在【动画】面板上单击"动画帧过渡" 按钮，打开【过渡】对话框，保持默认设置不变，如图 15-44 所示。单击【确定】按钮，在第 6 帧与第 7 帧之后添加 5 帧，这样就创建了文字从右向左移动并显示的过渡动画，如图 15-45 所示。

图 15-44　【过渡】对话框

334

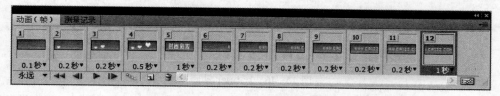

图 15-45　创建文字移动并显示的过渡动画

15 至此，时尚彩妆网站的 Logo 就全部制作完成了。单击面板底部的"播放" ▶ 按钮就可以在图像窗口中预览动画了，效果参见图 15-28。如有不满意的地方，还可以进行修改调整，直至达到满意的效果。

16 优化并保存动画。动画创建完成后，还要将其优化输出为 GIF 文件，才能在网站中使用。执行菜单【文件】→【存储为 Web 和设备所用格式】命令，在弹出的对话框中进行相应的优化，然后单击【存储】按钮，在打开的对话框中设置动画的保存位置与文件名，即可存储动画为 GIF 格式了。

15.5　思考与练习

1．填空题

（1）动画是在一段时间内显示的一系列_____或_____。
（2）使用_____键可以播放/暂停动画。
（3）【动画】面板的作用是显示动画中的每个帧的_____。
（4）在当前帧上设置延时，则之后创建的每个帧都将_____该延时值。

2．选择题

（1）按_____快捷键，可以保存文件为 GIF 格式。

A. Shift+Ctrl+S　　　B. Ctrl+S　　　C. Alt+S　　　　　D. Ctrl+Shift+Alt+S

（2）在【动画】面板中，可以设置动画中的单个或多个帧指定延时时间，默认的延时时间为_____秒。

A. 0 秒　　　　B. 10 秒　　　　C. 0.2 秒　　　　　D. 0.5 秒

（3）在【动画】面板中，复制选中的帧，是下面哪一个按钮_____？

A. ◀◀　　　B. ▾≡　　　C. ⊡　　　　D. ▮▶

（4）下面_____按钮的作用是停止动画。

A. ■　　　B. ▸≡　　　C. ▮▶　　　D. ▶

3．问答题

（1）如何制作图像的淡入淡出动画效果？
（2）如何优化并存储动画？

4．上机练习

（1）请使用本章上机练习中的素材，制作一个网页广告 banner，如图 15-46 所示。该练习参见配套光盘 ch15\上机练习\banner\banner.psd。

图 15-46　banner 动画

（2）请使用本章上机练习中的素材，根据自己的手机屏幕尺寸，参考图 15-47，量身订制一个漂亮有个性的手机动画。该练习参见配套光盘 ch15\上机练习\手机动画\待机动画.psd。

图 15-47　手机动画

第 5 部分

实战篇

主要内容：

📄 平面设计精彩案例

第16章　平面设计精彩案例

📖 **本章导读**

　　本章通过 8 个经典实例的制作，从易到难，由浅入深，全面详细地讲解了 Photoshop CS4 平面设计的精髓，实例内容不仅覆盖了本书从第 1~14 章的所有难点和重点，还补充了大量新的内容。相信通过本章的学习，读者将理论联系实践，平面设计水平得到质的飞跃，达到一个新的高度，为今后成为优秀的平面设计人员铺平了道路。

📖 **学习要点**

▲	各种工具的使用	▲	各类面板的使用
▲	立体感的表现方法	▲	背景制作技巧
▲	图像合成的技巧	▲	特效制作技巧
▲	卡通造型设计	▲	图层蒙板与图层样式
▲	图像的色彩与色调	▲	滤镜与路径的应用

16.1　企业标志设计——万弗豆

16.1.1　什么是标志

　　标志，是表明事物特征的记号。它以单纯、显著、易识别的物象、图形或文字符号为直观语言，除表示什么、代替什么之外，还具有表达意义、情感和指令行动等作用。

　　企业标志就是企业的标志图案，是企业特色和内涵的集中体现。它不同与古代的印记，现代标志承载着企业的无形资产，是企业综合信息传递的媒介。标志作为企业 CIS 战略的最主要部分，在企业形象传递过程中，是应用最广泛、出现频率最高，同时也是关键的元素。企业强大的整体实力、完善的管理机制、优质的产品和服务，都被涵概于标志中，通过不断的刺激和反复刻画，深深的留在受众心中。

　　一个好的标志是一个企业的灵魂，能起到提升企业形象的作用。因而，标志设计追求的是：以简洁的、符号化的视觉艺术形象把企业形象和理念长留于人们心中。

16.1.2　案例介绍

　　本案例是为一家综合性食品公司设计的产品标志。产品特性是草莓口味休闲食品，产品销售对象主要针对青少年这个年龄阶段，所以我们结合产品特性设计了拟人化的草莓卡通形象作为产品标志，进一步增强产品在目标群体心目中的认知度，提高消费者的购买欲。案例效果如图 16-1 所示。

　　◎　最终文件：ch16\01\万弗豆标志.psd
　　◎　学习目的：掌握企业标志的设计方法和技巧

16.1.3　设计过程

　1 新建文件。执行菜单【文件】→【新建】命令

图 16-1　标志效果图

或按快捷键【Ctrl+N】，打开【新建】对话框，新建一幅名为"万弗豆标志"的 CMYK 模式图像，设置"宽度"和"高度"都为 10 厘米，"分辨率"为 300 像素/英寸，"背景内容"为白色，如图 16-2 所示。单击【确定】按钮，创建一个新的图像文件。

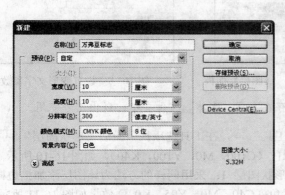

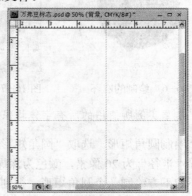

图 16-2　【新建】对话框　　　　　　　图 16-3　创建参考线

2 创建参考线。按【Ctrl+R】快捷键显示标尺，在图像窗口的中心位置分别创建一条水平参考线和垂直参考线，如图 16-3 所示。

3 绘制正圆。按【F7】键打开【图层】面板，新建图层 1，选择"椭圆选框工具" ⃝，按【Alt+Shift】快捷键，以水平参考线与垂直参考线交叉处为圆心绘制正圆选区。设置前景色为深绿色（C100，M0，Y100，K40），按【Alt+Delete】快捷键填充前景色，再按【Ctrl+D】快捷键取消选区，如图 16-4 所示。

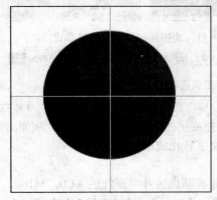

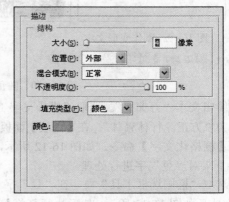

图 16-4　绘制的正圆　　　　　　　　　图 16-5　添加描边样式

4 添加图层样式。单击【图层】面板底部的"添加图层样式" *fx* 按钮，为图层 1 添加描边样式，设置"大小"为 4 像素，"颜色"为浅绿色（C40，M0，Y95，K0），如图 16-5 所示。

5 绘制圆环。新建图层 2，同样以水平参考线和垂直参考线交叉处为圆心，画一个稍大的正圆选区。设置前景色为白色，按【Alt+Delete】快捷键填充前景色，再按【Ctrl+D】快捷键取消选区。同样为图层 2 添加描边样式，设置"大小"为 4 像素，"颜色"为草绿色（C40，M0，Y95，K0），效果如图 16-6 所示。然后将图层 2 拖至图层 1 的下方，【图层】结构如图 16-7 所示。

6 编辑文字。选取"横排文字工具" T，设置字体为"方正流行体简体"，在图像窗口中输入字母"WANFUDOU"。单击鼠标右键，从弹出的菜单中选择【文字变形】命令，对文字进行变形，设置【变形文字】对话框如图 16-8 所示。单击【确定】按钮，文字如图 16-9 所示。

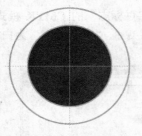  

图 16-6　绘制的圆环　　　图 16-7　【图层】面板　　　图 16-8　设置变形文字参数

提示 本章实例所使用的所有字体均保存在本章"字体"文件夹中，以供读者使用。

7 绘制圆角矩形。选取"圆角矩形工具" ▢ ，在工具选项栏中激活"形状图层" ▢ 按钮，并设置"半径"为 20 像素，颜色为深绿色（C100，M0，Y100，K40），如图 16-10 所示。然后在圆环的下方绘制一个圆角矩形，得到形状图层 1；采用同样的方法为该图层添加描边样式，设置"大小"为 6 像素，"颜色"为草绿色（C40，M0，Y95，K0），效果如图 16-11 所示。

图 16-9　制作变形文字　　　　　图 16-11　为圆角矩形添加描边样式

图 16-10　圆角矩形工具选项栏

8 编辑文本"万弗豆"。选取"横排文字工具" **T** ，在图像窗口中编辑文字"万弗豆"，设置字体为"方正流行体繁体"。在【图层】面板中选择文字图层，单击鼠标右键，从弹出的菜单中选择【栅格化文字】命令，如图 16-12 所示，将文字转化成图像。

接下来对"豆"字进行处理。

9 选取"椭圆选框工具" ◯ ，在"豆"字上创建椭圆选区并填充红色（C0，M100，Y100，K0），完成后如图 16-13 所示。然后执行菜单【视图】→【显示】→【参考线】命令或按【Ctrl+H】快捷键，隐藏参考线。

图 16-12　栅格化文字　　　　　图 16-13　对"豆"字进行处理

下面我们将使用钢笔工具绘制拟人化的草莓卡通形象。

10 选取"钢笔工具" ，在选项栏中单击"路径" 按钮，在图像窗口中绘制如图 16-14 所示的闭合路径。

图 16-14　绘制闭合的路径　　　　　　　　　　图 16-15　填充路径后效果

11 打开【路径】面板，设置前景色为草绿色（C65，M0，Y100，K0）。新建图层 3，单击【路径】面板底部的"用前景色填充路径" 按钮，填充路径。然后按快捷键【Ctrl+Shift+H】隐藏路径，效果如图 16-15 所示。

12 重复步骤 9～11 的操作，绘制其他路径并填充颜色，操作过程如图 16-16 所示。

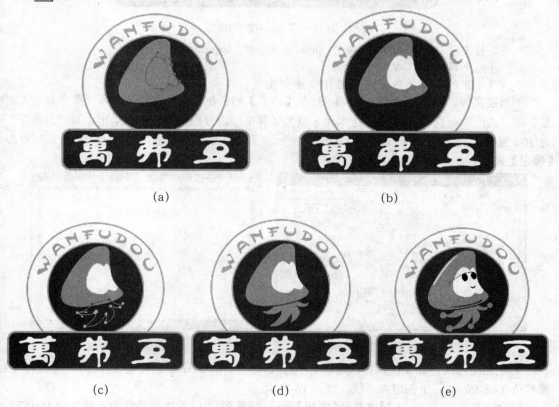

(a)　　　　　　　　　　　　　　　　　(b)

(c)　　　　　　　　　(d)　　　　　　　　(e)

图 16-16　绘制其他路径并填充颜色

13 最后使用"画笔工具" 对标志做一些细节的处理。这样，一幅栩栩如生的标志作品就完成了，最终效果参见图 16-1。

16.2 贵宾卡设计

现在各大酒店、宾馆、酒吧、茶吧等服务性行业，都拥有具有品牌意识的各种贵宾卡、门锁卡、开门卡、房卡等。本例将以贵宾卡为例，介绍各类卡证的一般制作方法，效果如图 16-17 所示。希望读者能够举一反三，灵活运用。

图 16-17　实例效果图

◎　素材文件：ch16\VIP 卡\茶杯.jpg、花边.psd、logo.psd
◎　最终文件：ch16\VIP 卡\贵宾卡.psd
◎　学习目的：掌握贵宾卡的制作方法和技巧

1 新建文件。按快捷键【Ctrl+N】，打开【新建】对话框，设置文件名称为"贵宾卡"，"宽度"和"高度"分别设置为 9.35 厘米和 6 厘米（其中四边分别包括了 3 毫米出血），"分辨率"为 300 像素/英寸，"颜色模式"为 CMYK 颜色，"背景内容"为白色，如图 16-18 所示。单击【确定】按钮，创建一个新的图像文件。

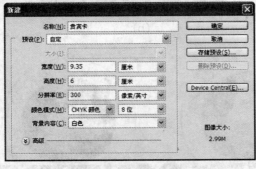

图 16-18　【新建】对话框　　　　图 16-19　创建参考线

2 创建参考线。如果图像窗口没有显示标尺，则按【Ctrl+R】快捷键显示标尺，然后在图像四边 3 毫米的位置上创建参考线，如图 16-19 所示。

3 绘制圆角矩形。按【F7】键打开【图层】面板，新建图层 1；设置前景色为土黄色（#d1af57），选择"圆角矩形工具" 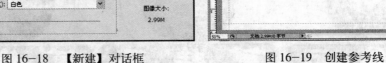，在工具选项栏中激活"填充像素" 按钮，设置"半径"为 35 像素（图 16-20），在图像窗口中根据参考线绘制一个圆角矩形，如图 16-21 所示。

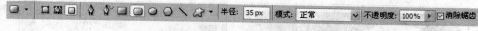

图 16—20　"圆角矩形工具"选项栏参数设置

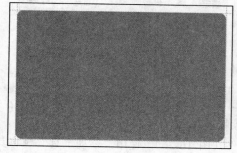

图 16—21　绘制圆角矩形

图 16—22　添加杂色滤镜后的效果

4 添加杂色滤镜。执行菜单【滤镜】→【杂色】→【添加杂色】命令，打开【添加杂色】对话框，设置"数量"为 18%，其他参数保持默认设置。单击【确定】按钮，得到如图 16-22 所示的效果。

5 添加素材。按【Ctrl+O】快捷键打开本例素材"茶杯.jpg"文件，使用"移动工具" 将其拖曳至新建文件中，得到图层 2。按【Ctrl+T】快捷键调出自由变换控制框，在工具选项栏中将其等比例缩小到 76%，位置如图 16-23 所示。按【Enter】键，确认变换。

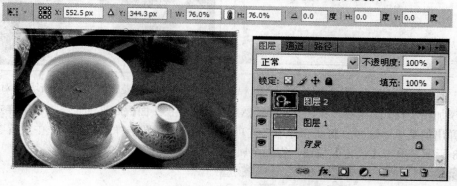

图 16—23　添加图像素材，并进行等比例缩放

6 添加图层蒙版。在【图层】面板中单击图层 1 前面的缩览图，载入圆角矩形选区，如图 16-24 所示；然后选择图层 2，单击面板底部的"添加图层蒙版" 按钮，为图层 2 添加蒙版，并将该层的混合模式设置为"明度"，如图 16-25 所示。

图 16—24　载入选区

343

图 16-25　添加图层蒙版并设置混合模式

7 添加花边。打开本例素材"花边.psd"文件（图 16-26），使用"移动工具" 将其拖曳至新建文件中，得到"花边"图层；按【Ctrl+T】快捷键对图像进行大小变换，使之达到需要大小。然后同时选中"花边"图层和图层 1，在工具选项栏中单击"垂直居中对齐" 按钮和"水平居中对齐" 按钮，将花边与圆角矩形居中对齐，如图 16-27 所示。

图 16-26　花边素材　　　　图 16-27　添加花边并与圆角矩形居中对齐

8 添加图层样式。选择"花边"图层，然后单击【图层】面板底部的"添加图层样式" 按钮，从弹出的菜单中选择"斜面和浮雕"选项，在打开的【图层样式】对话框中设置参数，如图 16-28 所示。单击【确定】按钮，得到金属花边效果，如图 16-29 所示。

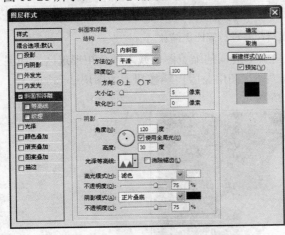

图 16-28　"斜面和浮雕"参数设置　　　　图 16-29　金属花边效果

9 添加 logo。打开本例素材"logo.psd"文件，使用"移动工具" 将其拖曳至新建文件中，得到 logo 图层，并为其添加"投影"图层样式，如图 16-30 所示。

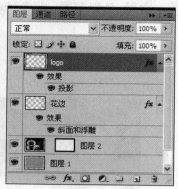

图 16-30　添加 logo

10 编辑文字。选择"横排文字工具" **T.**,打开【字符】面板,具体参数的设置如图 16-31 所示,输入文字"贵宾卡";同样使用"横排文字工具" **T.**,设置适当的字符属性,输入卡号,如图 16-32 所示。

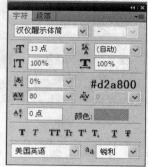

图 16-31　【字符】面板

图 16-32　编辑文字

10 添加图层样式。选择卡号文字图层,单击【图层】面板底部的"添加图层样式" **fx.** 按钮,从弹出的菜单中选择"投影"选项,具体的参数设置如图 16-33 所示;然后勾选"斜面和浮雕",其参数设置与图 16-28 保持一致。单击【确定】按钮,完成设置,【图层】面板如图 16-34 所示。至此,贵宾卡的制作就完成了,最终效果参见图 16-17。

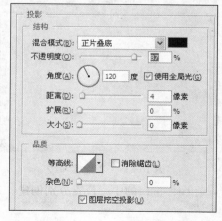
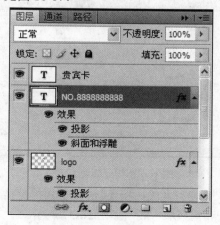

图 16-33　"投影"参数设置

图 16-34　【图层】面板

345

16.3 房地产报纸广告设计——东方明珠

本案例是为东建房地产开发有限公司开发的东方明珠房产项目所做的报纸宣传广告，用于促进该房产项目的销售。整个画面色调以金色为主，营造了一种华丽、浪漫的视觉境界，很容易让人们联想到华丽而舒适的居家生活，如图 16-35 所示。

图 16-35 实例效果图

◎ 素材文件：ch16\报纸广告设计\背景.psd、花边.psd、花纹.psd、建筑.psd 等
◎ 最终文件：ch16\报纸广告设计\房产报纸广告.psd
◎ 学习目的：掌握房产报纸广告的制作方法和技巧

1 新建文件。按快捷键【Ctrl+N】，打开【新建】对话框，设置文件名称为"房产报纸广告"，"宽度"和"高度"分别设置为 22 厘米和 15 厘米，"分辨率"为 300 像素/英寸，"颜色模式"为 CMYK 颜色，"背景内容"为白色，如图 16-36 所示。单击【确定】按钮，创建一个新的图像文件。

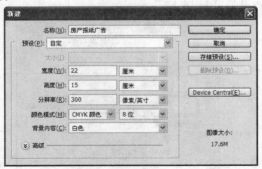

图 16-36 【新建】对话框   图 16-37 创建参考线

2 创建参考线。按【Ctrl+R】快捷键显示标尺，在图像窗口的中心位置分别创建一条水平参考线和垂直参考线，如图 16-37 所示。

3 添加背景素材。按【Ctrl+O】快捷键打开本例素材"背景.psd"文件，如图 16-38 所示。

使用"移动工具" ⊕ 将其拖曳至新建文件中,得到图层 1。然后按【Ctrl+T】快捷键调出自由变换控制框,将其等比例缩小到 60%,位置如图 16-39 所示。

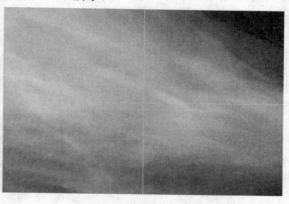

图 16-38 素材图像   图 16-39 添加背景素材后的效果

3 修饰背景。按【F7】键打开【图层】面板,新建图层 2,选择"渐变工具" ▣,在工具选项栏中激活"径向渐变"按钮,然后单击"渐变样本" ▆▆▆ 按钮打开【渐变编辑器】对话框,设置第一个色标的位置为 24%,第二个色标位置为 50%,不透明度为 70%,第三个色标位置为 100%,不透明度为 0,如图 16-40 所示。单击【确定】按钮,在图像的左上角拖动鼠标指针创建径向渐变,得到类似图 16-41 所示的效果。

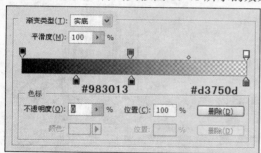

图 16-40 设置渐变   图 16-41 创建径向渐变后的效果

4 添加花边。按【Ctrl+O】快捷键打开本例素材"花边.psd"文件,如图 16-42 所示。使用"移动工具" ⊕ 将其拖曳至新建文件中,得到"花边"图层。按【Ctrl+T】快捷键调出自由变换控制框,将花边等比例缩小到适当大小,放置在图像的左上角,如图 16-43 所示。

图 16-42 花边素材   图 16-43 添加花边后的效果

5 添加投影效果。选择"花边"图层,单击【图层】面板底部的"添加图层样式" ⨍ 按钮,

347

从弹出的菜单中选择"投影"选项，具体参数的设置如图 16-44 所示。单击【确定】按钮，为花边添加投影效果。

注意 为了使画面色彩保持协调统一，本例所有添加的投影效果中投影的颜色均设置为深红色（#662919）。

5 复制花边。按【Ctrl+J】快捷键复制"花边"图层，得到"花边副本"层，按【Ctrl+T】快捷键调出自由变换控制框，单击鼠标右键，从弹出的快捷菜单中选择【水平翻转】命令，将花边水平翻转，其摆放位置如图 16-45 所示，图层结构如图 16-46 所示。

图 16-44 设置"投影"参数

图 16-45 对称花边效果

图 16-46 图层结构

图 16-47 素材图像

6 添加素材。按【Ctrl+O】快捷键打开本例素材"建筑.psd"文件，如图 16-47 所示。使用"移动工具" 将其拖曳至新建文件中，得到"建筑"图层，按【Ctrl+T】快捷键将图像等比例缩小到 55%，摆放在图像窗口的中心位置，如图 16-48 所示。采用同样的方法，将本例素材"相框.psd"文件也拖入新建文件中，调整大小后也放置在图像窗口的中心，如图 16-49 所示。

图 16-48 添加建筑素材后的效果

图 16-49 添加相框素材后的效果

下面我们将使用图层蒙版功能，将相框外的建筑图像隐藏起来。

7 添加图层蒙版。选择"矩形选框工具" ⬛，在相框上绘制一个如图 16-50 所示的矩形选区。然后选择"建筑"图层，单击【图层】面板底部的"添加图层蒙版" ⬛ 按钮，为"建筑"图层添加蒙版，得到如图 16-51 所示的效果。

图 16-50 创建矩形选区　　　　　　　　　图 16-51 添加图层蒙版后的效果

 绘制的选区范围不能超越相框的外边缘。

8 制作立体相框效果。选择"相框"图层，单击【图层】面板底部的"添加图层样式" *fx* 按钮，为"相框"图层添加"投影"效果，具体参数的设置如图 16-52 所示，效果如图 16-53 所示。

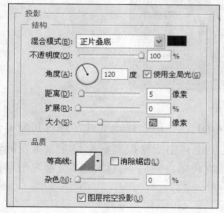

图 16-52 设置"投影"参数　　　　　　　图 16-53 添加"投影"后的效果

9 添加 logo。打开本例素材 "logo.psd" 文件，如图 16-54 所示。使用"移动工具" ⬛ 将其拖曳至新建文件中，调整好大小与位置后，同样为其添加"投影"图层样式，效果如图 16-55 所示，图层结构如图 16-56 所示。

图 16-54 Logo 素材　　　　　　　　　　图 16-55 添加 Logo 后的效果

10 编辑文字。选择"横排文字工具" **T**，设置字符属性如图 16-57 所示，在 Logo 的上方输入文字"新城核心　花园生活"，如图 16-58 所示。

图 16-56　图层结构　　　　图 16-57　字符属性　　　　图 16-58　编辑文字

11 同样使用"横排文字工具" **T**，设置适当的字符属性，编辑文字"东方明珠 倾情绽放"。然后为这两个文字图层添加"投影"图层样式，并在这两行文字中间添加一条装饰线（装饰线.psd）；按【Ctrl+H】快捷键隐藏参考线，效果如图 16-59 所示。

图 16-59　图像效果

12 添加花纹。打开本例素材"花纹.psd"文件（16-60），使用"移动工具" 将其拖曳至新建文件中，得到"花纹"图层。按【Ctrl+T】快捷键调出自由变换控制框，将花纹垂直翻转后缩放到适当的大小，摆放在 Logo 的上方，进一步装饰画面。然后为其添加"投影"图层样式，并将此图层的不透明度设置为 20%，如图 16-61 所示。

图 16-60　素材图像

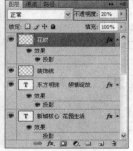

图 16-61　添加花纹装饰画面

350

下面我们来制作底部内容。

13 制作背景。新建图层得到图层 3，选择"矩形选框工具"，在图像窗口的底部绘制一个宽与图像尺寸相同、高为 320 像素的矩形选区，然后选择"渐变工具"，打开【渐变编辑器】对话框，设置渐变颜色，如图 16-62 所示。单击【确定】按钮，在选区中从左至右拖曳鼠标指针创建线性渐变，效果如图 16-63 所示。

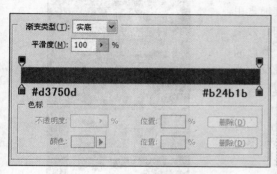

图 16-62 渐变设置　　　　　　　　　　图 16-63 创建线性渐变填充

14 编辑文字。按【Ctrl+D】快捷键取消选区，再次打开"logo.psd"文件，将其拖入新建文件的左下角，并调整好大小；然后使用"横排文字工具"，在 Logo 的右侧编辑广告文字，如图 16-64 所示。

> **提示** 关于文本的字符和段落属性请参考本例源文件，这里就不再详细介绍了。

15 添加地图。打开本例素材"地图.psd"文件（图 16-65），将其拖入新建文件中，将其等比例缩小后放置在文字的右侧。至此，房产报纸广告就制作完成了，按【Ctrl+H】快捷键隐藏参数线，最终效果如图 16-35 所示。

图 16-64 添加 logo 并编辑文字　　　　　　图 16-65 素材图像

16.4 POP 广告设计——宏达彩显

16.4.1 什么是POP广告

POP 广告是在一般广告形式的基础上发展起来的一种新型的商业广告形式。与一般的广告相比，其特点主要体现在广告展示和陈列的方式、地点和时间 3 个方面，这一点从 POP 广告的概念即可看出。

　　POP 广告的 POP 三个字母，是英文 POINT OF PURCHASE 的缩写形式。POINT 是"点"的意思。PURCHASE 是"购买"的意思，POINT OF PURCHASE 即"购买点"。这里的"点"具有双重含义，时间和空间。因此，POP 广告的具体含义就是在购买时和购买地点出现的广告。具体来讲，POP 广告是在有利时间和有效空间位置上，为宣传商品，吸引顾客、引导顾客了解商品内容或商业性事件，从而诱导顾客产生参与动机及购买欲望的商业广告。所以 POP 广告也简称为"购买点广告"。

16.4.2　案例介绍

　　本案例是为宏达彩显新推出的节能健康型显示器而设计的 POP 宣传广告，案例效果如图 16-66 所示。

- ◎　素材文件：ch16\POP 广告设计\绿色.jpg、树林.jpg、显示器.psd、logo.jpg
- ◎　最终文件：ch16\POP 广告设计\易拉宝.psd
- ◎　学习目的：掌握产品宣传 POP 的制作方法和技巧

图 16-66　实例效果图

16.4.3　设计过程

1 新建文件。执行菜单【文件】→【新建】命令或按【Ctrl+N】快捷键，新建一幅名为"易拉宝"的 RGB 模式图像，设置"宽度"为 80 厘米，"高度"为 200 厘米、"分辨率"为 72 像素/英寸，"背景内容"为白色，如图 16-67 所示。单击【确定】按钮，新建一个图像文件。

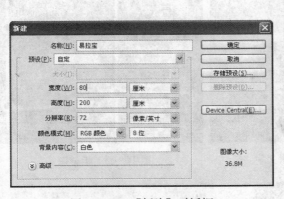

图 16-67　【新建】对话框

图 16-68　素材图片

2 添加素材。执行菜单【文件】→【打开】命令或按下【Ctrl+O】快捷键，打开本例素材图片"绿色.jpg"，如图 16-68 所示。

3 使用 "移动工具" ▶ 将素材图片拖入新建文件中，得到图层 1。按【Ctrl+T】快捷键对图像进行大小变换，使之达到需要的大小，如图 16-69 所示；然后再按住【Ctrl】键拖动右下角的控制点，使之形成如图 16-70 所示的形状，按【Enter】键确认变换。

4 制作彩条。选择 "钢笔工具" ▲，单击工具选项栏中的 "路径" 按钮，在图像的底部绘制路径，如图 16-71 所示。按【F7】键打开【图层】面板，新建图层 2，设置前景色为黄色（C0，M0，Y100，K0），按【Ctrl+Alt+Enter】快捷键将路经转化为选区，按【Alt+Delete】快捷键用前景色填充，如图 16-72 所示。

图 16-69　变换图像后效果

图 16-70　变形图像

图 16-71　绘制路经

图 16-72　新建图层，用前景色填充选区

图 16-73　完成的彩条

5 选择 "矩形选框工具" ，按 5 次向下的方向键【↓】将选区向下移动 5 个像素，然后填充红色（C0，M100，Y50，K0）；同样，再次将选区向下移动 5 个像素，填充为蓝色（C100，M0，Y0，K0），按【Ctrl+D】快捷键取消选区，效果如图 16-73 所示。

6 添加素材。按【Ctrl+O】快捷键打开本例素材 "显示器.jpg" 文件，如图 16-74 所示。选择 "钢笔工具" ▲，单击工具选项栏中的 "路径" 按钮，在图像中绘制路径，如图 16-75 所示。

图 16-74 素材图像

图 16-75 绘制路径

7 按【Ctrl+Alt+Enter】快捷键将路经转化为选区，使用"移动工具" ，将素材图片拖入新建文件中，摆放位置如图 16-76 所示。

8 打开本例素材图片"树林.jpg"（图 16-77），使用"移动工具" 将其拖入新建文件中，得到图层 4；按【Ctrl+T】快捷键对图像进行大小变换，使之达到需要的大小，摆放位置如图 16-78 所示。

图 16-76 添加素材图像

图 16-77 素材图片

图 16-78 图像效果

9 制作氧气泡。新建图层 5，使用"椭圆选框工具" ，在显示器的上方绘制一个圆形选区；然后选择"渐变工具" ，在【渐变编辑器】对话框中编辑渐变，设置如图 16-79 所示，并为圆形选区填充渐变色，取消选区后如图 16-80 所示。此时，【图层】结构如图 16-81 所示。

图 16-79 渐变设置

图 16-80 填充渐变色

图 16-81 【图层】面板

为了让气泡更为逼真，下面来为气泡添加高光。

10 制作高光。选择"钢笔工具" ，在气泡上绘制如图 16-82 所示的路径；然后按
【Ctrl+Alt+Enter】快捷键将路经转化为选区，填充为淡蓝色（#d2e9e4），如图 16-83 所示。

11 编辑文字。选择"横排文字工具" ，在气泡上输入文字"O_2"，如图 16-84 所示。

图 16-82　绘制路径　　　　图 16-83　完成的气泡　　　　图 16-84　编辑文字

12 复制气泡。合并 O_2 图层和图层 5，并将合并的图层命名为"气泡"；重复复制"气泡"
图层，分别调整各个气泡的大小后，错落有致地将其摆放在图像中，效果如图 16-85 所示。

13 合并复制的所有图层，并将合并的图层命名为"气泡"，设置该图层的不透明度为 60%，
如图 16-86 所示。

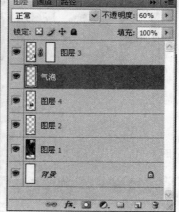

图 16-85　复制气泡并调整大小　　　　图 16-86　合并图层并设置图层的不透明度

14 编辑文字。选择"横排文字工具" ，在图像窗口中编辑文字"SAMSUNG MONITOR"、
"国/际/品/牌　服/务/中/国"；然后单击【图层】面板底部的"添加图层样式" 按钮，为文字
图层添加"描边"样式，设置"大小"为 13 像素，颜色为白色，描边后的效果如图 16-87 所示。

15 选择"横排文字工具" ，在图像窗口中编辑文字"节能+健康……"，如图 16-88 所示。

图 16-87　编辑文字（一）　　　　　　　　图 16-88　编辑文字（二）

16 添加 logo。打开本例素材图片"logo.jpg"，如图 16-89 所示，使用"移动工具" ▶₊ 将其拖入新建文件中，调整大小后在此 logo 的右侧输入文字"宏达彩显"，放置位置如图 16-90 所示。

图 16-89　素材文件　　　　　　　　　　　图 16-90　添加 logo

17 编辑文字。选择"横排文字工具" T.，在图像窗口中编辑文字公司地址和电话。至此，一幅完整的 POP 宣传广告就完成了，最后效果如图 16-66 所示。

16.5　海报设计——天使恋人饰品店

本案例是为天使恋人情侣饰品店创作的宣传海报，效果如图 16-91 所示。整个画面以紫色调为主，营造了一种甜蜜、浪漫的视觉效果，从而很容易让消费者产生购买欲望，达到广告宣传的目的。

图 16-91　实例效果图

◎　素材文件：ch16\海报设计\背景.psd、花边.psd、戒指.psd、logo.psd

◎　最终文件：ch16\海报设计\情侣饰品店海报.psd

◎　学习目的：掌握宣传海报的制作方法和技巧

1 新建文件。执行菜单【文件】→【新建】命令，或按【Ctrl+N】快捷键打开【新建】对话框，设置"宽度"和"高度"分别为 21.01 厘米和 29.71 厘米，【分辨率】为 200 像素/英寸，"颜色模式"为 RGB 颜色，【背景内容】为白色，如图 16-92 所示。单击【确定】按钮，新建一个图像文件。

2 制作背景。设置前景色为紫色（#6e156b），背景色为黑色（#000000），选择"渐变工具"，在画面中从上至下创建从前景色到背景色的线性渐变，如图 16-93 所示。

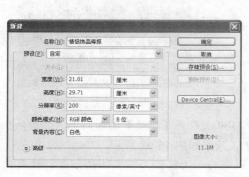

图 16-92　【新建】对话框　　　　图 16-93　创建线性渐变背景

3 添加素材。打开本例的素材"背景.psd"文件（图 16-94），使用"移动工具" ▶ 将其拖入新建文件窗口的底部，如图 16-95 所示。

图 16-94　素材图像　　　　图 16-95　添加素材后的效果　　　图 16-96　绘制心形路径

4　绘制路径。新建图层命名为"心形 1"，选择"自定形状工具" ，在工具选项栏中激活 "路径" 按钮，在"形状"下拉列表中选择"红心形卡" 形状，在图像窗口中绘制心形路 径，如图 16-96 所示。

5　设置画笔。选择"画笔工具" ，按【F5】键打开【画笔】面板，选择"画笔笔尖形状" 选项，选择一种硬边画笔，具体参数的设置如图 16-97 所示。

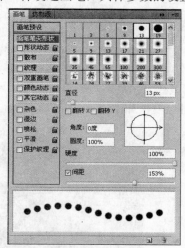

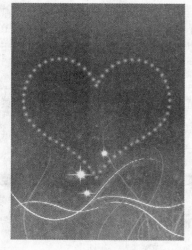

图 16-97　【画笔】面板　　　　　图 16-98　描边路径后的效果

6　描边路径。设置前景色为紫色（#da43b9），打开【路径】面板，单击面板底部的"用画 笔描边路径" 按钮，对心形路径进行描边，效果如图 16-98 所示。

可以看出，现在的心形太过单薄，可以在心形上绘制不同大小的圆点，让其更加丰满、 漂亮。

7　新建图层命名为"心形 2"，选择"画笔工具" ，使用软边画笔在心形上绘制出大小不 同的圆点，效果如图 16-99 所示。

8　添加素材。打开本例素材"花边.psd"文件（图 16-100），将其拖入新建文件中，得到"花 边"图层，其摆放位置如图 16-101 所示。

图 16-99　完成的红心效果

图 16-100　花边素材

图 16-101　添加花边后的效果

为了使花边与整个画面融为一体，下面为花边添加"渐变叠加"图层样式。

9 单击【图层】面板底部的"添加图层样式" **fx.** 按钮，为"花边"图层添加"渐变叠加"图层样式，具体参数的设置如图 16-102 所示。单击【确定】按钮完成设置。

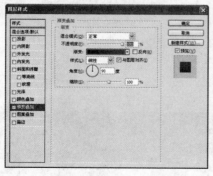

图 16-102　"渐变叠加"参数设置

10 复制花边。按【Ctrl+J】快捷键两次复制"花边"图层，得到"花边副本"和"花边副本 1"图层，按【Ctrl+T】快捷键分别调整复制花边的大小，摆放如图 16-103 所示。

11 添加戒指。打开本例素材"戒指.psd"文件（图 16-104），将其拖入新建文件中，得到

"戒指"图层。然后，按【Ctrl+T】快捷键调出自由变换控制框，将其等比例缩小到适当大小，其摆放位置如图 16-105 所示。按【Enter】键确认变换。

图 16-103　复制花边，进一步装饰画面　　　　　图 16-104　素材图像

12 添加图层样式。双击"戒指"图层缩览图，在弹出的【图层样式】对话框中选择"外发光"选项，具体的参数设置如图 16-106 所示。单击【确定】按钮，效果如图 16-107 所示。

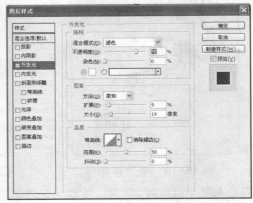

图 16-105　等比例缩小戒指　　　　　图 16-106　"外发光"参数设置

13 添加 logo。打开本例素材"logo.psd"文件（图 16-108），将其拖入新建文件中，同样为其添加"外发光"图层样式，如图 16-109 所示。

图 16-107　添加外发光样式后的效果　　　　　图 16-108　素材 logo

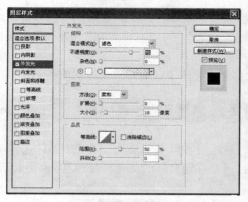

图 16-109 为 logo 添加 "发外光" 图层样式

14 装饰画面。新建图层命名为 "装饰"，选择 "画笔工具" ，按【F5】键打开【画笔】面板，分别选择 "画笔笔尖形状" 和 "散布" 选项，具体的参数设置如图 16-110 所示。然后拖曳鼠标指针，在心形的上方绘制如图 16-111 所示的装饰图形。

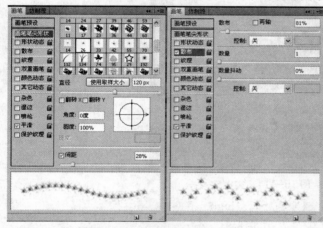

图 16-110 设置 "画笔笔尖形状" 和 "散布" 参数   图 16-111 装饰画面

15 编辑文字。选择 "横排文字工具" ，设置字体为 "华文行楷"，大小为 85 点，在 logo 的右下方输入文字 "情侣饰品店"；然后将 logo 图层的图层样式复制至该层，效果如图 16-112 所示。

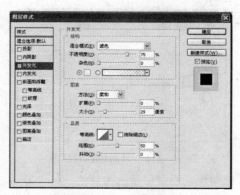

图 16-112 编辑文字 "情侣饰品店"   图 16-113 "外发光" 参数设置

361

16 再次使用"横排文字工具" **T**，设置字体为"华文行楷"，大小为 72 点，在心形的中间输入文字"身无彩凤双飞翼，心有灵犀一点通"，同样为其添加"外发光"图层样式，具体参数的设置如图 16-113 所示。

至此，情侣饰品店的宣传海报就全部制作完成了，最终效果如图 16-91 所示。

16.6 DM 广告设计——墨西哥香辣煎饼堡

本案例是为可百士快餐店新上市的墨西哥香辣煎饼堡而创作的 DM 宣传单，效果如图 16-114 所示。整个画面采用了鲜明的暖色调来强调食品的美味与营养，从而引起消费者的食欲，产生购买欲望。

图 16-114 实例效果图

◎ 素材文件：ch16\DM 设计\汉堡包.psd、logo.psd
◎ 最终文件：ch16\DM 设计\DM 广告.psd
◎ 学习目的：掌握 DM 宣传广告的制作方法和技巧

1 新建文件。按【Ctrl+N】快捷键打开【新建】对话框，设置文件尺寸为 40×55 厘米，"分辨率"为 300 像素/英寸，"颜色模式"为 RGB 颜色，如图 16-115 所示。单击【确定】按钮，新建一个图像文件。

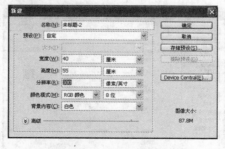

图 16-115 【新建】对话框

图 16-116 【图层】面板

2 新建图层。设置前景色为红色（#ca000e），按【Alt+Delete】快捷键将背景填充为红色；然后按【F7】键打开【图层】面板，新建一个图层，并将其命名为"圆"，如图 16-116 所示。

3 制作渐变圆。选择"椭圆选框工具" ，按住【Shift+Alt】快捷键在图像窗口中绘制一个正圆选区；然后选择"渐变工具" ，在工具选项栏中激活"线性渐变" 按钮，并打开【渐变编辑器】对话框，设置渐变色如图 16-117 所示。单击【确定】按钮，在选区内拖动鼠标指针创建渐变填充，效果如图 16-118 所示。

图 16-117　【渐变编辑器】对话框　　　　　图 16-118　为选区填充渐变颜色

4 新建图层命名为"圆 2"，执行菜单【选择】→【变换选区】命令，按【Shift+Alt】快捷键将选区等比例缩放至如图 16-119 所示的大小。然后设置前景色为橘红色（C1，M73，Y94，K0），按【Alt+Delete】快捷键填充选区，效果如图 16-120 所示。

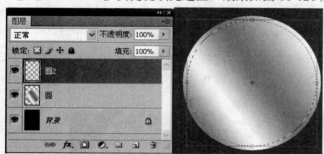

图 16-119　变换选区　　　　　　　　　图 16-120　填充选区

5 新建图层命名为"圆 3"，执行菜单【选择】→【变换选区】命令，按【Shift+Alt】快捷键将选区等比缩放至 90%，如图 16-121 所示。然后选择"渐变工具" ，设置渐变色为由黄色（#ffcd20）到淡黄色（#fcf7e4）的线性渐变，在选区中自上而下进行填充，并按【Ctrl+D】快捷键取消选区，效果如图 16-122 所示。

图 16-121　缩放选区　　　　　　　　图 16-122　填充渐变色后的效果

6 同时选中"圆 1"、"圆 2"和"圆 3"三个图层，按【Ctrl+T】快捷键调出自由变换控制框，在工具选项栏中将其等比例放大至 150%左右，其摆放位置如图 16-123 所示。

图 16-123　摆放效果　　　　　　　　图 16-124　图像效果及【图层】面板

下面通过复制图层与自由变换的方法来创建其他的小圆图形。

7 选择"圆"图层，按【Ctrl+J】快捷键复制图层，得到"圆副本"图层；然后按【Ctrl+T】快捷键调出自由变换控制框，将"圆副本"图层中的图像等比例缩放至 30%，其摆放位置如图 16-124 所示。

> **提示** 由于"圆副本"图层处于"圆 2"和"圆 3"图层的下方，因此在进行缩放操作时，可以暂时将"圆 2"与"圆 3"图层隐藏起来，操作完毕后再显示这两个图层。

8 复制"圆 2"图层，得到"圆 2 副本"图层，并将该层移至所有图层的上方，如图 16-125 所示。然后按 Ctrl+T 快捷键调出自由变换控制框，将其等比例缩放至 28%，摆放如图 16-126 所示。

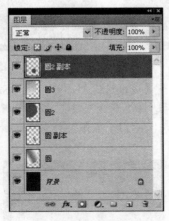

图 16-125　图层顺序　　　　　　　　图 16-126　圆的摆放位置

9 同样复制"圆 2 副本"层，得到"圆 2 副本 2"图层，按 Ctrl 键单击"圆 2 副本 2"图层缩览图，载入圆形选区；然后按【Ctrl+T】快捷键将选区等比例缩放至 28%，并按【Enter】键确认变换，效果如图 16-127 所示。

10 设置前景色为红色（C27，M100，Y100，K0），按【Alt+Delete】快捷键填充选区，再按【Crtl+D】快捷键取消选区，效果如图 16-128 所示。

图 16-127　缩小选区　　　　　　　　图 16-128　填充选区后的效果

11 添加素材。打开本章素材"汉堡包.psd"文件（图 16-129），将其拖入新建文件中，按 Ctrl+T 快捷键调出自由变换控制框，将其等比例放大至 180%，并按【Enter】键确认变换。然后将该层移至"圆 3"图层的上方，其摆放位置如图 16-130 所示。

图 16-129　素材文件　　　　　　图 16-130　添加素材后的效果及【图层】面板

下面来编辑 DM 单上的广告文字。

12 选择"横排文字工具" T，在【字符】面板中设置文字属性，如图 16-131 所示；然后在红色圆内输入文字"新上市"，并把"新"字的字号改为"100"点，如图 16-132 所示。

图 16-131　【字符】面板　　　　图 16-132　编辑文字"新上市"

365

13 再次使用"横排文字工具" T,设置适当的文字属性,如图 16-133(左)所示,在"新上市"的下方输入文字"18 元",并将文字"18"的字号改为"100"点,效果如图 16-133(右)所示。

图 16-133　编辑文字"18 元"　　　　　　图 16-134　【字符】面板

14 同样使用"横排文字工具" T,设置字符属性,如图 16-134 所示,在汉堡包图片的上方输入文字"墨西哥"。然后在【图层】面板中双击该图层缩览图,在打开的【图层样式】对话框分别选择"渐变叠加"和"描边"选项,具体的参数设置如图 16-135 所示。单击【确定】按钮,文字效果如图 16-136 所示。

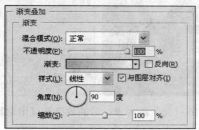
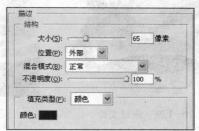

图 16-135　"渐变叠加"和"描边"参数设置

15 再次使用"横排文字工具" T,在【字符】面板中设置好文字属性,输入文字"香辣煎饼堡";然后将"墨西哥"图层的图层样式复制至该层,效果如图 16-137 所示。

图 16-136　文字效果　　　　　　　　图 16-137　编辑文字"香辣煎饼堡"

366

16 采用同样的方法，编辑文字"传奇美味 享受胜利滋味"，同样为其添加"渐变叠加"和"描边"图层样式；然后同时选中这三个图层，按【Ctrl+T】快捷键调出自由变换控制框，在工具选项栏中将其旋转-5°，如图 16-138 所示。按【Enter】键确认变换。

图 16-138　调整文字的旋转角度

17 添加 logo。打开本例素材"logo.psd"文件，将其拖入新建文件中，调整大小后放置在画面的右下角。至此，香辣煎饼堡的 DM 就制作完成了，最后效果参见图 16-114。

16.7　卡通墙纸设计——雨伞娃娃

本节以雨伞娃娃为例，介绍卡通墙纸的设计与制作，效果如图 16-139 所示。

图 16-139　实例效果

◎　素材文件：ch16\卡通墙纸设计\雨伞娃娃-草图.psd
◎　最终文件：ch16\卡通墙纸设计\雨伞娃娃.psd
◎　学习目的：掌握卡通墙纸的设计与制作，以及物体立体感的表现方法

16.7.1　绘制娃娃

1 新建文件。按快捷键【Ctrl+N】新建一个图像文件，设置图像的大小为 1024×768 像素，

RGB 模式，白色背景，分辨率为 150 像素/英寸，如图 16-140 所示。

图 16-140　【新建】对话框　　　　　图 16-141　绘制草图

2 绘制草图。设置前景色设置为红色，新建图层 1，选择"画笔工具"，设置笔触大小为 1 像素，在图像窗口中把需要画的图像用简单的线条勾勒出来，如图 16-141 所示。绘制草图有利于下一步钢笔勾线的准确。

> **注意**　由于是草稿，最后要删除，所以这部分可以画得随意一些。没有绘画基础的读者，可直接打开本例素材"雨伞娃娃-草图.psd"文件，再继续下面的操作。

3 绘制娃娃脸。新建图层 2，命名为"脸"。参照图层 1，用"钢笔工具"细致勾画出脸的形状。设置前景色为肉色（R251，G234，B229），切换至【路径】面板，按【Ctrl+Enter】快捷键将路径转换为选区，按【Alt+Delete】快捷键用前景色填充选区。然后执行菜单【编辑】→【描边】命令，在弹出的【描边】对话框中设置"宽度"为 1 像素，"颜色"为黑色。单击【确定】按钮，完成描边，按【Ctrl+D】快捷键取消选择。制作过程如图 16-142 所示。

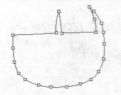

（a）钢笔工具勾出脸的形状　　（b）填充颜色　　　（c）描边后取消选区

图 16-142　娃娃脸的制作过程

4 采用同样的方法，分别用钢笔勾出娃娃的帽子、衣服、裙子、鞋等，并填充颜色与描边。这样雨伞娃娃的边线和大色调就定好了，效果如图 16-143 所示。

图 16-143　雨伞娃娃的大致色调

16.7.2　制作立体效果

平涂娃娃的中间色后，可以看到娃娃是平面的，没有立体感。那么在这一节中，我们需要给娃娃加上暗面和亮面，使其产生立体效果，下面首先从娃娃的脸部开始。

1 制作脸部立体效果。选择"加深工具" 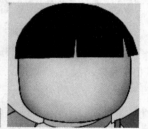，设置工具选项栏如图 16-144 所示，拖动鼠标指针从脸部周围往里轻轻涂抹。然后选择"海绵工具" ，在颜色太深的部分稍作涂抹，降低一些饱和度，这样娃娃的脸部就有了立体感，效果如图 16-145 所示。

图 16-144　加深工具的设置　　　　　图 16-145　制作脸部立体效果

2 制作五官阴影。选择"加深工具" ，设置硬度为 0，曝光度为 20%，画笔直径可根据实际需要进行调节，在娃娃的眼睛、鼻子、嘴巴处进行涂抹，加深阴影。然后选择"模糊工具" ，稍加涂抹，使颜色协调，如图 16-146 所示。

图 16-146　制作五官阴影　　图 16-147　钢笔工具勾出上眼皮轮廓　　图 16-148　制作下眼皮

3 制作上下眼皮。新建图层，取名为"上眼皮"。用钢笔工具勾出上眼皮的轮廓，如图 16-147 所示。设置前景色为（R28，G12，B1），将路径转换为选区后，用前景色填充选区。然后使用"橡皮擦工具" ，设置不透明度为 10%，笔触大小可自由调整，擦拭上眼皮的两端，让其看起来更自然些。采用同样的方法，描绘出娃娃的下眼皮，如图 16-148 所示。

4 制作眼眶。在"上眼皮"图层的下面新建一个图层，取名为"眼眶"。用"钢笔工具"勾出眼眶外围轮廓，并将路径转换为选区。选择"渐变工具" ，打开【渐变编辑器】对话框，选择一个由深至浅的渐变色调，对选区进行填充；然后执行菜单【滤镜】→【模糊】→【高斯模糊】命令，在弹出的对话框中，把"半径"设置为 2 像素，单击【确定】按钮。这样，就完成了眼眶部分的制作，效果如图 16-149 所示。

5 制作眼球。在"眼眶"图层的上方新建"左眼球"图层，按照上述方法，制作出娃娃的左眼球与右眼球，不同的是，这里不需要使用模糊滤镜。完成后的效果如图 16-150 所示。

6 设置前景色为（R51，G17，B7），新建图层，取名为"嘴巴"。用"钢笔工具" 勾出嘴巴的形状，将路径转换为选区，用前景色填充选区。然后，用"画笔工具" 给娃娃脸添加红晕与眼睛高光，如图 16-151 所示。

图 16-149　完成的眼眶　　　　图 16-150　眼球部分的制作　　　图 16-151　完成脸部描绘

至此，娃娃脸部的制作就完成了，下面开始处理娃娃的头发。目前，娃娃的头发是一整块平铺的色彩，没有立体感。下面我们来将为它添加高光，以制作头发的立体效果。

7 制作头发的高光。在"头发"图层之上新建"高光"图层，设置前景色为（R144，G97，B64）。使用"钢笔工具" ✎ 按照头发的走向细致地勾出高光部分，接着将路径转换为选区，用前景色填充。然后执行菜单【滤镜】→【模糊】→【高斯模糊】命令，设置半径为 1.5 像素。单击【确定】按钮，头发的高光就制作好了，如图 16-152 所示。

图 16-152　制作头发的高光　　　　　图 16-153　完成娃娃的帽子

8 接下来开始娃娃帽子的细致描绘。选择"加深工具" ✎，设置画笔直径为 30 像素，硬度为 0，曝光度为 20%，从帽子暗面向亮面轻轻地反复涂抹，直至得到满意的效果。然后在"帽子"图层之上新建"帽子高光"图层，设置前景色为（R255，G255，B235），选择"画笔工具" ✎，设置"不透明度"为 40%，慢慢在帽子高光处反复涂抹。这样，娃娃的帽子就会比之前更有立体感了，效果如图 16-153 所示。

9 采用娃娃帽子明暗的制作方法，依次完成身体其他部分的制作。需要注意的是，各个面之间的过渡衔接要自然，整个画面看起来要明暗有序，还要注意表现出每部分的质感。在使用加深工具制作暗面时，一定要有耐心，慢慢细致地涂抹。制作过程如图 16-154 所示。

 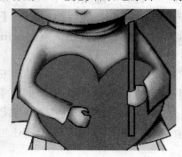 

(a)围巾的明暗　　　　　　　(b) 上衣的明暗　　　　　　　(c) 心形玩具

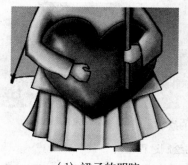

（d）裙子的明暗　　　　　　　　　（e）鞋的明暗

图 16-154　娃娃身体明暗的制作过程

16.7.3　制作背景

娃娃绘制好后，下面我们开始背景的制作，让娃娃站在一个美丽的草坪上。

1 设置画笔。在背景层之上新建图层命名为"草坪"，选择"画笔工具" ，设置"不透明度"为 60%，笔触为"粉笔 44 像素"，如图 16-155 所示。

图 16-155　选择粉笔 44 像素

2 画草坪。设置前景色为（R155，G179，B12），使用"画笔工具" 在画面的下方均匀地平涂，画出草地的暗面，如图 16-156（a）所示。设置前景色为（R192，G221，B16），在草地暗面的上方涂上一层，这是草地的中间色调，如图 16-156（b）所示。按照同样的方式，为草地加上亮面和一些小花小草。画到这儿我们会发现，娃娃鞋子的前方应该也要有些草，才会更自然。因此在"鞋"图层的上方新建图层命名为"前草"，绘制一些小草。这样，娃娃才会有站在草坪中的感觉，如图 16-156（c）所示。到这里，漂亮的草坪就完成了。

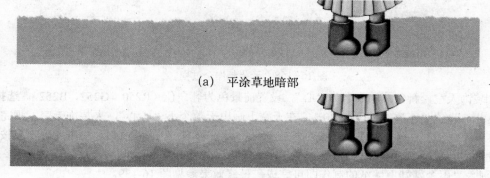

（a）平涂草地暗部

（b）添加中间色调

371

(c) 完成草地的绘制

图 16-156 草地的绘制过程

3 制作天空。将"草坪"图层的下方图层命名为"天空",选择"渐变工具"，打开【渐变编辑器】对话框,设置"0%"位置的颜色为(R232,G249,B97),"60%"位置的颜色为(R138,G251,B236),"100%"位置的颜色为(R28,G233,B197)。单击【确定】按钮,在图像窗口中由下向上拖曳鼠标指针进行填充,如图 16-157 所示。这样,天空的色彩就完成了。

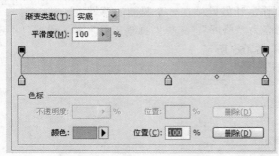 

图 16-157 制作天空

观察整个画面,感觉天空部分有些空,可加入一些云朵和飘浮的"心"来丰富画面。由于墙纸的整体风格是卡通可爱型,因此云朵也要画得圆圆的才可爱。

4 绘制云朵。在"天空"图层上新建图层命名为"云朵",将前景色设置为白色(R250,G252,B252),使用"画笔工具"勾出云朵的边线;设置前景色为(R207,G252,B246),填充云朵。然后设置前景色为(R162,G251,B239),涂出云朵的阴暗面。制作过程如图 16-158 所示。

(a) 勾出线条　　　　　　(b) 填充　　　　　　(c) 画出阴暗面

图 16-158 云朵制作全过程

5 装饰天空。新建图层命名为"心",设置前景色为乳白色(R250,G252,B252)。选择画笔工具,设置"不透明度"为80%,在天空上画出无数个小"心心",来装饰天空。画完后,执行菜单【滤镜】→【模糊】→【高斯模糊】命令,设置半径为 1.8 像素。单击【确定】按钮,完成设置。

至此,"雨伞娃娃"墙纸的制作即可完成,最终效果参见图 16-139。

16.8   饮料包装设计

16.8.1   什么是包装设计

包装设计是将美术与自然科学相结合，运用到产品的包装保护和美化方面，它不是广义的"美术"，也不是单纯的装潢，而是含科学、艺术、经济等综合要素的多功能的体现。包装的主要作用有两点：其一是保护产品；其二是美化和宣传产品。包装设计的基本任务是科学地、经济地完成产品包装的造型、结构和装潢设计。

16.8.2   案例介绍

本案例是为一家综合性饮食品公司设计的饮料纸袋包装，成品尺寸为：高 13 厘米、宽 8 厘米、厚 5 厘米。在设计上以绿色调为背景，黄色和红色为表现色，黄色体现出本饮料菠萝味的原汁原味，效果如图 16-159 所示。

图 16-159   实例效果

◎   素材文件：ch16\包装设计\菠萝.psd、果汁.psd、标志.psd、logo.psd、条形码.jpg
◎   最终文件：ch16\包装设计\饮料包装平面图.psd、包装立体效果.psd
◎   学习目的：掌握饮料包装的常规制作方法和技巧

16.8.3   制作包装平面展开图

饮料包装的制作分两部分，即包装平面展开图与立体效果图，下面首先来制作平面展开图。

1 新建文件。按【Ctrl+N】快捷键，新建一幅名为"饮料包装平面图"的 RGB 模式图像，设置"宽度"为 28 厘米，"高度"为 15 厘米（其中四边分别包括了 1 厘米出血）、"分辨率"为 300 像素/英寸、"背景内容"为白色，如图 16-160 所示。单击【确定】按钮，新建一个图像文件。

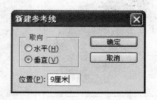

图 16-160   【新建】对话框   图 16-161   【新建参考线】对话框

2 创建参考线。按【Ctrl+R】快捷键显示标尺，首先在图像四边 1 厘米的位置上创建参考线，然后执行菜单【视窗】→【新建参考线】命令，在弹出的【新建参考线】对话框中选择"垂直"选项，设置"位置"为 9 厘米，如图 16-161 所示。单击【确定】按钮，在图像窗口的垂直方向 9 厘米处添加一条辅助线，再以类似的方法添加其他垂直辅助线，位置分别为 14 厘米、22 厘米，完成后的效果如图 16-162 所示。

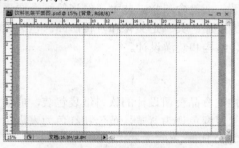

图 16-162　创建的参考线

3 制作背景。按【F7】键打开【图层】面板，新建图层命名为"渐变背景"。设置前景色为（C83，M33，Y100，K1），背景色为（C12，M0，Y83，K0），选择"渐变工具"，在工具选项栏中选择"线性渐变"，在预设列表中选择"前景色到背景色渐变"色块，然后在图像窗口中从上至下创建线性渐变，如图 16-163 所示。

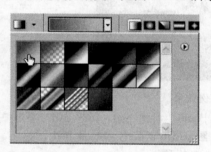

图 16-163　创建线性渐变

下面开始制作包装的正面图像。

4 添加素材。按【Ctrl+O】快捷键打开本例素材"菠萝.psd"文件，如图 16-164 所示。使用"移动工具"将其拖曳至新建文件中，按【Ctrl+T】快捷键调出自由变换控制框，调整其大小和旋转角度，其摆放位置如图 16-165 所示。按【Enter】键确认变换，并将自动生成的图层命名为"菠萝"。

图 16-164　素材图像　　　　图 16-165　菠萝图像的摆放位置

374

5 添加图层样式。单击【图层】面板底部的"添加图层样式" _fx._ 按钮，为"菠萝"图层添加"外发光"图层样式，具体参数的设置如图 16-166 所示，效果如图 16-167 所示。

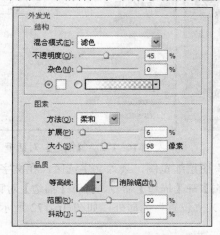

图 16-166　"外发光"参数设置　　　　图 16-167　添加"外发光"后的效果

6 添加素材。打开本例素材"果汁.psd"文件，该文件共有两个图层，如图 16-168 所示。首先将"果汁 1"图层拖入新建文件中，按【Ctrl+T】快捷键调整其大小后，将其摆放在合适的位置，如图 16-169 所示。接着再将"果汁 2"图层拖入新建文件中，调整大小后将该层移至"菠萝"图层的下方，其摆放位置如图 16-170 所示。

图 16-168　素材文件　　　　　　　　图 16-169　添加"果汁 1"后的效果

图 16-170　添加"果汁 2"的效果及【图层】面板

7 编辑文字。选择"横排文字工具" _T._，设置适当的字符属性（其中文字颜色为红色），在菠萝图片的上方输入文字"鲜果乳"，如图 16-171 所示。

 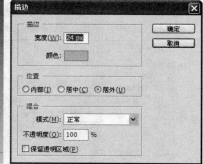

图 16-171　编辑文字"鲜果乳"　　　　　　图 16-172　【描边】对话框

8 描边文字。在【图层】面板中单击"鲜果乳"图层缩览图，载入文字选区，在文字图层的下方新建图层命名为"白色描边"，执行菜单【编辑】→【描边】命令，打开【描边】对话框，设置"宽度"为 24 像素，"颜色"为黄色（#ece017），"位置"为居外，如图 16-172 所示。单击【确定】按钮，文字描边效果如图 16-173 所示。

图 16-173　描黄边后的效果　　　　　　图 16-174　描白边后的效果及【图层】面板

9 采用同样的方法，新建图层命名为"白色描边"，执行菜单【编辑】→【描边】命令，为文字描 12 像素的白边，如图 16-398 所示。

提示 为了方便调整文字"鲜果乳"的位置，可以将该文字图层和两个描边图层链接起来。

10 编辑文字。选择"横排文字工具" T，设置适当的字符属性，在"鲜果乳"文字的右下方输入文字"菠萝味"，并为其添加"描边"6 像素的白边，如图 16-175 所示。

图 16-175　编辑文字并添加"描边"图层样式

11 打开本例素材"logo.psd"文件，使用"移动工具" ⊕ 将其拖曳至新建文件中，得到"logo"图层；按【Ctrl+T】快捷键将其等比例放大一些，同样为其添加 10 像素的白色描边。然后使用"横排文字工具" **T** ，设置适当的字符属性，在图像的右下方输入文字"净含量：350 毫升"。至此，饮料包装的正面图像就制作完成了，效果如图 16-176 所示。

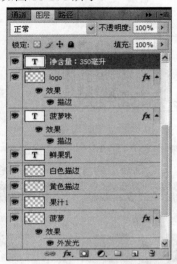

图 16-176　完成的正面图像及【图层】面板

下面开始制作包装的侧面图像。

12 复制标志。按住【Alt】键的同时，使用"移动工具" ⊕ 拖曳正面图像中的标志（logo），得到复制的标志图像，调整大小后放入到包装的侧面，如图 16-177 所示。

13 编辑文字。选择"横排文字工具" **T** ，设置适当的字符属性，在包装的侧面创建一个段落文本，输入公司名称及产品说明文字等，如图 16-178 所示。

图 16-177　侧面标志图像效果　　　图 16-178　编辑公司名称及产品说明文字

14 添加条形码。按【Ctrl+O】键打开本例素材"条形码.jpg"文件，如图 16-179 所示。使用"移动工具" ⊕ 将其拖曳至包装侧面的最下方，调整其大小后的效果如图 16-180 所示。采用同样的方法，在侧面标志的右上方添加一个注码商标。

15 盖印图层。在【图层】面板中将包装侧面的内容图层全部选中，按【Ctrl+Alt+E】快捷键盖印图层，得到"注册商标（合并）"图层，将该图层重命名为"包装侧面"，如图 16-181 所示。

图 16-179　素材图像　　　　　　图 16-180　添加条形码后的效果

16 同样，将包装正面内容的图层全部选中，按【Ctrl+Alt+E】快捷键盖印图层，并将盖印后的图层名称改为"包装正面"，然后将该层移至"包装侧面"图层的下方，如图 16-182 所示。

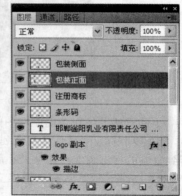

图 16-181　盖印选中的侧面内容图层　　　　　图 16-182　"包装正面"图层的位置

注意 在选择包装正面内容图层时，不要选择"渐变背景"和"背景"图层。

17 使用"移动工具" ▶︎ 将"包装正面"和"包装侧面"的内容分别平移至包装平面图右边的正面和侧面，得到如图 16-183 所示的效果。

图 16-183　完成的包装平面展开图

至此，包装的平面展开图就全部制作完成了。按【Ctrl+S】快捷键保存文件，下面我们来制作具有仰视角度的效果图。

16.8.4 制作包装立体效果图

1 另存文件。执行菜单【文件】→【存储为】命令或按【Shift+Ctrl+S】快捷键打开【存储为】对话框，将文件命名为"包装立体效果.psd"，如图 16-184 所示。单击【保存】按钮，另存一个图像文件。

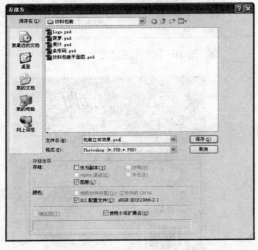

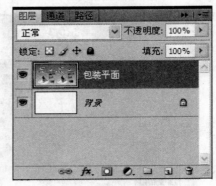

图 16-184 【存储为】对话框 图 16-185 合并图层

2 合并图层。选中除"背景"层之外的所有图层，按【Ctrl+E】快捷键合并图层，并将合并的图层改名为"包装平面"，如图 16-185 所示。

3 复制侧面图像。使用"矩形选框工具" ⬚，在图像窗口中选中包装平面的侧面图像，如图 16-186 所示。然后按【Ctrl+J】快捷键复制选区内的图像，得到图层 1，并此图层命名为"侧面"，如图 16-187 所示。

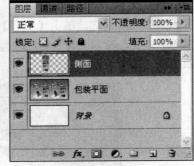

图 16-186 选中侧面图像 图 16-187 复制图层并命名

4 复制正面图像。选择"包装平面"图层，再次使用"矩形选框工具" ⬚，在图像窗口中框选出包装平面的正面图像，同样按【Ctrl+J】快捷键复制选区内的图像，并将复制的图层命名为"正面"，如图 16-188 所示。然后删除"包装平面"图层，这时图像窗口效果如图 16-189 所示。

5 创建三角形选区。新建图层命名为"三角形"，使用"多边形套索工具" ⬚，在包装侧面的顶部绘制一个封闭的等腰三角形选区，如图 16-190 所示。

图 16-188 【图层】面板

图 16-189 图像效果

图 16-190 绘制三角形选区

图 16-191 描边后的效果

> **提示** 在绘制等腰三角形选区时，可以先创建辅助线，再进行绘制。

⑥ 描边。执行菜单【编辑】→【描边】命令，打开【描边】对话框，设置"宽度"为 6 像素，颜色为白色，位置为"居外"。单击【确定】按钮，完成描边。按【Ctrl+D】快捷键取消选区，效果如图 16-191 所示。

⑦ 添加图层样式。单击【图层】面板底部的"添加图层样式" *fx* 按钮，为三角形添加"投影"图层样式，设置"混合模式"为"变暗"，其他参数保持默认设置。单击【确定】按钮，效果如图 16-192 所示。

图 16-192 添加"投影"图层样式

8 新建图层得到图层 1，使用"多边形套索工具" ⚲，在三角形内绘制一个封闭选区，并填充为白色，如图 16-193 所示。然后按【Ctrl+D】快捷键取消选区。

下面分别对侧面图像和正面图像进行变换，来制作包装的立体效果。

9 同时选中图层 1、"侧面"图层和"三角形"图层，按【Ctrl+E】快捷键合并图层，命名为"侧面"；然后按【Ctrl+T】快捷键调出自由变换控制框，在控制框内单击鼠标右键，从弹出的菜单中选择【透视】命令，如图 16-194 所示。

图 16-193 绘制选区并填充为白色　　　　　图 16-194 从弹出的菜单中选择【透视】命令

10 使用"移动工具" ⊕ 拖动控制框左上方的控制点，使图像产生透视变形，如图 16-195 所示，按【Enter】键确认变换；再次按【Ctrl+T】快捷键调出自由变换控制框，拖动控制框左边中间的控制点，缩小侧面的宽度，如图 16-196 所示。

图 16-195 拖动控制点，产生透视效果　　　　　图 16-196 缩小侧面的宽度

11 采用同样的方法，调整包装正面图形的透视效果，然后按【Ctrl+H】快捷键隐藏参考线，得到如图 16-197 所示的效果。可以看出，由于正面和侧面连接了一片，立体效果并不明显。

12 制作白色边线。新建图层命名为"边线"，使用"矩形选框工具" ▭ 在正面与侧面的连接处创建一个 6×1534 像素的矩形选区，如图 16-198 所示。然后为选区填充白色，并按【Ctrl+D】快捷键取消选区，效果如图 16-199 所示。

图 16-197　调整后的透视效果　　　　　图 16-198　创建矩形选区

13 制作背景。选择"背景"图层为当前层，使用"矩形选框工具" 在图像窗口的下方绘制一个矩形选区，并填充为黑色，如图 16-200 所示。按【Ctrl+D】快捷键取消选区。

图 16-199　边线效果　　　　　图 16-200　创建矩形选区并填充为黑色

为增加真实效果，为饮料包装添加倒影。在添加倒影之前，先要扩展画布的高度，以便于放置倒影。

14 扩展画布。执行菜单【图像】→【画布大小】命令，打开【画布大小】对话框，设置"高度"为 20 厘米，"画布扩展颜色"为黑色，并单击"定位"中向上的箭头，如图 16-201 所示。单击【确定】按钮，扩展画布。

15 制作倒影。选择"正面"图层，按【Ctrl+J】快捷键复制图层得到"正面副本"图层；采用同样的方法复制"侧面"和"边线"图层，【图层】面板如图 16-202 所示。

16 同时选中这三个副本图层，按【Ctrl+T】快捷键对图像进行垂直翻转，得到如图 16-203 所示的效果；然后将其向下移至原图像的下方，再分别调整各图像的大小和透视，形成如图 16-204 所示的效果。

图 16-201 【画布大小】对话框   图 16-202 【图层】面板   图 16-203 垂直翻转图像

17 再次选中这三个副本图层，按【Ctrl+E】快捷键合并图层，命名为"倒影"，并将该图层的"不透明度"设置为 40%，如图 16-205 所示。

 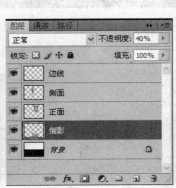 

图 16-204 调整后效果   图 16-205 合并图层并设置图层的不透明度

18 添加蒙版。单击【图层】面板底部的"添加图层蒙版" ▢ 按钮，为"倒影"图层添加蒙版，使用"渐变工具" ▢ 制作渐变蒙版，如图 16-206 所示。

 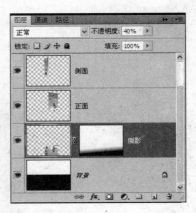

图 16-206 添加图层蒙版

383

19 添加光照效果。在"背景"图层的上方新建一层命名为"光",使用"矩形选框工具"▢,在图像窗口的上方创建一个矩形选区,使用"渐变工具"▭在选区中创建从白色到黑色的放射状渐变填充,如图 16-207 所示。然后按【Ctrl+D】快捷键取消选区。

图 16-207 创建从白色到黑色的放射状渐变填充

至此,整个效果图的制作就全部完成了,最终效果参见图 16-159。